高职高专规划教材

室内装饰材料与应用

张英杰 主编
邵静 杨巍巍 副主编

化学工业出版社
·北京·

本书根据装饰工程的特点和性质，较系统地阐述了装饰材料的基础理论和相关专业知识，主要介绍了室内装饰工程中常用的装饰材料的特点、应用、识别与选购技巧。主要内容包括绪论、饰面石材、木材与人造板材、塑质材料、金属材料、玻璃材料、无机胶凝材料、陶瓷装饰材料、铺地装饰材料、墙面装饰材料、顶棚装饰材料、涂料与胶料、安装工程常用材料和材料的选择与应用实例。

本书充分结合当前室内装饰材料装修的实际，及时采纳了室内装饰装修中的新材料、新工艺、新技术、新规范和新标准，紧扣教学培养目标，内容结构合理，图文并茂，通俗易懂，力求以直观的图表和丰富的实例帮助学生加深对知识的理解，突出职业能力的培养。

本书为高等职业教育室内设计技术、建筑装饰工程技术等专业的教材，也可以作为建筑设计类、环境艺术设计等相关专业及室内装饰企业工程管理人员和技术人员的培训参考教材。

图书在版编目（CIP）数据

室内装饰材料与应用/张英杰主编. —北京：化学工业出版社，2015.6（2023.9重印）

高职高专规划教材

ISBN 978-7-122-23732-3

Ⅰ.①室…　Ⅱ.①张…　Ⅲ.①室内装饰-建筑材料-装饰材料-高等职业教育-教材　Ⅳ.①TU56

中国版本图书馆CIP数据核字（2015）第082032号

责任编辑：王文峡　　文字编辑：颜克俭

责任校对：王素芹　　装帧设计：尹琳琳

出版发行：化学工业出版社（北京市东城区青年湖南街13号　邮政编码100011）

印　　装：北京捷迅佳彩印刷有限公司

787mm×1092mm　1/16　印张17　字数392千字　2023年9月北京第1版第5次印刷

购书咨询：010-64518888　　售后服务：010-64518899

网　　址：http://www.cip.com.cn

凡购买本书，如有缺损质量问题，本社销售中心负责调换。

定　　价：38.00元

编者名单

主　　编　张英杰　杨凌职业技术学院

副 主 编　邵　静　湖北生态工程职业技术学院

杨巍巍　江西环境工程职业学院

参　　编　张　慧　杨凌职业技术学院

李　轩　杨凌职业技术学院

夏兴华　辽宁林业职业技术学院

郝丽宇　黑龙江林业职业技术学院

金苗苗　杨凌职业技术学院

前 言

随着我国室内装饰行业飞速发展和人民生活水平的不断提高，人们对生活、工作和娱乐等空间环境的要求也越来越高，从而促进了装饰材料迅猛发展。室内装饰的总体效果、设计思想都必须通过材料体现出来，如何合理选择安全、环保、有利于身心健康、功能实用和舒适的装饰材料，是从事室内装饰行业人员必须要了解掌握的基本内容。为适应我国室内装饰行业的快速发展，结合新型装饰材料的最新发展与高职高专室内设计技术专业人才培养的需要，编写组在广泛收集资料并进行深入调研的基础上编写了本书。

本书根据室内装饰工程的特点和性质，总结了实际工作和教学中的经验，紧扣高职室内设计专业的教学培养目标编写而成。全书主要内容包括室内装饰材料概述、饰面石材、木材与人造板材、塑质材料、金属材料、玻璃材料、无机胶凝材料、陶瓷装饰材料、铺地装饰材料、墙面装饰材料、顶棚装饰材料、涂料与胶料、安装工程常用材料和材料的选择与应用实例。

本书紧紧围绕室内装饰材料特点、应用、识别与选购技巧这一主线，内容上着力补充了新知识、新技能、新工艺、新成果，注意理论教学与实践教学的搭配比例，注重理论联系实际，力求内容新颖、图文并茂、应用性与可操作性强，突出“新、全、精、宽”的特点。“新”体现在新标准、新材料融入教材中；“全”体现在涵盖了室内装饰材料的方方面面；“精”体现在精心设计编写大纲，重点突出，详略适当；“宽”体现在应用范围宽广，可以作为装饰企业、高等院校、培训机构以及个人学习不可多得的专业书籍。

本书提供配套的PPT电子教案，可登录www.cipedu.com.cn注册后免费下载。

本书由张英杰任主编并负责统稿，邵静、杨巍巍任副主编，其中第一章、第三章、第十四章由张英杰编写，第二章、第七章、第八章由邵静编写，第四章、第十三章由夏兴华编写，第五章由李轩编写，第六章由郝丽宇编写，第九章由张慧编写，第十章、第十二章由杨巍巍编写，第十一章由金苗苗编写。

本书的编写与出版，承蒙化学工业出版社、杨凌职业技术学院、湖北生态工程职业技术学院、江西环境工程职业学院、辽宁林业职业技术学院、黑龙江林业职业技术学院等单位领导和同仁的筹划与指导，编者在此一并向他们表示衷心的感谢。

由于编者水平有限，书中疏漏与不妥之处难免，敬请有关专家、学者和各界人士不吝指正。

编　者

2015年3月

目　录

1 第一章　绪论　1

第二章　饰面石材 15

第三章　木材与人造板材 33

13

第十三章　安装工程常用材料　213

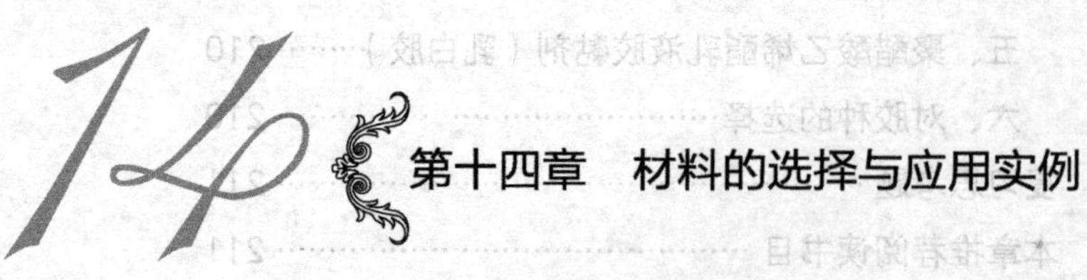

第十四章　材料的选择与应用实例　243

参考文献　258

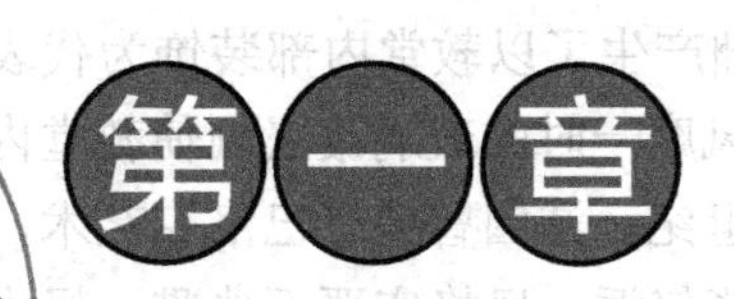

第一章 绪论

知识目标

1. 掌握室内装饰材料的分类及选用原则。
2. 了解室内装饰材料的地位及发展趋势。

技能目标

1. 能够结合设计方案，掌握室内装饰材料的选择要点。
2. 能够结合设计方案对材料性能的要求，合理配置装饰材料。

本章重点

装饰材料的分类；室内装饰材料的性质，室内装饰材料选择的一般原则；室内装饰材料的发展趋势。

室内装饰有着悠久的历史，古埃及人就经常用各种鲜艳的色彩和美丽的饰物把居室布置得金碧辉煌。公元4世纪，随着基督教的兴起，欧洲产生了以教堂内部装饰为代表的拜占庭艺术。12世纪后，哥特式教堂在欧洲大量出现，风靡一时的玻璃镶嵌画使教堂内充满了五彩缤纷的光线，烘托了宗教特有的神秘气氛。17世纪，法国曾盛行巴洛克艺术，凡尔赛宫的内部装饰体现了这一风格。它的特点是装饰豪华气派，风格庄严而典雅，极力显示皇族的威仪。中国传统的室内装饰素以色彩丰富、纹饰华美、古朴典雅而著称。

现代社会，随着经济的发展，人们在注重物质生活提高的同时也渐渐开始注重精神生活的提升。室内装饰作为人们消费的一个重要内容，已经成为人们关心的一个热点，在整个装饰过程中，室内装饰材料占有极其重要的地位，室内装饰材料是指用于建筑内部墙面、顶棚、柱面、地面等的罩面材料。

装饰材料是集材性、艺术、造型设计、色彩、美学为一体的材料，也是品种门类繁多、更新周期最快、发展过程最为活跃、发展潜力最大的一类材料。其发展速度的快慢、品种的多少、质量的优劣、款式的新旧、配套水平的高低，决定着建筑物装饰档次的高低，对美化城乡建筑、改善人们居住环境和工作环境有着十分重要的意义。

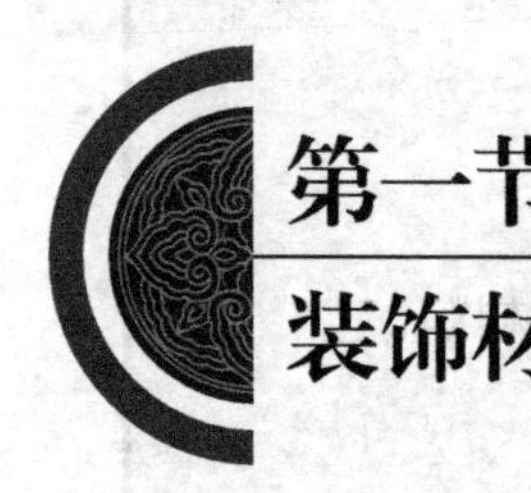

第一节 装饰材料的分类

一、室内装饰的作用

1. 具有装饰美化作用

建筑物的装饰设计效果除了与其立面造型、空间尺度和功能分区等建筑设计手法和建筑风格有关以外，还与建筑物中所选用的装饰材料有着重要的联系。室内装饰材料的功能之一是通过材料的色调、质感和形状尺寸来装饰室内，起到美化的作用，如图1-1。

2. 具有保护建筑物主体的作用

建筑物常会受到室内外各种不利因素的影响，装饰材料多是处于基体的表面。所以装饰材料应具有一定的保护机能，具有较好的耐久性。

3. 具有装饰使用功能的作用

各种建筑空间均具有不同的功能要求，从而装饰材料也应具有一定的相应功能，满足建筑装饰场所的功能需要。如卫生间的防水、防滑，公共空间的防火、吸声等。

4. 具有改善室内环境的作用

在拥挤、嘈杂、忙碌、紧张的现代社会生活中，人们对于室内空间的环境越来越关注，通过对空间造型、色彩基调、光线的变化以及空间尺度的装饰设计，可以营造良好的、开阔的室内视觉审美空间，提高室内造型的艺术性，提升室内空间环境形象，满足人们的生理及心理需求，更好地为人类的生活、生产和活动服务并创造出新的、现代的生活理念。

图1-1　室内装饰效果图

二、室内装饰材料的分类

室内装饰材料种类繁多，可以从不同角度进行分类，为了方便设计人员选用装饰材料，一般按装饰材料的使用部位分类；为方便学习、记忆和掌握装饰材料的基本知识和基本理论，一般按装饰材料的化学成分分类。

1. 按化学成分分

按化学成分可分为有机装饰材料（如木材、塑料、有机涂料等）、无机装饰材料（如天然石材、石膏制品、金属等）和有机无机复合装饰材料（如铝塑板、彩色涂层钢板等）三类。其中无机装饰材料又可分为金属（如铝合金、铜合金、不锈钢等）和非金属（如石膏、玻璃、陶瓷、矿棉制品等）两大类。

2. 按材质分

按材质可以将装饰材料分为塑料、金属、陶瓷、玻璃、皮革、木材、无机矿物、涂料、纺织品、石材等种类。

3. 按功能分

按功能不同可以分为吸声、隔热、防水、防潮、防火、防霉、耐酸碱、耐污染等种类。

4. 按装饰部位分

按装饰部位分类则有墙面装饰材料、顶棚装饰材料、地面装饰材料。按装饰部位分类时，其类别与品种见表1-1。

表1-1 室内装饰材料种类

类别	种类	品种举例
内墙装饰材料	墙面涂料	墙面漆、有机涂料、无机涂料、有机无机涂料
	墙纸	纸面纸基壁纸、纺织物壁纸、天然材料壁纸、塑料壁纸
	装饰板	木质装饰人造板、树脂浸渍纸高压装饰层积板、塑料装饰板、金属装饰板、矿物装饰板、陶瓷装饰壁画、穿孔装饰吸声板、植绒装饰吸声板
	墙布	玻璃纤维贴墙布、麻纤无纺墙布、化纤墙布
	石饰面板	天然大理石饰面板、天然花岗石饰面板、人造大理石饰面板、水磨石饰面板
	墙面砖	陶瓷釉面砖、陶瓷墙面砖、陶瓷锦砖、玻璃马赛克
地面装饰材料	地面涂料	地板漆、水性地面涂料、乳液型地面涂料、溶剂型地面涂料
	木、竹地板	实木条状地板、实木拼花地板、实木复合地板、人造板地板、复合强化地板、薄木敷贴地板、立木拼花地板、集成地板、竹质条状地板、竹质拼花地板
	聚合物地坪	聚醋酸乙烯地坪、环氧地坪、聚酯地坪、聚氨酯地坪
	地面砖	水泥花阶砖、水磨石预制地砖、陶瓷地面砖、马赛克地砖、现浇水磨石地面
	塑料地板	印花压花塑料地板、碎粒花纹地板、发泡塑料地板、塑料地面卷材
	地毯	纯毛地毯、混纺地毯、合成纤维地毯、塑料地毯、植物纤维地毯
吊顶装饰材料	塑料吊顶板	钙塑装饰吊顶板、PS装饰板、玻璃钢吊顶板、有机玻璃板
	木质装饰板	木丝板、软质穿孔吸声纤维板、硬质穿孔吸声纤维板
	矿物吸声板	珍珠岩吸声板、矿棉吸声板、玻璃棉吸声板、石膏吸声板、石膏装饰板
	金属吊顶板	铝合金吊顶板、金属微穿孔吸声吊顶板、金属箔贴面吊顶板

第二节 室内装饰材料的性质

一、室内装饰材料的外观特性

室内装饰材料的外观特性一般包括质感、线形及颜色，应用效果如图1-2所示。

1. 质感

任何饰面材料及其做法都将以不同的质地感觉表现出来。不同质感的材料带给人们的空间情感也截然不同。如天然石材粗犷坚硬、木材的纹脉等给人以自然亲近的材质感情，富有弹性而松软的材料如地毯及纺织品则给人以柔顺、温暖、舒适之感。同种材料不同做法也可以取得不同的质感效果，如粗犷的材料外露混凝土和光面混凝土墙面呈现出迥然不同的质感。

图1-2　室内装饰材料的应用效果

室内装饰材料质感表现方式主要有：相同或类似材质感的设计，在室内空间界面语言中，为了保持墙面或地面等设计情感的一致性，会采用相同质感的材料装饰；对比材质的设计使用，采用强烈反差对比材质质感下的装饰材料，会增加室内界面装饰的视觉反差从而达到意外的设计效果，如天然大理石与艺术壁纸组合；混合材质的设计表现，室内设计所用到的装饰材料丰富，为了使各种材料的质感更好地组合，可以选择运用材质的冷暖对比、色调对比、凹凸组合、立面与平面、局部与整体、实与虚、横与直、藏与露等设计技巧，达到相互烘托和衔接的变化作用。

2. 线形

一定的分格缝，凹凸线条也是构成立面装饰效果的因素。抹灰、刷石、天然石材、混凝土条板等设置分块、分格，除了为防止开裂以及满足施工接槎的需要外，也是装饰立面在比例、尺度感上的需要。例如，目前多见的本色水泥砂浆抹面的建筑物，一般均采取划横向凹缝或用其他质地和颜色的材料嵌缝，这种做法不仅克服了光面抹面质感贫乏的缺陷，同时还可使大面积抹面颜色欠均匀的感觉减轻。

3. 颜色

装饰材料的颜色丰富多彩，特别是涂料一类饰面材料。改变建筑物的颜色通常要比改变其质感和线型容易得多。因此，颜色是构成各种材料装饰效果的一个重要因素。

不同的颜色会给人以不同的感受，利用这个特点，可以使建筑物分别表现出质朴或华丽、温暖或凉爽、向后退缩或向前逼近等不同的效果，同时这种感受还受着使用环境的影响。例如，青灰色调在炎热气候的环境中显得凉爽安静，但在寒冷地区则会显得阴冷压抑。

二、室内装饰材料的基本性质

室内装饰材料种类繁多，性质千差万别，不同的家居环境对材料性质的要求也不一样，材料性质有其共性（称为基本性质）又有其特殊性。材料的性质与其组成、结构密切相关。只有了解各种材料的基本性质，才能指导我们正确选用材料，并保证家具与室内装饰装修质量，本节主要介绍材料的基本性质，有关材料的特殊性在后续章节中介绍。

1. 室内装饰材料的物理性质

室内装饰材料的物理性质包括密度、热学、声学与光学等方面的性质。

（1）密度

① 密度　密度是指材料在绝对密实状态下，单位体积的质量。密度用符号ρ（g/cm^3）表示。

$$\rho=\frac{m}{V}$$

式中　ρ——实际密度，g/cm^3或kg/m^3；

m——材料的质量，g或kg；

V——材料的绝对密实体积，cm^3或m^3。

② 体积密度（表观密度）　体积密度是指材料在自然状态下单位体积的质量。材料在自然状态下的体积又称为表观体积，是指包含材料内部孔隙在内的体积。几何形状规则的材料，可直接按外形尺寸计算出表观体积；几何形状不规则的材料，可用排液法测量其表观体积。当材料含有水分时，其质量和体积将发生变化，影响材料的表观密度，故在测定表观密度时，应注明其含水情况。一般情况下，材料的表观密度是指在在烘干状态下的表观密度，又称为干表观密度。

$$\rho'=\frac{m}{V'}$$

式中　ρ'——体积密度，g/cm^3或kg/m^3；

m——材料的质量，g或kg；

V'——材料的自然体积，cm^3或m^3。

③ 堆积密度　堆积密度是指粉状（水泥、石灰等）或散粒材料（砂子、石子等）在堆积状态下，单位体积的质量。

$$\rho_0'=\frac{m}{V_0'}$$

式中　ρ_0'——材料的堆积密度，g/cm^3或kg/m^3；

m——材料的质量，g或kg；

V_0'——材料的堆积体积，cm^3或m^3。

④ 孔隙率　孔隙率是指在材料体积内，孔隙体积所占的比例，孔隙率的大小直接反映了材料的致密程度，孔隙率越小，说明材料越密实。

（2）热学性质

① 导热性　导热性是材料本身传递热量的性质，即材料两表面有温差时，热量从材料的一面透过材料传到另一面的能力。描述导热性的参数是热导率，热导率越大，说明材料的导热能力越强。热导率的大小取决于材料的组成、孔隙率、孔隙尺寸和孔隙特征以及含水率等。

② 热容和比热容　热容是材料受热时吸收能量，冷却时放出热量的性质。热容的高低用比热容表示，比热容又称为热容量系数。比热容大的材料，能在热流变动时自动调节室内温度变化。

（3）声学性质　室内环境设计要充分考虑声音的吸收、反射和隔离等声学特性。声音是靠振动的声波来传播的，当声波到达材料表面时产生反射、透射、吸收三种现象。反射容易使建筑物室内产生噪声或杂音，影响室内音响效果；透射容易对相邻空间产生噪声干扰，影响室内环境的安静。通常当建筑物室内的声音大于50dB，就应该考虑采取措施；

声音大于120dB，将危害人体健康。

① 材料的吸声性　吸声性是指材料吸收声波的能力。吸声性的大小用吸声系数表示。当声波传播到材料表面时，一部分被反射，另一部分穿透材料，其余的部分则传递给材料，在材料的孔隙中引起空气分子与孔壁的摩擦和黏滞阻力，使相当一部分的声能转化为热能而被材料吸收掉。当声波遇到材料表面时，被材料吸收的声能与全部入射声能之比，称为材料的吸声系数。

材料的吸声系数越大，吸声效果越好。材料的吸声性能除与声波的入射方向有关外，还与声波的频率有关。同一种材料，对于不同频率的吸声系数不同，通常取125Hz、250Hz、500Hz、1000Hz、2000Hz、4000Hz这6个频率的吸声系数来表示材料吸声的频率特征。凡6个频率的平均吸声系数大于0.2的材料，称为吸声材料。

② 材料的隔声性　声波在建筑结构中的传播主要通过空气和固体来实现，因而隔声可分为隔绝空气声（通过空气传播的声音）和隔绝固体声（通过固体的撞击或振动传播的声音）两种。

隔绝空气声，主要服从声学中的“质量定律”，即材料的表观密度越大，质量越大，隔声性能越好。因此，应选用密度大的材料作为隔空气声材料，如混凝土、实心砖、钢板等。如采用轻质材料或薄壁材料，则需辅以多孔吸声材料或采用夹层结构，如夹层玻璃就是一种很好的隔空气声材料。弹性材料，如地毯、木板、橡胶片等具有较高的隔固体声能力。

（4）材料的光学性质　当光线照射在材料表面上时，一部分被反射，一部分被吸收，一部分透过。根据能量守恒定律，这三部分光通量之和等于入射光通量，通常将这三部分光通量分别与入射光通量的比值称为光的反射比、吸收比和透射比。材料对光波产生的这些效应，在建筑装饰中会带来不同的装饰效果。

① 光的反射　当光线照射在光滑的材料表面时，会产生镜面发射，使材料具有较强的光泽；当光线照射在粗糙的材料表面时，使反射光线呈现无序传播，会产生漫反射，使材料表现出较弱的光泽。在装饰工程中往往采用光泽较强的材料，使建筑外观显得光亮和绚丽多彩，使室内显得宽敞明亮。

② 光的透射　光的透射又称为折射，光线在透过材料的前后，在材料表面处会产生传播方向的转折。材料的透射比越大，表明材料的透光性越好。

③ 光的吸收　光线在透过材料的过程中，材料能够有选择地吸收部分波长的能量，这种现象称为光的吸收。材料对光吸收的性能在建筑装饰等方面具有广阔的应用前景。例如：吸热玻璃就是通过添加某些特殊氧化物，使其选择吸收阳光中携带热量最多的红外线，并将这些热量向外散发，可保持室内既有良好的采光性能，又不会产生大量热量；有些特殊玻璃还会通过吸收大量光能，将其转变为电能、化学能等；太阳能热水器就是利用吸热涂料等材料的吸热效果来使水温升高的。

2. 室内装饰材料的力学性质

（1）强度　材料在外力（荷载）作用下抵抗破坏的能力称为强度。当材料承受外力作用时，内部产生应力，随着外力增大，内部应力也相应增大。直到材料不能够再承受时，材料即破坏，此时材料所承受的极限应力值就是材料的强度。

根据所受外力的作用方式不同，材料强度有抗压强度、抗拉强度、抗弯强度及抗剪强度等。材料的强度与其组成及结构有密切关系。一般材料的孔隙率越大，材料强度越低。

（2）变形

① 弹性域塑性　材料在外力作用下产生变形，当外力取消后，材料变形即可消失并能完全恢复原来形状的性质称为弹性。这种可恢复的变形称为弹性变形。

材料在外力作用下产生变形，但不破坏，当外力取消后不能自动恢复到原来形状的性质称为塑性。这种不可恢复的变形称为塑性变形。

有些材料既有弹性又具有塑性，是一种弹塑体，即材料收到外力作用后发生变形，当外力解除后，变形不能立即恢复原形或不能完全恢复原形，具有这种性质的材料叫做黏弹性材料。如木材就属于黏弹性材料。

② 材料的脆性与韧性　当外力作用达到一定限度后，材料突然破坏且破坏时无明显的塑性变形，材料的这种性质称为脆性。具有这种性质的材料称为脆性材料，如混凝土、砖、石材、陶瓷、玻璃等。一般脆性材料的抗压强度很高，但抗拉强度低，抵抗冲击荷载和振动作用的能力差。

材料在冲击或振动荷载作用下，能产生较大的变形而不致破坏的性质称为韧性。具有这种性质的材料称为韧性材料，如建筑钢材、木材等。韧性材料抵抗冲击荷载和振动作用的能力强，可用于桥梁、吊车梁等承受冲击荷载的结构和有抗震要求的结构。

③ 材料的硬度和耐磨性

a. 硬度　硬度是材料抵抗较硬物体压入或刻划的能力。为了保持建筑物装饰的使用性能或外观，常要求材料具有一定的硬度，以防止其他物体对装饰材料磕碰、刻划造成材料表面破损或外观缺陷。

工程中用于表示材料硬度的指标有多种。对金属、木材、混凝土等多采用压入法检测其硬度，其表示方法有洛氏硬度（HRA、HRB、HRC，以金刚石圆锥或圆球的压痕深度计算求得）、布氏硬度（HB，以压痕直径计算求得）等。

b. 耐磨性　材料的耐磨性，是指材料表面抵抗磨损的能力。材料的耐磨性用磨损率表示，材料的磨损率越低，表明材料的耐磨性越好。一般硬度较高的材料，耐磨性也较好。楼地面、楼梯、走道、路面等经常受到磨损作用的部位，应选用耐磨性好的材料。

3. 室内装饰材料的抗耐性能

材料的抗耐性是指在各种使用环境下，经受外界条件（温度、湿度、腐蚀气体、菌虫等）作用下所表现出的性能。它关系到材料的使用稳定性、可靠性与耐久性，主要包括耐水性、耐火性、耐久性等几个方面。

（1）耐水性

① 吸水性　材料在水中吸收水分的性质称为吸水性。材料吸水性的大小常用质量吸水率表示。质量吸水率是指材料在吸水饱和时，所吸收水分的质量占材料干燥质量的百分率。

材料吸水性的大小，主要取决于材料孔隙率和孔隙特征。一般孔隙率越大，吸水性也越强。封闭孔隙水分不易渗入，粗大孔隙水分只能润湿表面而不易在孔内存留，故在相同孔隙率的情况下，材料内部的封闭孔隙、粗大孔隙越多，吸水率越小；材料内部细小孔隙、连通孔隙越多，吸水率越大。

各种材料由于孔隙率和孔隙特征不同，质量吸水率相差很大。如花岗岩等致密岩石的质量吸水率仅为0.5%～0.7%，普通混凝土为2%～3%，普通黏土砖为8%～20%，而木材及其他轻质材料的质量吸水率常大于100%。

材料吸水后会对其性质产生影响。它使材料密度增加，导热性增大。部分材料吸水后强度降低、体积膨胀。一些材料吸水后强度有所降低，这是因为材料微粒间结合力被渗入的水膜削弱的结果。

② 吸湿性　材料在潮湿空气中吸收水分的性质称为吸湿性。吸湿性的大小用含水率表示。含水率是指材料含水的质量占材料干燥质量的百分率。

当较干燥的材料处于较潮湿的空气中时，会吸收空气中的水分；而当较潮湿的材料处于较干燥的空气中时，便会向空气中释放水分。在一定的温度和湿度条件下，材料与周围空气湿度达到平衡时的含水率称为平衡含水率。

材料含水率的大小，除与材料的孔隙率、孔隙特征有关外，还与周围环境的温度和湿度有关。一般材料孔隙率越大，材料内部细小孔隙、连通孔隙越多，材料的含水率越大；周围环境温度越低，相对湿度越大，材料的含水率也越大。

（2）耐久性

① 物理作用　材料的物理作用除受干湿变化影响外，还受温度变化和冬季的冻融变化的影响。如内墙瓷砖在冻融过程时会出现剥落和碎裂现象。

② 化学作用　化学作用包括酸、碱、盐的水溶液及气体对材料产生的侵蚀作用和高分子材料的老化作用。如钢材的锈蚀、石材的风化、酸碱性雨水对混凝土墙面的侵蚀等。涂料、胶黏剂、塑料、橡胶等在紫外线、空气、臭氧、温度、溶剂等作用下会逐渐老化而失效。

③ 生物作用　生物作用是指昆虫在和菌类对材料所起的蛀蚀、腐蚀等作用。木材及其他植物纤维组成的天然有机材料常因为虫蚀和霉菌而破坏。

材料的耐久性就是指在上述各种因素作用下，材料保持其原有使用功能的时间。

（3）耐火性　室内遇到火灾时，材料可能因遇热而改变形状、丧失强度，也可能燃烧放出热量。根据材料使用的部位和功能，把它们分为耐火材料和防火材料。

① 耐火材料　用于结构的材料除了要求本身不燃以外，还要求在火灾高温下仍能在一段时间保持其强度和刚度，以免临近部位火灾的蔓延。除了选择耐火材料以外，还可以在钢结构、混凝土结构、土木结构表面涂饰耐火涂料来提高其耐火性能。

② 防火材料　防火材料本身是难燃或不燃性的，可防止火灾发生或蔓延。它在火灾初期能延缓燃烧，争取灭火时间。按照材料的不燃性、难燃性、升焰性、发烟性等可分为不燃材料和难燃材料。

不燃材料是指在任何高温下均不会燃烧的材料。如混凝土、砖、玻璃等。

难燃材料是指在接触高温火焰初期难以起火，在火焰中持续一段时间后仍会燃烧的材料。常用的难燃材料有经防火剂处理的各种木质人造板，如阻燃胶合板、阻燃纤维板、阻燃刨花板等，还有阻燃塑料板、水泥刨花板等。

家居设计中，必须充分考虑防火要求，执行国家有关防火规范。高层建筑和公共场所等人员集中、疏散困难的环境更要注意。

4. 室内装饰材料的装饰性能

材料的装饰性是装饰材料主要性能要求之一。材料的装饰性是指材料对所覆盖的建筑物外观美化的效果。建筑不仅仅是人类赖以生存的物质空间，更是人们进行文化交流和情感生活的重要精神空间。合理而艺术地使用装饰材料的外观效果不仅能将建筑物的室内外环境装饰得层次分明、情趣盎然，而且能给人以美的精神感受。如西藏的布达拉宫在修缮的过程中，大量地使用金箔、琥珀等材料进行装饰，使这座建筑显得高贵华丽、流光溢彩，增加了人们对宗教神秘莫测的心理感受。

材料的装饰性是涉及环境艺术与美学的概念，不同的工程和环境对材料装饰性能的要求差别很大，难以用具体的参数反映其装饰性的优劣。建筑物对材料装饰效果的要求主要体现在材料的色彩、光泽、质感、透明性、形状尺寸等方面。

① 材料的色彩　色彩是指颜色及颜色的搭配。在建筑装饰设计和工程中，色彩是材料装饰性的重要指标。不同的颜色，可以使人产生冷暖、大小、远近、轻重等感觉，会对人的心理产生不同的影响。如红、橙、黄等暖色使人看了会联想到太阳、火焰而感到热烈、兴奋、温暖；绿、蓝、紫等冷色使人看了会联想到大海、蓝天、森林而感到宁静、幽雅、清凉。不同功能的房间，有不同的色彩要求。如幼儿园活动室宜采用暖色调，以适合儿童天真活泼的心理；医院的病房宜采用冷色调，使病人感到宁静。因此设计师在装饰设计时应充分考虑色彩给人的心理作用，合理利用材料的色彩，注重材料颜色与光线及周围环境的统一和协调，创造出符合实际要求的空间环境，从而提高建筑装饰的艺术性。

② 材料的光泽和透明性　不同的光泽度，会极大地影响材料表面的明暗程度，造成不同的虚实对比感受。在常用的材料中，釉面砖、磨光石材、镜面不锈钢等材料具有较高的光泽度，而毛面石材、无釉陶瓷等材料的光泽度较低。

透明性是光线透过物体所表现的光学特征。装饰材料可分为透明体（透光、透视）、半透明体（透光、不透视）、不透明体（不透光、不透视）。利用材料的透明性不同，我们可以用来调节光线的明暗，改善建筑内部的光环境。如发光天棚的罩面材料一般采用半透明体，这样既能将灯具外形遮住，又能透过光线，既能满足室内照明需要又美观；商场的橱窗就需要用透明性非常高的玻璃，使顾客能清楚看到陈列的商品。

③ 材料的质感　质感是材料的色彩、光泽、透明性、表面组织结构等给人的一种综合感受。不同材料的质感给人的心理诱发作用是非常明显和强烈的。例如，光滑、细腻的材料，富有优美、雅致的感情基调，当然也会给人以冷漠、傲然的心理感受；金属能使人产生坚硬、沉重、寒冷的感觉；皮毛、丝织品会使人感到柔软、轻盈和温暖；石材可使人感到坚实、稳重而富有力度；而未加修饰的混凝土等毛面材料使人具有粗犷豪迈的感觉。选择饰面材料的质感，不能只看材料本身装饰效果如何，必须正确把握材料的性格特征，使之与建筑装饰的特点相吻合，从而赋予材料以生命力。

④ 材料的花纹图案（肌理）　材料的花纹图案是材料表面天然形成或人工刻画的图形、线条、色彩等构成的画幅。

如天然石材表面的层理条纹及木材纤维呈现的花纹，构成天然图案；采用人工图案时，则有更多的表现技艺和手法。建筑装饰材料的图案常采用几何图形、花木鸟兽、山水云月、风竹桥厅等具有文化韵味的元素来表现传统、崇拜、信仰等文化观念和艺术追求。

花纹图案的对称、重复、组合、叠加等变换，可体现材料质地及装饰技艺的价值和品位。材料表面的花纹图案，能引起人们的好奇心，吸引人们对材料及装饰的细部欣赏，还可以拉近人与材料的空间关系，起到人与物近距离相互交流的作用。

⑤ 材料的形状和尺寸　材料的形状和尺寸能给人带来空间尺寸的大小和使用上是否舒适的感觉。一般块状材料具有稳定感，而板状材料则有轻盈的视觉感受。在装饰设计和

施工时，可通过改变装饰材料的形状和尺寸，配合花纹、颜色、光泽等特征可以创造出各种类型的图案，从而获得不同的装饰效果，以满足不同的建筑形体和功能的要求，最大限度地发挥材料的装饰性。

第三节 室内装饰材料选择的一般原则

室内装饰的目的就是造就一个自然、和谐、舒适而整洁的环境，各种装饰材料的色彩、质感、触感、光泽等的正确选用，将极大地影响到室内装饰效果，如图1-3。

图1-3　室内装饰材料选用效果

一般来说，室内装饰材料的选择应根据以下几个方面综合考虑。

一、环保性

室内装饰材料在选择时，首先要考虑材料是否符合绿色环保要求，即材料在生产加工过程中是否会破坏环境，在使用时是否释放有毒有害物质，对家居环境是否产生新的污染(噪声、辐射等有害物质)，有毒有害物质是否符合国家标准的限量要求，材料是否具有可回收性和再生性等。在选择时，应尽可能选择绿色、环保、节能型材料。

二、适用性

1. 耐久性

不同功能的建筑及不同的装修档次，所采用的装饰材料的耐久性要求也不一样，因此在选择装饰材料时，必须保证材料在使用年限内能够正常使用，材料应该具备相应的防水、防锈、防蛀、防霉、耐磨损、耐老化等性能。

2. 装饰性

装饰材料的选择必须符合设计要求和一般美学原理，不仅要重视材料的色彩、光泽、质感、触感等因素，还要考虑室内环境中各部分材料装饰效果的统一。

3. 功能性

不同的室内环境对材料的功能性有不同的要求。例如，大会堂庄严肃穆，装饰材料常选用质感坚硬而表面光滑的材料如大理石、花岗石，色彩用较深色调，不宜采用五颜六色的装饰。医院气氛沉重而宁静，宜用淡色调和花饰较小或素色的装饰材料。

4. 安全性

在选用装饰材料时，要妥善处理装饰效果和使用安全的矛盾，要优先选用环保性材料和不燃或难燃等安全型材料，尽量避免选用在使用过程中感觉不安全或易发生火灾等事故的材料，努力给人们创造一个美观、安全、舒适的环境。

三、施工性

室内装饰材料在选择时，要考虑施工条件的具体情况，尽量选用加工方便、安装快捷的材料和制品，降低施工人员的劳动强度。

四、地域性

装饰材料的选用常常与地域或气候有关，水泥地坪的水磨石、花阶砖的散热快，在寒冷地区采暖的房间里会引起长期生活在这种地面上的感觉太冷，从而有不舒适感，故应采用木地板、塑料地板、高分子合成纤维地毯，其热传导低，使人感觉暖和舒适。在炎热的南方，则应采用有冷感的材料。

在夏天的冷饮店，采用绿、蓝、紫等冷色材料使人感到有清凉的感觉。而地下室、冷藏库则要用红、橙、黄等暖色调，为人们带来温暖的感觉。

五、民族性

选择装饰材料时，要注意运用先进的材料与装饰技术，表现民族传统和地方特点。如装饰金箔和琉璃制品是我国特有的装饰材料，这些材料一般用于古建筑或纪念性建筑装饰，表现我国民族和文化的特色。

六、经济性

从经济角度考虑装饰材料的选择，应有一个总体观念。不但要考虑到一次投资，也应考虑到维修费用，在关键问题上宁可加大投资，以延长使用年限，保证总体上的经济性。如在浴室装饰中，防水措施极重要，对此就应适当加大投资，选择高耐水性装饰材料。

七、创新性

在室内装饰材料的选择上，突出创新是很关键的，尝试选择一些新型、突破惯例的材料，这样可以彰显天性，容易出新。

第四节 室内装饰材料的发展趋势

一、趋向于绿色环保型方向发展

绿色、节能、环保成为了当今装饰业的主流，随着人类环保意识的增强，装饰材料在生产和使用的过程中将更加注重对生态环境的保护，向营造更安全、更健康、更舒适的居住环境的方向发展。

二、趋向于重量轻高强方向发展

随着人口居住的密集和土地资源的紧缺，建筑日益向框架型的高层发展，高层建筑对材料的重量、强度等方面都有新的要求，为便于施工和安全，装饰材料的规格越来越大、重量越来越轻、强度越来越高。

三、趋向于多功能方向发展

随着市场对装饰空间的要求不断升级，装饰材料的功能也由单一向多元化发展。例如厨房家具材料要兼具防水、耐潮湿、防火等功能；地面装饰材料兼具隔声、防静电的作用；而一些新型的复合墙体材料，除赋予室内外墙面应有的装饰效果之外，常兼具抗大气性、耐风化性、保温隔热性、隔声性、防结露性等性能。

四、趋向于规范化、系列化方向发展

装饰材料种类繁多，涉及专业面十分广泛，具有跨行业、跨部门、跨地区的特点，为了便于选用和管理，在产品生产、设计、应用中，应该向规范化、系列化发展。目前我国已经初步形成门类品种较为齐全、标准较为规范的工业体系。

五、趋向于大规格、高精度方向发展

装饰材料的规格、精度趋向大规格、高精度方向发展，陶瓷墙地砖，以往的幅面均较

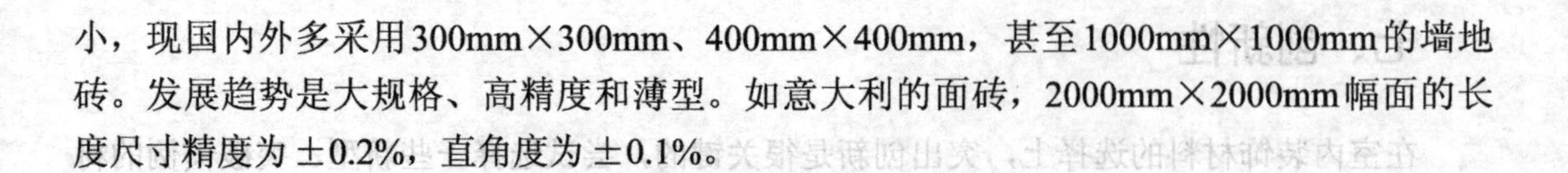

小，现国内外多采用300mm×300mm、400mm×400mm，甚至1000mm×1000mm的墙地砖。发展趋势是大规格、高精度和薄型。如意大利的面砖，2000mm×2000mm幅面的长度尺寸精度为±0.2%，直角度为±0.1%。

六、趋向于复合型材料方向发展

人类最早使用的天然材料资源有限，功能少，不能满足人们的生活需要，为了适应时代的新发展，合成材料、复合材料，如合成树脂胶黏剂、人造薄木、泡沫塑料、复合地板、铝塑板、玻璃钢等材料在室内设计中应用越来越广泛。

七、趋向于成品半成品方向发展

随着人工费的急剧增加、装饰工程量的加大和对装饰工程质量的要求不断提高，为保证装饰工程的工作效率，装饰材料向着成品化、安装标准化方向发展。

八、趋向于材料智能化方向发展

随着计算机技术的发展和普及，装饰工程向智能化方向发展，装饰材料也向着与自动控制相适应的方向扩展，商场、银行、宾馆多已采用自动门、自动消防喷淋头、消防与出口大门的联动等设施。

复习思考题

1. 什么是室内装饰材料？室内装饰材料如何分类？
2. 室内装饰材料的基本性质包括哪几个方面？
3. 在选择室内装饰材料时，应考虑哪几个方面的问题？

实训练习

考察调研装饰材料市场，熟悉、了解室内装饰材料的品种、规格、类别与应用。

本章推荐阅读书目

1. 张清丽主编. 室内装饰材料识别与选购. 北京：化学工业出版社，2012.
2. 李栋主编. 室内装饰材料与应用. 南京：东南大学出版社，2005.

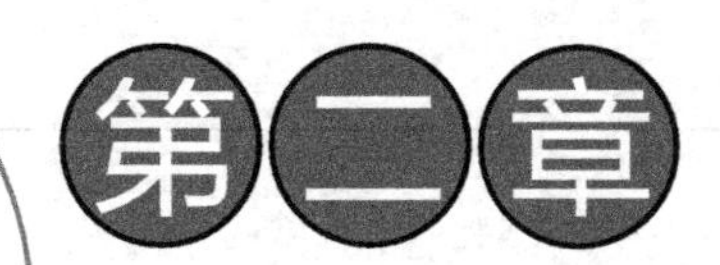

第二章 饰面石材

知识目标

1. 掌握天然大理石、花岗石的性能特点及应用。
2. 掌握人造石的种类、性能特点及应用。

技能目标

1. 具有合理选择和使用天然大理石的专业技能。
2. 具有合理选择和使用天然花岗石的专业技能。
3. 具有合理选择和使用人造石的专业技能。

本章重点

1. 天然石材在室内装饰环境中的选择与应用。
2. 人造石材的类别、性能特点与应用。

第一节 岩石的形成、分类及特性

天然石材是天然岩石经开采、锯切、表面加工而制成的室内表面装饰材料。了解天然岩石的形成、分类及特点，是分析天然石材性能特点的基础。

天然岩石是构成地壳的基本材料，是由于地壳的运动，岩浆经冷凝而形成的岩石，根据其形成及冷却方式的不同，可以分为以下几类。

一、火成岩

1. 定义

火成岩由地幔或地壳的岩石经熔融或部分熔融的物质如岩浆冷却固结形成的。岩浆可以是由全部为液相的熔融物质组成，称为熔体，也可以含有挥发分及部分固体物质，如晶体及岩石碎块（岩浆=熔体+挥发分+晶体、岩石碎块）。

2. 分类

由于岩浆成分和冷却凝固方式的不同，便形成了不同的火成岩。

（1）深成岩　岩浆在地壳深处，承受地表覆盖的巨大压力，缓慢冷却而成岩。如花岗岩。

（2）喷出岩　岩浆喷出地表后，在压力降低、迅速冷却的条件下成岩。如玄武岩。

（3）火山岩　火山爆发时，岩浆喷到空中，经急剧冷却后落下而形成的碎屑岩石。如浮石、火山灰等。

3. 特点

（1）深成岩　由于深层缓慢冷却，冷却时承受地表的巨大压力，所以构造致密、容重大、抗压强度高、吸水率低，抗冻性好，耐磨、耐久。

（2）喷出岩　当喷出的岩浆层较厚时，形成岩石的特性近似深层岩，当喷出的岩浆层较薄时，则形成多孔结构的岩石。

（3）火山岩　轻质、多孔结构。

二、沉积岩或水成岩

1. 定义

沉积岩是在地壳表层的条件下，由母岩的风化产物、火山物质、有机物质等沉积岩的原始成分，经流水侵蚀、搬运、堆积，在新物质不断的堆积压密以及一定的地质作用下，矿物质将沉积物紧紧的胶结在一起而形成的一类岩石。

2. 分类及特性

（1）砂岩　砂岩由沙粒经过水搬运沉淀于河床上，经千百年的堆积坚固并经地质物理作用胶结而成的岩石。砂岩结构呈颗粒状，透水性能良好，其砂粒颗粒特别细小，主要成分为：石英52%以上；黏土15%左右；针铁矿18%左右；其他物质10%以上。如果石英含量在90%以上，称为石英砂岩。

（2）页岩　页岩或称泥岩，是黏土岩的一种，由黏土物质经压实作用、脱水作用、重结晶作用后形成。其由微小矿物组成，具有页状或薄片状层理，用硬物击打易裂成碎片，透水性很差。

（3）石灰岩　石灰岩主要形成于浅海，是以方解石为主要成分的碳酸盐岩，属于生物性沉积形成。石灰岩的结构较为复杂，有碎屑结构和晶粒结构两种，它的岩性均一，硬度不高，主要化学成分是$CaCO_3$，遇酸易溶蚀。是生产石灰的主要原料。

三、变质岩

1. 定义

变质岩是在高温高压和矿物质的混合作用下由一种石头自然变质成的另一种石头。质变可能是重结晶、纹理改变或颜色改变。变质岩主要产生于地壳板块推挤最剧烈的造山带上，它们大都拥有美丽的纹路，因此常被用做装饰石材。

2. 分类与特性

板岩是一种浅变质岩，由黏土质、粉砂质沉积岩或中酸性凝灰质岩石、沉凝灰岩经轻微变质作用形成。其岩性致密，具板状构造，有明显的板状劈裂纹理。板岩颗粒结构紧密，透水性差，硬度高，耐磨度好，是理想的墙、地饰面材料，主要用于园林工程。

片岩是常见的区域变质岩石，原岩已全部重结晶，由片状、柱状和粒状矿物组成。一般为鳞片变晶结构、纤状变晶结构和斑状变晶结构。其特征是有片理构造，具有较细密片状岩理（片理），片理多呈波状弯曲。

大理石是以大理岩为代表的一类岩石，主演成分是碳酸盐岩和有关的变质岩。大理石多呈块状，颗粒较粗，颜色丰富，纹理美观，具有良好的抗压强度，容易切割加工成板材或进行各种深加工（如表面雕刻加工）。是理想的室内墙面装饰材料。

砂石与板石的纹花色彩优于大理石和花岗石，其装饰也常用于一些富有文化内涵的场所。砂岩砂石不能磨光，属亚光型石材，不会产生因光反射而引起的光污染，又是一种天然的防滑材料。从装饰风格来说，砂岩创造一种暖色调的风格，显素雅、温馨，又不失华贵大气。在耐用性上，砂岩则绝对可以比拟大理石、花岗石，它不会风化，不会变色。许多在一二百年前用砂岩建成的建筑至今风采依旧。根据这类石材的特性，常用于室内外墙面装饰、家具、雕刻艺术品、园林建造用料。

第二节 天然大理石

一、天然大理石的性能特点

1. 构造与主要成分

大理石是地壳中原有的白云石、石灰岩等岩石经过地壳内高温高压作用形成的变质岩。地壳的内力作用促使原来的各类岩石的结构、构造和矿物成分等发生质的变化。天然大理石是一种变质岩，多为层状结构，属于中等硬度石材。

大理石的产地很多，世界上以意大利生产的大理石最为名贵。我国云南大理盛产天然大理石而得名，其矿产资源十分丰富，储量大、品种多，居世界前列。

大理石主要由方解石、石灰石、蛇纹石和白云石组成，其主要成分以碳酸钙为主，约占50%以上。其他还有碳酸镁、氧化钙、氧化锰及二氧化硅等。其主要化学成分见表2-1所示。

表2-1 天然大理石的主要化学成分

化学成分	CaO	MgO	SiO_2	Al_2O_3	Fe_2O_3	SO_3	其他Mn、K、Na
含量/%	28～54	13～22	3～23	0.5～2.5	0～3	0～3	微量

2. 性能特点

天然大理石板的装饰效果庄重、高贵、典雅，是建筑装修及雕刻中是较为理想的材料，它具有如下特点。

① 结构致密，抗压强度高。表观密度为2700kg/m^{3}左右，一般抗压强度为100～150MPa。

② 质地较密，但硬度不大，属于中等硬度石材。莫氏硬度为3～4，故大理石易于开采加工，比较容易进行锯解、雕琢和磨光加工。

③ 吸水率小。一般吸水率不超过1%。

④ 耐磨性好。其磨耗量小。

⑤ 具有较好的抗冻性和耐久性。一般使用年限为40～100年。

⑥ 装饰性好。通常质地纯正的大理石为白色，我国常称汉白玉，是大理石中的优良品种。当在变质过程中混进其他杂质时，就会出现不同的颜色、花纹与斑点。大理石中一般常含有氧化铁、氧化亚铁、云母、石墨等杂质，因此使大理石常呈现红、黄、棕、黑、绿等多种色彩。如含氧化铁呈玫瑰色、橘红色；含氧化亚铁、铜、镍呈绿色；含锰呈紫色等。

大理石磨光后极为美丽典雅，形成各种花纹（树枝状、枝条状）、斑点，形似山水，如花似玉，图案异常美丽、个性鲜明，如图2-1所示。因此，常根据其纹理特征赋予高雅的名称，如晚霞、风雪、残雪、雪花、秋枫、秋景、碧玉、黄花玉、红花玉、墨玉、彩云、海涛、虎纹、桃红等。大理石的花纹具有方向性，铺贴时应对接花纹。

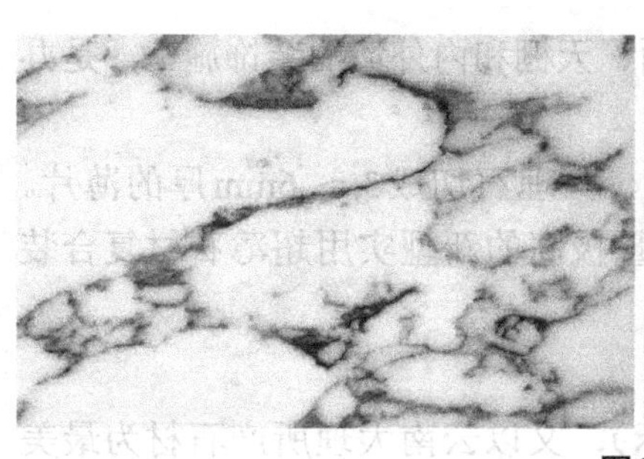

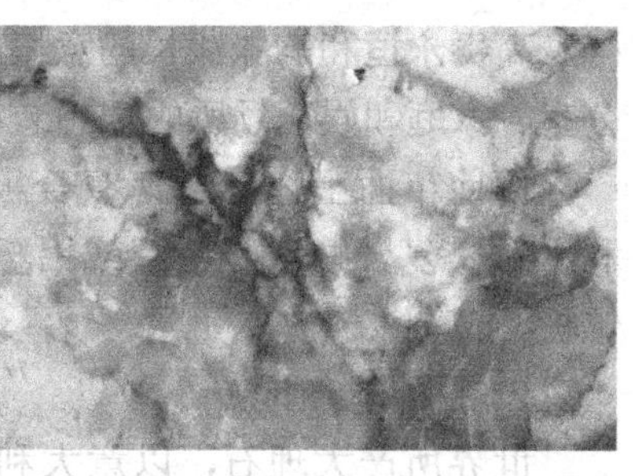

图2-1 天然大理石花纹特征

⑦ 抗风化性差。多数大理石的主要化学成分为氧化钙，空气和雨中所含酸性物质及盐类对大理石都有腐蚀作用，会导致表面失去光泽甚至破坏，因此，除个别品种（如汉白玉、艾叶青等）外，大理石不适合用于室外装饰。

纯白色的大理石成分较为单纯，但多数大理石是两种或两种以上成分混杂在一起。各种颜色的大理石中，暗红色、红色最不稳定，绿色次之。白色成分单一比较稳定，不易风化和变色，如汉白玉。天然大理石花纹与颜色效果如图2-2所示。

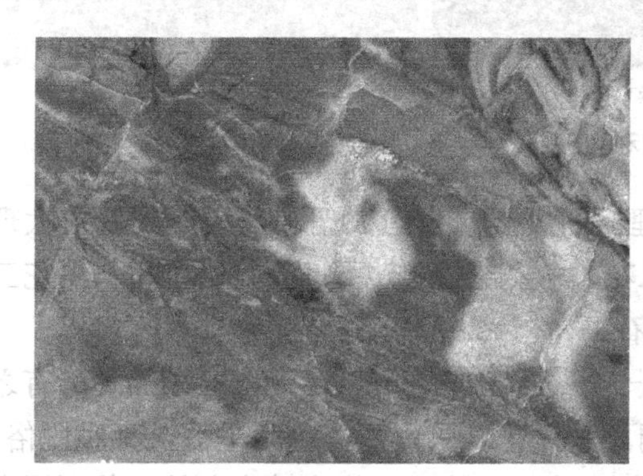
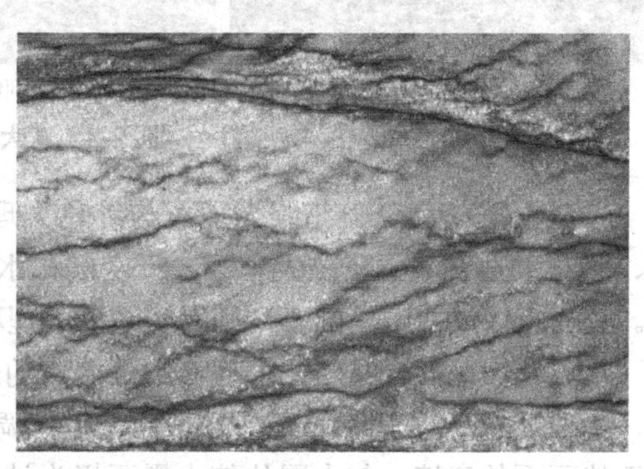

图2-2 天然大理石花纹与颜色效果

大理石中含有化学性能不稳定的红色、暗红色或表面光滑的金黄色颗粒，则会使大理石的结构疏松，在阳光作用下将产生质的变化。

二、天然大理石板材的规格及品种

1. 规格

天然大理石板材分为定型与非定型两类，定型板材为正方形或矩形。定型板材常用尺寸规定为300mm×300mm，400mm×400mm，500mm×500mm，600mm×600mm，600mm×300mm，900mm×600m等。

板材厚度一般18～20mm，为有效利用石材资源，石材产品已越来越向薄型化方向发展。20世纪80年代，石材的厚度为10～20mm；90年代，石材的厚度缩减至8mm以下，在意大利生产出6.5mm厚的花岗石面砖后，瑞典又生产出4mm厚的石材面砖，目前已有厚度仅为3mm的大理石板面市。

超薄板的最大优点是重量轻，用普通黏合剂就可将其固定在墙壁上。超薄板借助灯光效果，可以将天然石材自然绚丽的纹理展现得淋漓尽致，赋予生活空间朴实自然、淡雅温馨、高贵永恒和韵味深长的意境，可适用于地面、楼面、天棚和内外墙的装饰施工，是办公室、家庭和娱乐场所的理想装饰材料。

目前市面上还有超薄复合板，它是将天然花岗岩、大理石切成3～6mm厚的薄片。利用航空复合技术与铝窝或铝塑板复合，生产科技含量极高的新型实用超薄石材复合装饰板。

2. 品种与产地

世界所产大理石，以意大利为最多（如图2-3所示），又以云南大理所产石材为最美最奇。

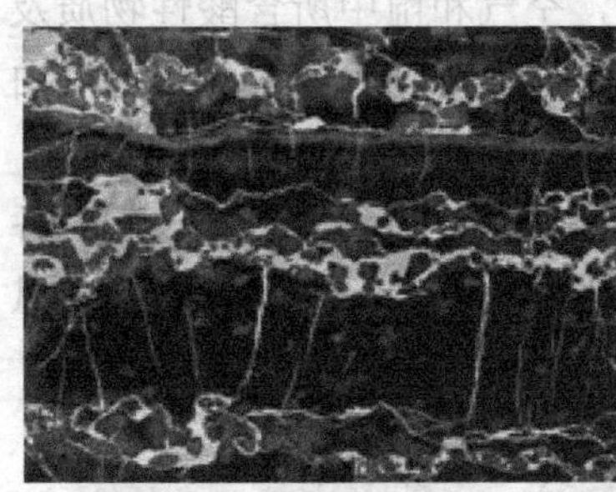

意大利黑金花

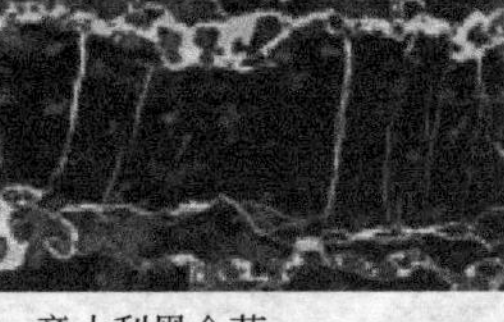

意大利红珊瑚

意大利伯爵灰

图2-3　意大利大理石

大理石按花色分为花纹大理石与纯色大理石两大类。云南大理苍山所产的云灰大理石、彩花大理石属于花纹大理石。云灰又称水花，彩花分春花（绿花）、秋花和水黑花三种。苍白玉（汉白玉、础石）则属于纯色大理石。

水黑花大理石，是彩花大理石中最名贵的一个品种。它之所以名贵，除了品种稀有之外，主要还在于它自身所具有的非凡美学格调。水黑花以黑白两个色为基调，素雅脱俗，其天然画面的意境，与中国传统水墨画极为神似；许多天然痕迹均为神来之笔，其浑厚高古的格调令多少文墨客为之倾倒（如图2-4所示）。

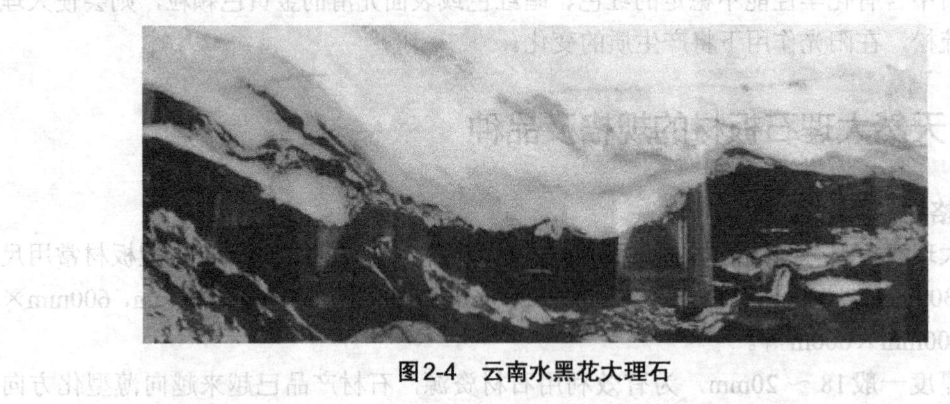

图2-4　云南水黑花大理石

三、天然大理石板材的应用

1. 选用天然石材装饰的优点

天然石材作为室内装饰材料，具有以下特性。

（1）不变形　岩石经长期天然形成，组织结构均匀，线性膨胀系数小，内应力完全消失，不变形。

（2）硬度高　刚性好，硬度高，耐磨性强，温度变形小。

（3）使用寿命长　在常温下也能保持其原有物理性能。

（4）装饰性好　天然石材经研磨抛光后的镜面板材，表面光亮如镜，晶莹剔透，质感光洁细腻。选用天然石材装饰，主要考虑其表面的色调花纹与室内其他部位的材料相协调即可。

2. 天然大理石的选用

大理石花纹美丽、自然、高雅华贵、装饰效果好，是一种高品位的装饰石材。但它的抗风化性能差（即不耐酸），因此除个别品种（汉白玉、艾叶青等）外，一般只适用于室内装饰（作饰面板）。

① 用于墙面、柱面、地面、墙裙、楼梯踏板、栏板、窗台、服务台、家具台面等部位。

② 可制作大理石壁画、雕塑品、工艺品及生活用品。由于其表面硬度不高，一般多用于墙面、柱身、门窗等装饰（如图2-5所示）。

③ 较高级的住宅装修，选用大理石板材做客厅的地面装饰，显得高贵典雅。

图2-5　天然大理石在室内装饰中的应用

第三节 天然花岗石

一、天然花岗岩的性能特点

1. 构造与主要成分

花岗岩是典型的深沉岩，其主要成分是长石、石英及少量深色矿物和云母，其中长石的含量为40%～60%，石英含量为20%～40%。

花岗岩的颜色取决于所含长石、云母及深色矿物的种类与数量，多呈灰色、黄色、蔷薇色和深红色，以深色花岗岩比较名贵。花纹多呈鱼鳞状、片状及斑点状花纹，花纹没有方向性，铺贴时不用对花。如图2-6所示。

花岗岩按照晶粒的大小，可以分为细粒、中粒和斑状。优质的花岗岩的晶粒细而均匀，构造致密，石英含量高，云母含量少，不含黄铁矿等杂质，长石光泽明亮，没有风化的迹象。

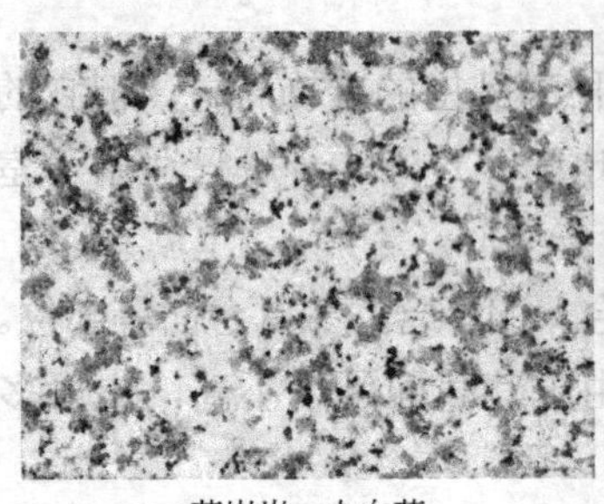
花岗岩：大白花

花岗岩：黑金沙

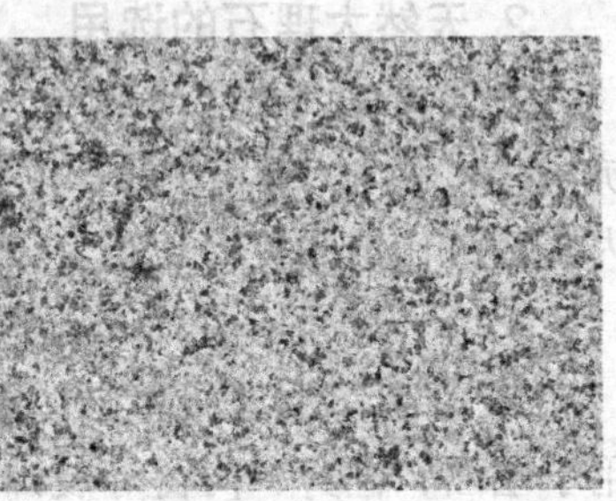
花岗岩：大山红

图2-6　天然花岗岩的花纹特点

2. 性能与特点

天然花岗石是一种分布广泛的岩石，各个地质时代都有产出。它属于硬质石材，其颜色取决于所含长石、云母及深色矿物的种类及数量，常呈灰色、黄色、蔷薇色和红色等，以深色（红色）花岗石比较名贵。花岗石为全结晶结构的岩石。优质花岗石晶粒细而均匀、构造紧密、石英含量多、长石光泽明亮、无风化迹象。云母含量高的花岗石表面不易抛光，含有黄铁矿的花岗石易受到侵蚀。

天然花岗石主要优点如下。

① 密度大。表观密度为2600～2800kg/m^3。

② 构造致密、结构均匀、抗压强度高。一般抗压强度可达120～250MPa。

③ 材质坚硬，具有优异的耐磨性。

④ 孔隙率小，吸水率极低。

⑤ 化学稳定性好，耐酸性很强，不易风化变质。

⑥ 装饰性好。经磨光处理的花岗石板材表面平整，光亮如镜，质感丰厚坚实，色彩斑斓，庄重华丽。

⑦ 抗冻性好、耐久性极好。细粒花岗石使用年限可达500～1000年之久，粗粒花岗石可达100～200年。

天然花岗石主要缺点如下。

① 自重大，用于房屋建筑与装饰会增加建筑物的重量。

② 硬度大，给开采和加工造成困难。

③ 质脆，耐火性差。花岗石不抗火，因其含大量石英。石英在573～870℃的高温下均会发生晶态转变，产生体积膨胀，故火灾时花岗石会产生严重开裂破坏。

④ 某些花岗岩含有微量放射性元素，应根据花岗石石材的放射性强度水平确定其应用范围。

二、天然花岗岩板材的规格与品种

1. 规格

天然花岗石板材规格分定型与非定型两类，定型板材为正方形或矩形。

天然花岗石材硬而脆，加工难度较大，特别是加工很薄的板材时成品率下降。虽然采用先进加工手段可加工出10mm厚度甚至更薄的板材，但是目前大量生产的板材仍然以20mm厚度为主，其标准规格如表2-2所示。

表2-2 常用天然花岗石材料的标准规格 单位：mm

长	宽	厚	长	宽	厚
300	300	20	610	610	20
305	305	20	900	600	20
400	400	20	915	610	20
600	300	20	1067	762	20
600	600	20	1070	750	20
610	305	20			

2. 品种

按加工程度的不同可分为3个品种。

（1）细面板材　经磨光后的板材表面平整、光滑，给人以庄重华贵的感觉，并且能在较长时间内保持原貌。

（2）镜面板材　它是在细面板材表面平整的基础上，经过抛光形成镜面般的晶莹光泽，给人以华丽精致的感觉。

（3）粗面板材　表面粗糙但平整，有较规则的加工条纹，给人以坚固、自然、粗犷的感觉。机刨板、剁斧板、锤击板、烧毛板等都属于此类板。

按花色、特征和原料产地来命名的品种：天然花岗石材料按花色、特征和原料产地来命名的品种如表2-3所示。

表2-3 天然花岗石材料按花色、特征和原料产地来命名的品种

名　称	花　色	名　称	花　色
黑金沙	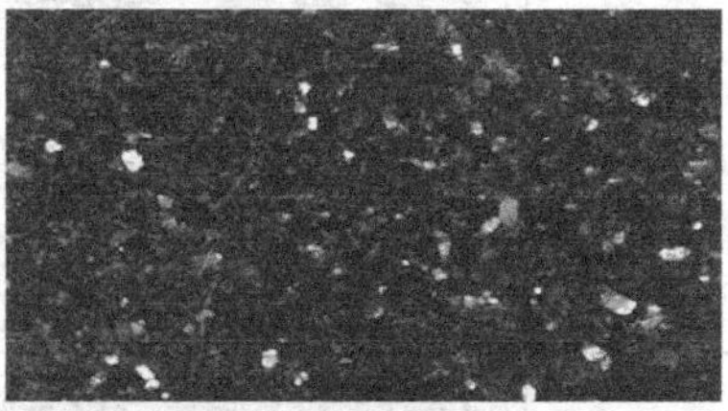	金丝麻	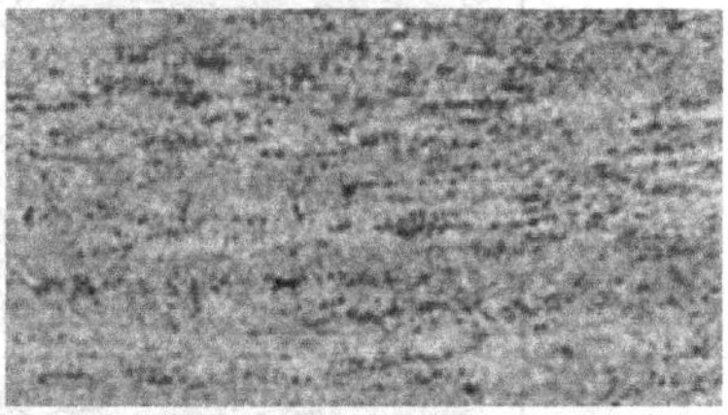
蒙古黑		古典金麻	

续表

名称	花色	名称	花色
珍珠黑		香槟金麻	
济南青		金山麻	
啡钻		莎利士红	
幻彩红		加州金麻	
珊瑚麻		粉红麻	
绿星		桃花红	

续表

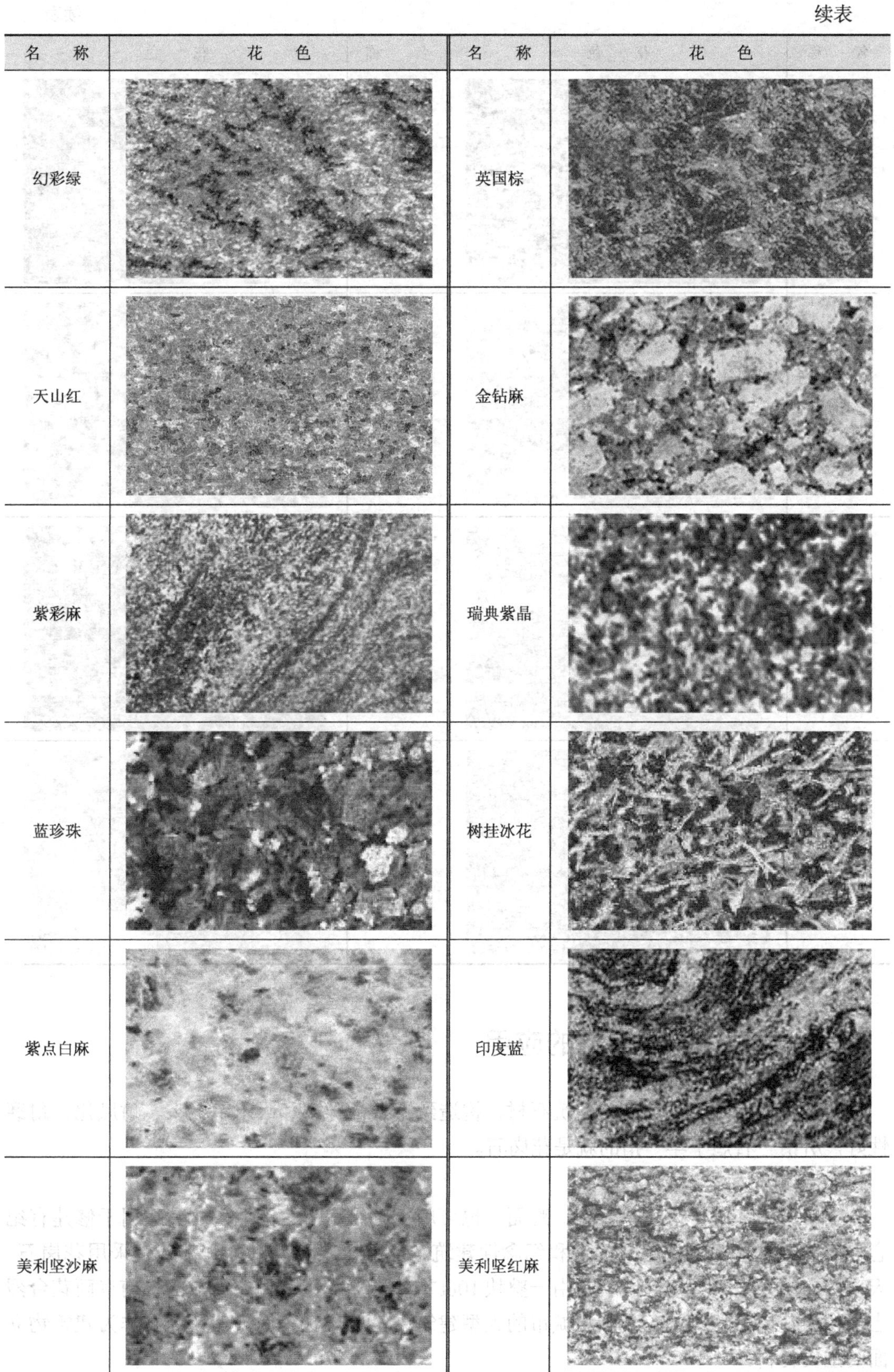

名　称	花　色	名　称	花　色
幻彩绿		英国棕	
天山红		金钻麻	
紫彩麻		瑞典紫晶	
蓝珍珠		树挂冰花	
紫点白麻		印度蓝	
美利坚沙麻		美利坚红麻	

续表

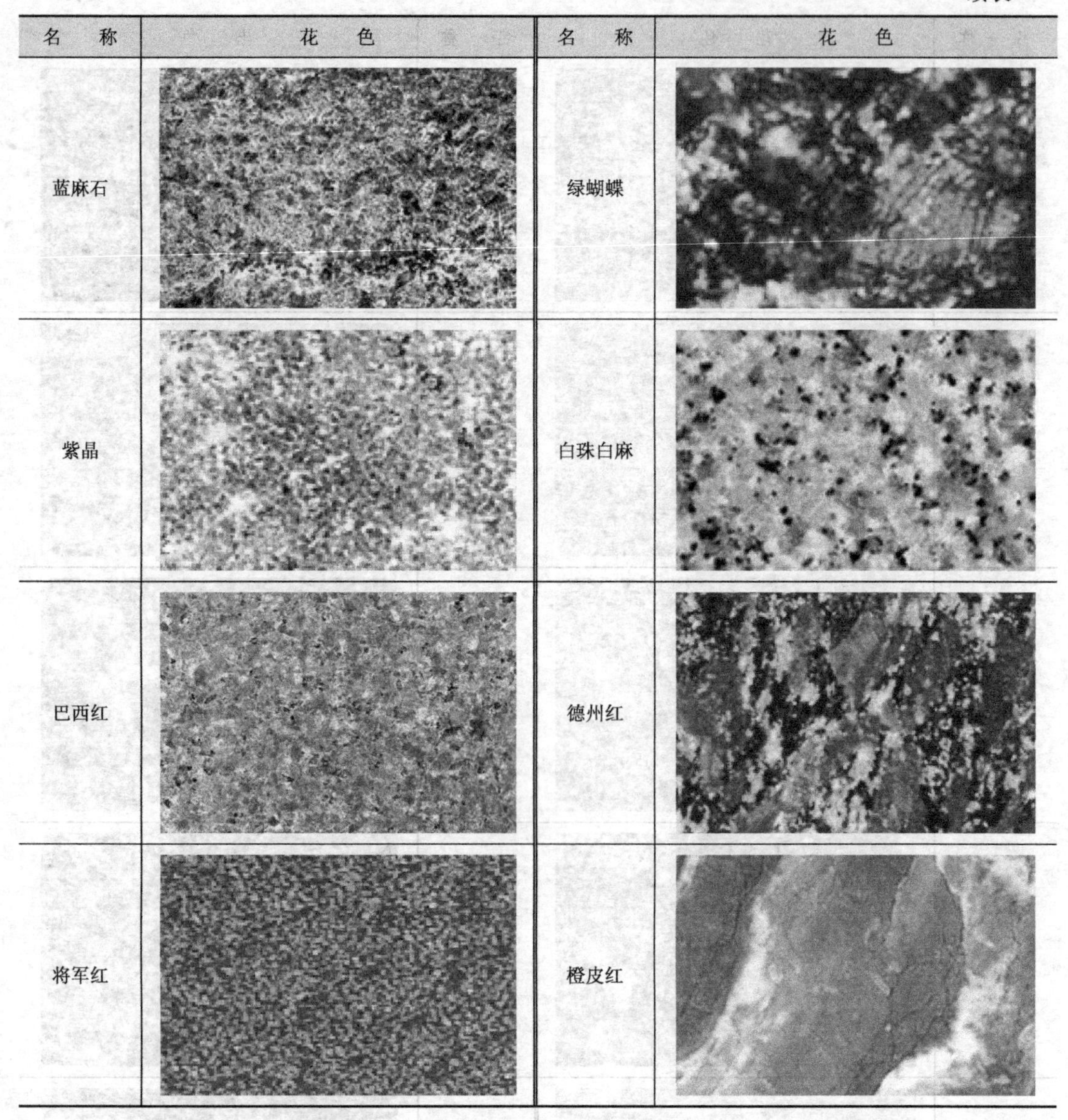

名称	花色	名称	花色
蓝麻石		绿蝴蝶	
紫晶		白珠白麻	
巴西红		德州红	
将军红		橙皮红	

三、天然花岗岩板材的应用

天然花岗石是一种优良的建筑石材，构造致密，孔隙率和吸水率极小，耐风化，耐磨性好，所谓“石烂千年”指的就是花岗石。

1. 建筑、桥梁

它常用于基础、桥墩、台阶、路面，也可用于砌筑房屋、围墙，尤其适用于修建有纪念性的建筑物，故无论公共建筑和纪念性建筑、道路桥梁和海洪工程都普遍采用花岗石。天安门前的人民英雄纪念碑就是由一整块100t重的天然花岗石琢磨而成的。南京雨花台烈士群像用花岗岩雕刻。在我国大城市的大型建筑中，曾广泛采用天然花岗石作为建筑物立面的主要材料。

2. 室内外地面、墙面装饰

可用于室内地面和立柱装饰，耐磨性要求高的台面和台阶踏步等，主要用于公装环境。

3. 一般镜面板材和细面板材

表面光洁光滑，质感细腻，多用于室内墙面、地面和室外公共家具，也用于部分建筑的外墙面装饰。粗面板材表面质感粗糙、粗扩，主要用于室外墙基础和墙面装饰，有一种古朴、回归自然的亲切感。

第四节 人造石材

一、人造石概述

人造石（又称合成石）是以石粉、碎石、胶黏剂为主要原料，经调配合成、表面处理等工序加工而成。

人造石材在国外已有数十年的历史。1958年美国即采用各种树脂作胶黏剂，加入多种填料和颜料，生产出模拟天然大理石纹理的板材。到了20世纪60年代末70年代初，人造大理石在苏联、意大利、德国、西班牙、英国和日本等国也迅速发展起来，大量人造大理石代替了部分天然大理石、花岗石，广泛应用于商场、宾馆、展览馆、机场等建筑场所的墙面、柱面及家具装饰台面和立面。除了生产装饰类板材，各国还生产出各种异型制品，甚至制造卫生洁具。到了70年代末，美国已有过半的新建住宅使用了人造大理石。

人造石材生产设备及工艺简单，原料广泛，价格适中，因而许多发展中国家也都开始生产人造石材。我国于20世纪70年代末期才开始从国外引进人造石材样品、技术资料及成套设备，80年代进入发展时期，目前发展极其迅速，质量、产量与花色品种上升很快，有些产品的质量已达到国际同类产品的水平。

二、人造石材的制造方法与分类

按原料及制造方法分类，或者说是按合成所用胶黏剂种类来分类，大体可分为四类。

1. 树脂型（有机型）**人造石材**

树脂型人造石材是以不饱和聚酯树脂、亚克力树脂、环氧树脂等合成树脂为胶黏剂，与天然石碴、石粉或其他无机填料按一定的比例配合，再加入催化剂、固化剂、颜料等添加剂，经混合搅拌、固化成型、脱模烘干、表面抛光等工序加工而成。国内绝大部分产品用不饱和聚酯树脂制造，这类产品光泽度高、颜色丰富，可以仿制出各种天然石材花纹，装饰效果好。

2. 水泥型（无机型）人造石材

水泥型人造厂材是以各种水泥为胶结材料，以砂、天然碎石粒为粗细骨料，经配制、搅拌、加压蒸养、磨光、和抛光后制成的人造石材。配制过程中，混入色料，可制成彩色水泥石。水泥型石材的生产取材方便，价格低廉，但其装饰性较差。典型产品为水磨石（各类花阶砖也属于此类）。

3. 复合型人造石材

复合型人造石材采用的胶黏剂中，既有无机材料，又有有机高分子材料。其制作工艺是：先用水泥、石粉等制成水泥砂浆的坯体，再将坯体浸于有机单体中，使其在一定条件下聚合而成。对板材而言，底层用性能稳定而价廉的无机材料，面层用聚酯和大理石粉制作。无机胶结材料可用快硬水泥、白水泥、普通硅酸盐水泥、铝酸盐水泥、粉煤灰水泥、矿渣水泥以及熟石膏等。有机单体可用苯乙烯、甲基丙烯酸甲酯、醋酸乙烯、丙烯腈、丁二烯等，这些单体可单独使用，也可组合使用。复合型人造石材制品的造价较低，但它受温差影响后聚酯面易产生剥落或开裂。

4. 烧结型人造石材

烧结型人造石材是以石粉为主要原料，加入瓷土及其他添加物，采用陶瓷材料的生产工艺制作而成。它具有陶瓷材料的一些特点：强度高、吸水率低、耐热、抗浆、耐腐蚀易清洁、性能稳定、装饰性好。但需要经高温烧制故能耗大、成本高。

综上所述，不饱和聚酯树脂（聚酯树脂）具有光泽好，颜色浅，固化快，黏度小，易于成型，常温下可进行操作，容易配制成各种明亮的色彩与花纹、其理、化学性能稳定等特点。是目前广泛使用的树脂型人造石材（又称聚酯合成石）。

三、人造石材的性能特点

1. 装饰性好，可塑性好

人造石可以按设计要求制成各种颜色、纹理、光泽，完全可以模仿天然大理石或花岗石，效果可与天然石材饰面板相媲美。还可根据需要加入适当的添加剂，制成兼具特殊性能的饰面材料。人造石与天然石材相比，具有可塑性，几乎没有任何设计上的限制，多用于制造橱柜台面、餐桌台面、吧台、窗台等。

2. 密度小，强度高

人造石材的密度比天然石材小，一般只有天然大理石和花岗石的80%左右，其厚度一般仅为天然石材的40%～50%，从而可大幅度降低建筑物的自重，方便运输和施工。因此人造石板材厚度薄、重量轻、强度高，还具有天然石材无法比拟的韧性。

3. 加工性好

天然石材加工异型制品难度大、成本高，而人造石材能较好地解决这个问题。

人造石比天然大理石易于锯切、钻孔，可加工成各种形状和尺寸，施工方便，可以加热弯曲，实现无缝拼接。

4. 表面抗污性强

人造石质地致密，表面无毛细孔、无渗透性，污渍无法进入，因此抗污性强，容易清洁，能常保美观。如对醋、酱油、墨水、紫药水、机油等均不着色或着色十分轻微，可用作实验室、厨房间的操作台面。

5. 环保性能好

树脂型人造石无毒、无害、无放射性，此外，人造石还可以通过黏结、打磨、抛光等工艺进行翻新处理。

6. 耐久性好

人造石具有较好的耐久性，防水、防潮、耐酸碱盐、耐高温。经实验测得：骤冷、骤热（0℃、15min与80℃、15min）30次，表面无裂纹，颜色无变化：80℃下烘100h，表面无裂纹，色泽微变黄：置于室外暴露300天，表面无裂纹，色泽微变黄。

四、树脂型人造石发展与应用

树脂型人造石也叫高分子人造石，是以有机高分子树脂为胶黏剂，以天然矿物石粉、耐磨剂为填料，以色母做颜料，外加各种助剂，经成型、固化工艺，制成的质地均匀、结构紧密的人造板材，也称其为“人造石”或“人造大理石”。人造石的产检规格是：2400mm×760mm×12.7mm、3050mm×760mm×12.7mm。

20世纪90年代，随着我国整体橱柜的诞生，人造石材料得以广泛的应用。我国人造石的发展经历了这样几个阶段。

（1）第一代人造石　它是以不饱和聚酯树脂为胶黏剂，以天然矿物石粉为填料，添加色母及其他助剂经成型、高温固化等工艺制成的高分子实体薄型板材，俗称“树脂板”。它具有以下特点。

① 在制造过程中配以不同的色料可制成色彩艳丽、图案丰富的人造石产品。赋予人造石优异的装饰性能。

② 在制造过程中以流平性好的不饱和有机树脂作为胶黏剂，使人造石具有塑质材料的性质，韧性好，耐冲击。板材成型密实、孔隙率低，板面光滑不沾油、不渗污、抗菌防霉，赋予人造石优异的使用性能。

③ 人造石加工、拼接性能优异。可以锯、刨、钻、洗、磨、抛，可以任意拼接无痕无缝，任意造型，加工成的橱柜台面整体性强、视觉效果好。

④ 人造石无毒、无放射，健康环保。

⑤ 不饱和树脂固化后硬度高、脆性大，制成的人造石板材遇骤冷骤热易开裂、易破损。

（2）第二代人造石　它是在第一代人造石的基础上，加入亚克力树脂改性的人造石产品。亚克力树脂学名聚甲基丙烯酸甲酯。它是线型结构的有机高分子，与体型结构的不饱和聚酯树脂混合，改善树脂板的韧性和耐冲击性，克服其硬度高、脆性大易开裂缺点。由于亚克力树脂的透明性好，改性后人造石的透明度、光泽度都有较大程度的提高。

（3）第三代人造石　它是采用纯亚克力树脂为胶黏剂制成的人造石板材。由于亚克力线型分子硬度不高，耐磨性低，同时加入三氧化二铝耐磨剂改性。这样加工出的人造石晶莹剔透、光泽度高，给人似石似玉之感。有“玉石”之称。亚克力板硬度高、耐磨、耐高温、不易开裂。而其加工性能不及第一代板材，拼接易出现痕迹。

（4）第四代人造石　它是以石英砂作为填料改性的树脂型人造石，俗称“石英石”。

由于石英砂硬度高、超强耐磨，加入人造石树脂中，赋予人造石英石极好的耐磨性能。其加工性能变差，拼接痕迹明显，石英石板的厚度为15mm。

人造石产品色彩丰富，性能优异。是理想的橱柜台面材料。

人造石综合性能优异，不仅用作橱柜台面，还可制作人造石水槽、人造石卫浴用品、实验室台面、装饰用品，如楼梯扶手、宣传画框等。装饰行业可以用作门面装饰、柱面装饰。家具行业也可用于桌面、茶几面材料。总之，人造石的应用十分广泛，前景广阔，如图2-7所示。

图2-7 人造石橱柜台面

复习思考题

1. 为什么天然大理石不宜用于室外工程？
2. 天然大理石铺贴墙面为什么要对花纹？
3. 天然花岗岩用于墙面装饰，为什么采用干挂工艺？
4. 举例说明天然花岗岩的用途。
5. 树脂型人造石有哪些特点？厨房台面为何宜选用人造石而不宜选用天然石材？

实训练习

1. 图2-8为某电梯间的尺寸，如选用600mm×600mm的巴西红天然花岗岩铺地，周边铺600mm×160mm蒙古黑收边，试画出地面铺贴图并计算所需材料的多少？

2. 图2-9为某厨房的尺寸，图中水槽的冷热水位置已确定，拟设计为吧台隔断的开放式厨房，厨房内布置冰箱（600mm×600mm×1650mm）、水槽（795mm×430mm）、煤气灶（740mm×420mm），试画出厨房布置图，计算所需人造石台面（橱柜台面和吧台台面）的米数（橱柜台面深600mm，吧台台面自定）。

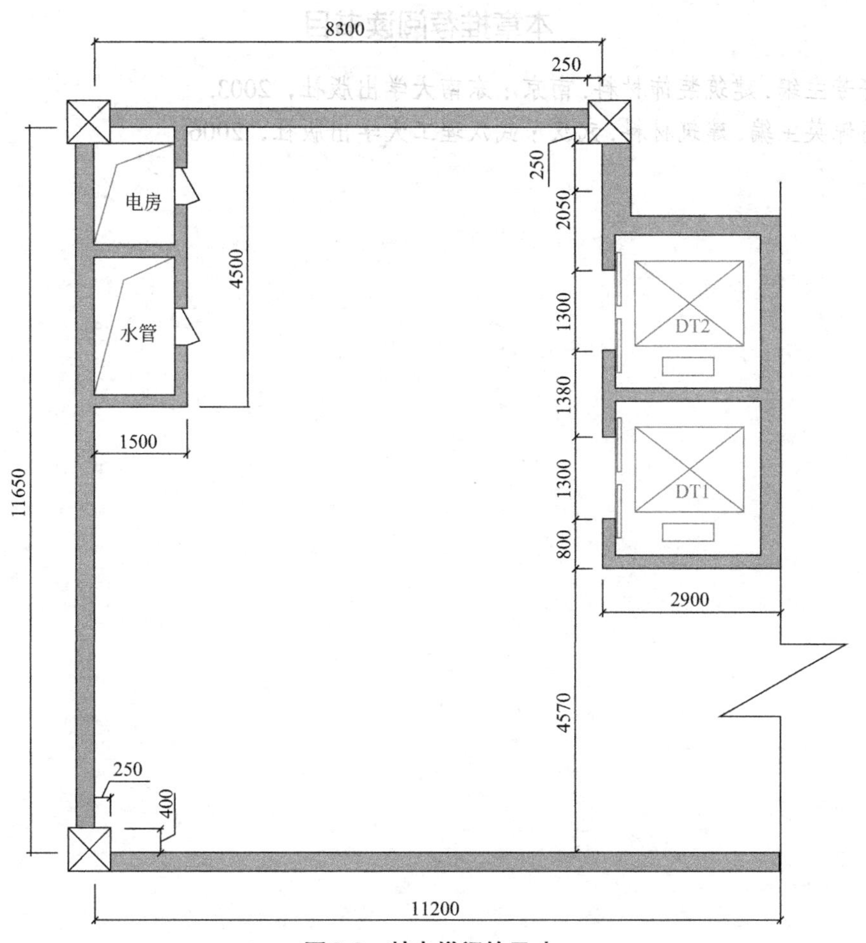

图2-8 某电梯间的尺寸

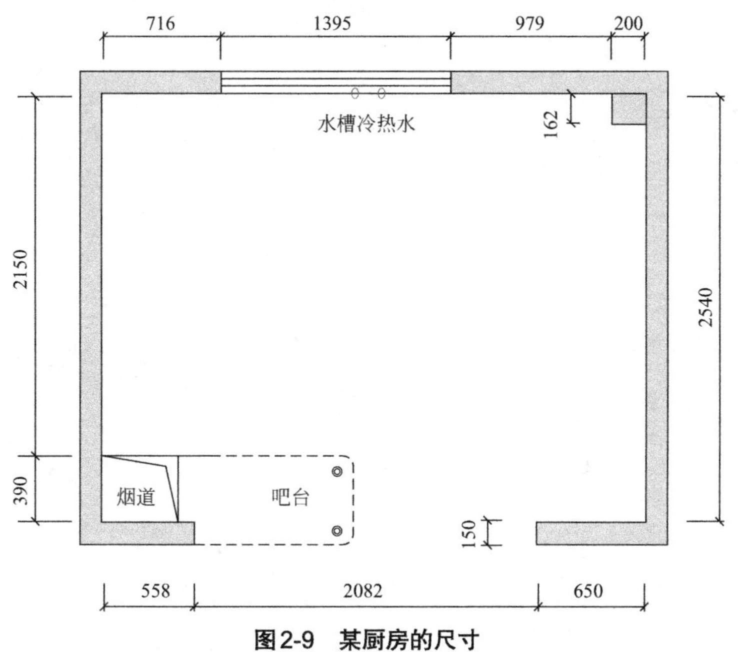

图2-9 某厨房的尺寸

本章推荐阅读书目

1. 符芳主编. 建筑装饰材料. 南京：东南大学出版社，2003.
2. 高琼英主编. 建筑材料. 武汉：武汉理工大学出版社，2006.

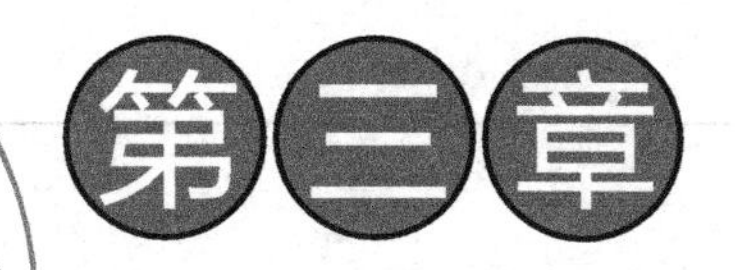

第三章 木材与人造板材

知识目标

1. 熟悉木材的分类方法。
2. 掌握木材宏观与微观构造特征。
3. 熟悉木材物理与化学性质。
4. 掌握木材力学性质特征。
5. 熟悉木材优缺点及缺陷的类别。
6. 熟悉木龙骨与装饰线的识别方法。
7. 熟悉木质人造板的特性与选用。

技能目标

1. 能根据木材的宏观与微观特征，正确识别常见的装饰用木材。
2. 能根据国家标准，正确测定装饰用木材含水率和密度。
3. 能根据木材的缺陷，合理选择搭配使用。
4. 能够对木龙骨和装饰线的外观质量进行识别和判定。
5. 能够对木质人造板的外观质量进行识别和判定。
6. 能够正确选购木质人造板。

本章重点

木材的分类；木材的宏观构造；木材的基本性质；木材的优缺点；人造板的应用与选购。

第一节 木材的分类

一、按树种分类

木材是用树木的躯干加工而成的，按树木的分类方法，可以把木材分为针叶树材和阔叶树材两种。

针叶树树干高大通直，容易制成大规格木材。它的纹理顺直、材质均匀，一般木质较软，易加工（故又称软材）。针叶树材膨胀变形小，耐腐性较强。常用木材有软松（红松、华山松等）、硬松（马尾松、樟子松等）、冷杉、云杉、落叶松、杉木、柏木等。

阔叶树树干通直部分一般较短，除个别树种外，所产木材一般木质较硬。它具有密度大、强度高、不易加工（故又称硬材）、翘曲变形大、易开裂等特点，常用于制作家具承重件。常用木材有水曲柳、榆木、榉木、槭木、栎木、水青冈、核桃楸、柚木、紫檀等。

二、按材种分类

按材种可分为原木和锯材。生长的活树木称为立木；树木伐倒后除去枝桠与树根的树干称为原条；沿原条长度按尺寸、形状、质量、标准以及材种计划等截成一定规格的木段称为原木；原木经锯机纵向或横向锯解加工（按一定的规格和质量要求）所得到的板材和方材称为锯材，又称成材或板方材。

第二节 木材的构造

一、木材的三切面

由于木材构造的不均匀性，研究木材的性能时必须从各个方向观察其构造。从不同方向锯解木材，可以得到无数的切面，观察和研究木材，通常在木材的三个典型切面上进行。这三个切面是横切面、径切面和弦切面，如图3-1所示。各种木材的构造，基本上都能在这三个切面上反映出来，通过对木材三切面的观察、分析，就能够充分了解木材的结构特征。

（1）横切面　垂直于树轴方向锯开的切面，称为横切面（亦称端面）。在这个切面上，木材组织间的相互关系都能清楚地反映出来。横切面是识别木材的重要切面。木材在横切面上硬度大、耐磨损，但难刨削。

（2）径切面　沿树轴生长的方向，通过髓心锯开的切面，称为径切面。径切板面上生长层呈现条纹状的直纹理，基本相互平行。径切板材收缩小，不易翘曲，纹理相对直。

（3）弦切面　沿树轴生长的方向，但不通过髓心锯开的切面称为弦切面。标准的弦切面与年轮平行，为曲面而不是平面。因此，通常的弦切板都是非标准弦切面。弦切板面上的生长层呈V字形花纹，较美观。弦切板材干燥后翘曲变形较大。在进行家具造型与结构设计时，应合理选择木材的纹理，并考虑锯材可能产生的翘曲和变形，以取得良好的效果。

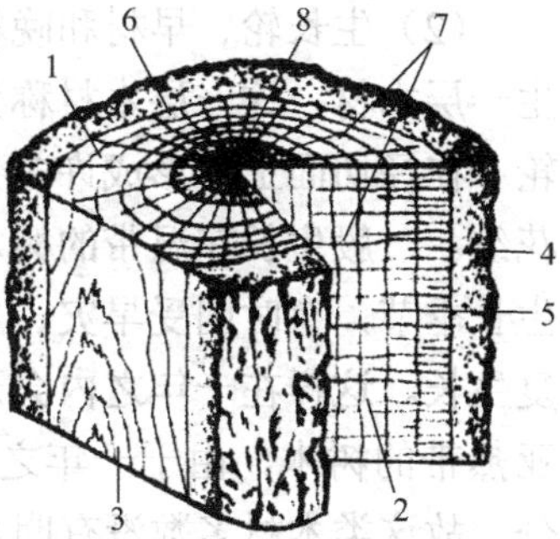

图3-1　木材的三切面

1—横切面；2—径切面；3—弦切面；4—树皮；5—木质部；6—年轮；7—髓线；8—髓心

二、木材的宏观构造

由于观察手段的不同，木材构造可分为两类：一类是凭借肉眼或借助放大镜所观察到的木材构造，称为木材的宏观构造；另一类是用光学显微镜才能观察到的木材构造，称为木材的显微构造。这里主要介绍木材的宏观构造，如图3-2所示。宏观构造的细分概念包括心材与边材、生长轮、早材和晚材、木射线、导管、轴向薄壁组织、树脂道等。

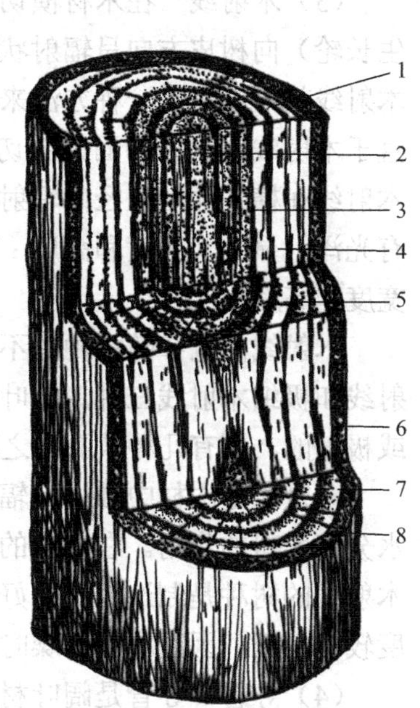

图3-2　木材的宏观构造

1—年轮；2—髓；3—心材；4—边材；5—木射线；6—形成层；7—生长轮；8—树皮

（1）边材、心材和熟材　有些树种的木材颜色有深浅不同的差异，靠近树皮部分颜色较浅，靠近髓心部分色深。一般讲，颜色浅的部分称为边材，颜色深的部分称为心材。这种边、心材有明显差别的树种，称为显心材树种。常见的显心材树种，有针叶材中的落叶松、马尾松、杉木、柏木，以及阔叶材中的麻栎、栓皮栎、香椿、榆木等。显心材树种的心材部分之所以颜色较深，是由于沉积了大量的树胶、单宁、色素和挥发性油类等物质。因此，这部分木材密度较大，耐腐性强，但难以蒸煮和漂白。

有些树种的木材颜色虽均匀一致，但从含水率上看，中心部分和周边部分有明显的差别，中心部分含水较少。中心部分称为熟材，这类树种称为熟材树种。如针叶材中的云杉、冷杉；阔叶材中的水青冈等。

还有一些树种的木材既无颜色深浅的区分，亦无含水率上的差别。这类木材属于边材树种，多为阔叶材，如桦木、椴木等。

有些边材树种，如桦木、杨木，当遭受了真菌侵害发生心材初腐时，木质部（位于形成层和髓之间，为树干的主要部分）中心部分的材色会变深，这部分木材叫作伪心材。在横切面或纵切面上，其边缘不规则，并且色调也不均匀。有些心材树种，例如圆柏的心材部分，由于真菌为害，偶尔出现材色浅的环带，这部分颇似内含边材。上述两种情况均属木材缺陷，应注意区别。

（2）生长轮、早材和晚材　随着树木的生长，在一个生长周期内，形成层都要向内分生一层木材，这一层木材称为生长层。生长层在横切面上，形成许多同心圆，亦称为生长轮；在径切面上，形成许多条状的生长带；在弦切面上，形成许多斜条、山峰形或波浪形花纹。一般生长在温带的树木，一年只有一度的生长，所以，生长轮又称为年轮。树木在生长季节，有时因受旱灾、虫灾或其他灾害的影响，会使生长停滞，而过一段时间后又恢复生长。这样在一年之内会形成两个年轮，此年轮称为假（伪）年轮。对于生长在热带和亚热带的树木，由于一年之中气候温差不大，生长季节与非生长季节之间并无明显的区分，故这类木材多数没有明显的生长轮。

在每一个年轮中都可以划分为两部分：靠髓心一边是生长季节初期生长的，一般在春季，气候适宜，生长速度较快，以肉眼观察，其材质较松，颜色较浅，称为早材（亦叫春材）；靠树皮一边，是生长季节后期生长的，一般在秋季，生长速度较慢，但材质致密、坚硬、颜色深沉，称为晚材（亦叫秋材）。

（3）木射线　在木材横切面上，凭肉眼或借助放大镜可以看到一条条自髓心（或任一生长轮）向树皮方向呈辐射状生长的略带光泽的断续线条，这种线条称为木射线。认识了木射线就可以用另一种方法来判断径切面和弦切面：即顺木射线锯开的切面为径切面，垂直于木射线锯开的切面为弦切面。同一条木射线，在木材的三切面上表现出不同的形态：木射线在横切面上呈径向辐射线，显露其宽度和长度；在径切面上呈横行的短带，色浅而有光泽，显露其长度和高度；在弦切面上顺木纹方向呈梭形或线条状，颜色略深，显露其宽度和高度。

木射线的宽窄随树种而不同。在肉眼或放大镜下，按其可见程度分为宽木射线、细木射线和极细木射线三种。针叶材均为极细木射线；阔叶材的木射线较复杂，有宽的、细的或极细的，还有几种兼而有之的。

木射线是木材中唯一呈辐射状、横向排列的组织。它在树木生长过程中，起横向输送水分和养料的作用。在木材的利用上，它是构成木材美丽花纹的因素之一。因此，具有宽木射线的树种是制造家具的好材料。但是，木射线由薄壁细胞组成，是木材中较脆弱、强度较低之处，因而木材干燥时常沿木射线方向发生裂纹，使木材的利用价值降低。

（4）导管　导管是阔叶材特有的输导组织。导管的粗细差别很大，有些木材的导管很粗，凭肉眼就可以看得很清楚；有些木材的导管很细，要在放大镜下才能看见：导管的走向与树木生长的方向是一致的。因此，在横切面上，导管呈现出大小不同的孔，称为管孔。所以称阔叶材为有孔材。针叶材因没有导管，横切面上看不出有孔，故称为无孔材（见图3-3）。

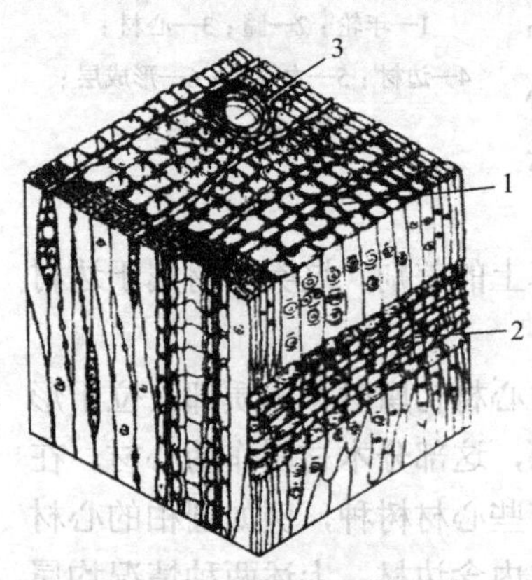

图3-3　马尾松的显微构造

1—管胞；2—髓线；3—树脂道

有些阔叶材在生长季节开始时生长的导管特别粗大，而后生长的导管细小。体现在横切面上有明显的差别，即在一个年轮内早材管孔大，呈环状排列，故称环孔材，如刺槐、麻栎、檫木、榆木等。有些阔叶材在整个生长季节，生长的导管粗细较一致，且均匀地分布在整个年轮中。从横切面上看，管孔呈无规则的分散状，故称散孔材，如桦木、椴木、木荷、楠木等；介于环孔材和散孔材之间的一类木材，称为半环孔材，如柿木、核桃木、水青冈（见图3-4）等。阔叶材管孔的大小、排列及组合，反映出不同的规律，了解它的规律对识别木材具有重要意义。

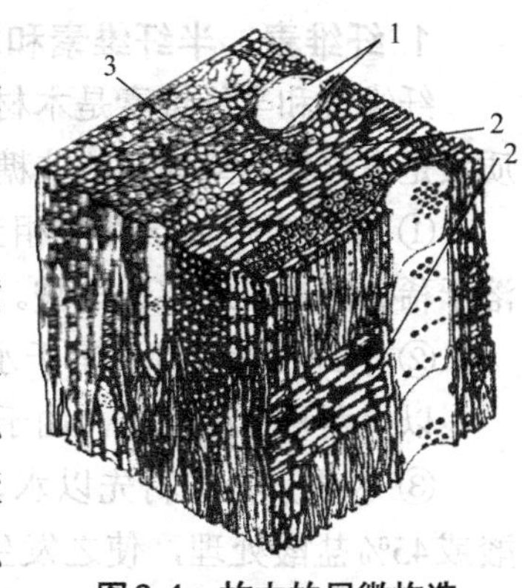

图3-4 柞木的显微构造

1—导管；2—髓线；3—木纤维

（5）轴向薄壁组织 轴向薄壁组织是树木的贮藏组织，专门贮藏养分。对木材识别来讲是重要特征之一。在木材横切面上，可以看见一部分材色较周围的略浅，水湿后更显著，这部分组织称为轴向薄壁组织。针叶材的轴向薄壁组织不发达，用肉眼或放大镜都看不见。在阔叶材中，多数比较丰富，而且它的分布类型是多种多样的。根据轴向薄壁组织和导管连接的关系，可分为离管类和傍管类。离管类，指轴向薄壁组织和导管之间夹有其他组织，不与导管相邻接，有星散状、星散-聚合状、短弦线状、离管带状、轮界状等；傍管类，指轴向薄壁组织环绕导管周围，与导管相邻接，有疏环管状、环管束状、翼状、聚翼状、傍管带状等。

有的树种只有一种轴向薄壁组织类型，而有的树种会有两种、甚至三四种类型。树木的薄壁组织容易开裂和降低强度，因为贮藏有不少养分，所以又容易招致虫害和菌类侵害。

（6）胞间道与树脂道 胞间道系分泌细胞围绕而成的长形胞间空隙，并非胞腔连接成的管道。贮藏树脂的叫树脂道（属针叶树材）；贮藏树胶的叫树胶道（属阔叶树材）。胞间道有轴向和径向两种，有的树种只有一种，有些树种两种都有。有些树种往往由于受伤而形成不正常的胞间道，叫创伤胞间道。

树脂道是某些针叶材特有的细胞间隙，其中充满树脂，如松、落叶松、云杉、银杉、黄杉和油杉等（共六属）木材。凭肉眼在横切面的晚材部分可以看到明显的浅色小斑点，在纵切面上看到深色的沟槽或线条，这就是树脂道。

松属树脂道较大，其他针叶材的树脂道较小，如云杉等。还有些树种不具有正常树脂道，如冷杉、铁杉、雪松、红杉、水杉等，但树木受伤后，会产生受伤树脂道。

具有树脂道的木材往往比较耐腐，但树脂不利于胶接和涂饰，做成的家具容易污染存放的物品。所以，这类木材最好是除去树脂后再进行加工，或用作非接触部位及不影响胶接和涂饰的部件。

第三节 木材的基本性质

一、木材的化学性质

木材是一种天然生长的有机材料，主要由纤维素、半纤维素、木质素（木素）和木材抽提物（内含物）组成。这些化学成分和木材材性、加工工艺有密切关系。

1. 纤维素、半纤维素和木质素的化学性质

纤维素和半纤维素是木材细胞壁物质的多糖部分，占木材干物质质量的70%左右；木质素是木材细胞壁物质的非糖部分，占木材干物质质量的18%～40%。

① 纤维素是化学性质相当稳定的物质，无色，不溶于水、醇和苯等中性溶剂，也不溶于稀碱溶液，难溶于稀酸。

② 半纤维素大都不溶于水，但可溶于稀碱及热的稀无机酸溶液。

以上两种多糖物质，由于糖分子链上带有大量亲水羟基（—OH），故吸湿性很强。

③ 木质素是木材先以水、酒精、苯液抽提，除去溶解于抽提液的物质，再以70%硫酸或45%盐酸处理，使之发生水解，水解后剩余的不溶解物。它是苯丙烷类结构单元组成的复杂多酚类高分子化合物，含有多种活性官能团，同时木质素分子上有少量自由酚羟基，可发生酚羟基的一些典型反应。木质素对阳光，特别是阳光中的紫外波段很敏感，长期暴露在阳光下，容易发生光氧化降解反应，导致木材颜色变黄；对强氧化剂不稳定，易被氧化成小分子碎片。

2. 木材化学性质与各种成分的关系

木材主要成分的化学性质决定了木材共同的化学特性：易燃，具有吸湿性，耐盐水和稀酸侵蚀，不溶于水，在阳光下表面易变黄（材色加深），有一定耐腐性等。但木材的少量成分浸提物（内含物）也对木材的化学性质起作用。浸提物的成分非常复杂，包括的化合物种类十分广泛，如芳香族（酚类）化合物、萜烯化合物、醇类化合物、饱和与未饱和脂肪酸等，其组成随树种不同差异很大，对木材化学性质所起的作用也各不相同。木材的主要成分决定木材在化学上的共性，而浸提物则在很大程度上表现为不同树种木材的个性。

作为一种天然高分子有机复合材料，木材的化学性质是其各种化学成分在性质上和功能上相互补充、取长补短的结果。纤维素对光化学氧化有较强的抵抗能力，能对表层以下的木质素起保护作用，从而使黏结作用不显著下降，并赋予木材以一定刚性（否则会因日光辐射而发生降解，导致木材自然解体）；木质素的憎水性使木材具有湿强度，保证木材在潮湿环境中或浸泡在水中仍能保持其整体性；浸提物中的某些成分对蛀木虫或真菌有不同程度的毒性，使含这些成分的木材有一定的抗虫性和耐腐朽性。正是由于木材化学成分的这些性质，才使木材具有相当好的耐久性，对使用环境如温度、湿度变化，光照，稀的酸、碱、盐溶液，微生物侵害等，呈现相当好的化学稳定性，在许多方面优于其他材料，因而得到广泛地使用。

了解木材的化学性质，利用木材成分的化学反应特性，对木材的改性、防虫防腐保护以及合理加工利用（油漆、胶粘、着色、离析等），都有指导意义。

二、木材的物理性质

木材的物理性质指不改变木材化学成分，不破坏试样完整性所测出的木材性质。如木材水分、木材胀缩性、木材密度、木材热学性质、木材电学性质等。木材物理性质是木材科学加工与合理利用的基础之一，许多木材加工处理工艺的制定以及用材部门对于木材的选择，都赖于对木材物理性质的了解。

1. 木材水分

木材中的水分占木材质量的一部分。这些水分直接影响到木材的许多性质，如质量、强度、干缩、湿胀、耐久性、燃烧性、传导性、渗透性及加工性质等。因此，了解木材的水分是十分重要的。

（1）木材中水分的种类　木材中的水分按其存在形式可分为两种。一种是自由水，它存在于木材细胞腔和细胞间隙中。这种水分只影响木材的质量、燃烧性和渗透性，对木材其他物理力学性质无显著影响。另一种是吸附水，存在于木材各种细胞的细胞壁里。它与细胞壁物质相结合，直接影响木材的胀缩性和强度。因此，这种水分在木材利用上要特别考虑。

（2）含水率的计算与测定　木材中所含水分的数量，通常用含水率表示（即以水分质量占木材重的百分率表示），其中因木材质量的基数不同分为绝对含水率和相对含水率两种。绝对含水率是木材水分质量占木材绝干质量的百分数。相对含水率是木材水分质量占湿木材质量的百分数。两种含水率的计算公式如下：

绝对含水率=[（湿材重−绝干材重）/绝干材重]×100%

相对含水率=[（湿材重−绝干材重）/湿材重]×100%

在木材科学和工业生产中，木材含水率通常都以绝对含水率表示。木材含水率在一般木材工业中，普遍用含水率测定仪来测定，这种方法精度差，但方便快捷，有时为了准确，也用烘干称重法测定。

烘干法是将欲测含水率的木材称其初重（G_w）后放入烘箱，先在60℃低温下烘干2h，之后将温度调至（103±2）℃，连续烘干8～10h后至重量（G_0）不变，然后根据含水率计算公式进行计算。

含水率测定仪主要利用木材电学性质如电阻率、介电常数和损耗因素等与木材含水率的关系设计出一种测湿仪，主要有电阻式和电磁波感应式两种，分别见图3-5。

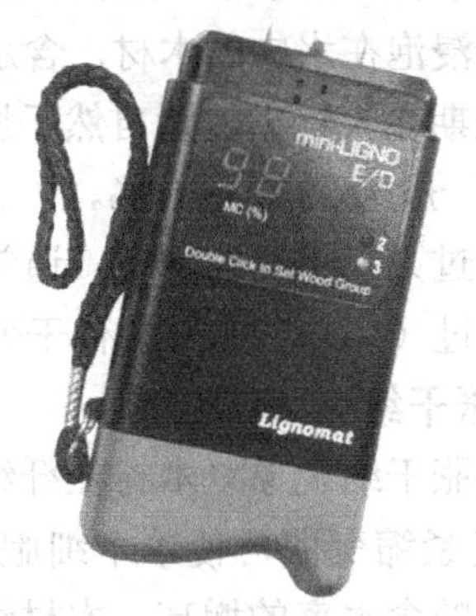

(a) 电阻式插入式木材测湿仪

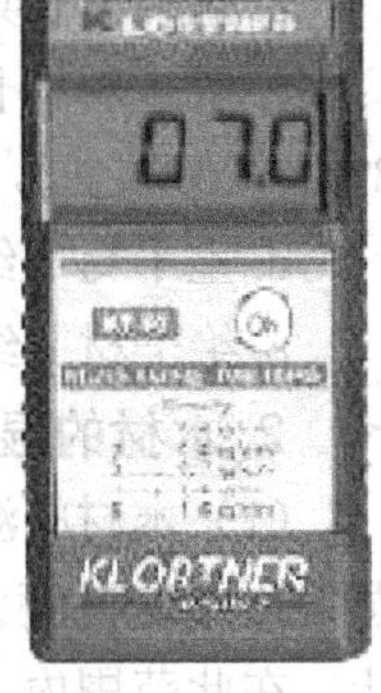

(b) 感应式水分测定仪

图3-5　木材测湿仪

（3）木材纤维饱和点　潮湿木材放置在干燥环境中，湿木材中的水分就要向空气中蒸发，首先蒸发的是存在于细胞腔中的自由水。纤维饱和点是指木材内自由水完全散失而吸着水处于最大状态时这个点（或者说纤维饱和点是指木材胞壁含水率处于饱和状态而胞腔无自由水时的含水率）。由此可知纤维饱和点是木材的一种特定的含水状态。木材纤维饱和点的确切数值因树种、温度以及测定方法的不同而有差异，约为23%～32%，通常以30%作为木材的纤维饱和点。

纤维饱和点的重要意义，不在于其含水率的具体数值，而在于它的实用价值和理论意义。实践证明，纤维饱和点是木材性质变化的转折点。木材含水率在纤维饱和点以上变化时，木材的形体尺寸、强度、电、热性质等都几乎不受影响。而当木材含水率在纤维饱和点以下发生变化时，上述木材性质就会因含水率的增减发生显著而有规律的变化。

（4）木材的吸湿性与木材平衡含水率

① 木材的吸湿性　木材的吸湿性是指木材由空气中吸收水分或蒸发水分的能力。木

材具有吸湿性的原因有二：其一是组成木材细胞壁（主要是纤维素和半纤维素）的化学成分结构中有许多自由羟基（—OH），它们在一定温度和湿度条件下具有很强的吸湿能力；其二是木材为一种微毛细多孔体，它具有很高的空隙率和很大的内表面，所以木材有强烈的吸附性和毛细管凝结现象。

② 木材平衡含水率　木材含水率与环境条件密切相关，生材或湿材在干空气中会发生水分蒸发，称为解吸过程。反之，干材会从湿空气中吸着水分，称为吸湿过程。木材在解吸或吸湿过程的初期进行都十分强烈，此后就逐渐缓慢下来，直至速度几乎降为零而达到动态平衡。

木材的吸湿速度与解吸速度达到平衡时的木材含水率，称为平衡含水率。木材平衡含水率的高低主要取决于木材所处条件下的空气的温度和相对湿度，而和树种关系不大。当温度一定而相对湿度不同时，木材平衡含水率随空气湿度升高而增大；当相对湿度一定而温度不同时，木材平衡含水率则随温度升高而减小。

根据木材平衡含水率与空气温度和湿度的关系，可依照实验数据绘制出平衡含水率图，由图即可查出任一温度、湿度条件下的平衡含水率。木材平衡含水率在木材利用上，具有十分重要的意义。其作用在于，它使人们认识到，木材在利用前必须将其干燥到与所在地区空气温、湿度相适应的木材平衡含水率。只有这样才可避免因受使用地区温、湿度的影响而发生木材含水率的变化，也就不会引起木材尺寸或形状的变化，从而保证了木质品的质量。

③ 木材的含水状态

a. 生材　新伐木材，含水率一般在80%～100%或更高。

b. 湿材　长期浸泡在水中的木材，含水率大于生材。

c. 气干材　长期在大气中放置自然干燥的木材，按各地空气含水率不同，其含水率在8%～20%之间，一般为12%～15%。

d. 室干材　经过人工干燥的木材，通常含水率为7%～15%。

e. 绝干材　经过（103±2）℃条件干燥，含水率接近零的木材。

2. 木材的湿胀干缩

（1）木材的湿胀干缩现象　木材在纤维饱和点以下时，随着含水率降低，吸附水逐渐蒸发，细胞壁逐渐紧缩变薄，使单个细胞体积变小导致木材收缩，直至含水率降到零为止。在此范围内，随含水率的增高，木材细胞壁逐渐吸水膨胀，细胞壁逐渐疏松变厚，使单个细胞体积变大导致木材膨胀，直至含水率达到纤维饱和点为止。当木材含水率超过纤维饱和点后，木材含水率增加就不会再使木材膨胀。由于木材构造不均匀，各方向胀缩程度也不一样。

在实际应用中，以干缩系数来表示木材的干缩性能。所谓干缩系数是指木材在纤维饱和点以下，含水率每变化1%而产生的干缩率。主要树种木材的干缩系数大致是：弦向为0.24%～0.4%；径向为0.12%～0.27%；体积干缩系数为0.36%～0.59%。

（2）木材干缩变形　木材干缩湿胀在三个切面方向不均一，导致木材构件在干燥或吸湿过程中各方向变形量不同，使其物理性质表现为十分明显的各向异性。木材的干湿变形率同样具有各向异性，即纵向干湿变形率很小，约为0.1%～0.2%；横向干湿变形率较大，约为3%～10%，弦向干缩变形率约为径向的2倍。不同树种的木材，其干湿变形率也不

同。一般阔叶树材的变形大于针叶树材的变形。

木材变形的各向异性是导致加工后的各种型材变形、开裂的主要原因。干缩会造成木结构拼缝不严、接口松弛、翘曲开裂；而湿胀会使木材产生凸起变形。由于木材的湿胀干缩明显，因此在加工前应尽量将其干燥至当地年平均温度和湿度所对应的平衡含水率，以减少木制品在使用过程中的干湿变形。另外，木材存放时间也影响湿胀干缩变形。存放时间长，木质细胞老化，相应的变形就小。

3. 木材的密度

（1）定义及测定方法

① 定义　木材密度是指单位体积木材的质量，是具有量纲的物理量，许多国家以单位体积木材的质量叫质量密度，简称为密度（通常以g/cm^3，或kg/m^3来表示）。因木材是多孔体，所测定木材试样的体积是外形体积，即表观体积，因此木材的密度以往又称为容积重或简称容重。

因为木材的体积和质量都是随含水率的变化而改变的，因此木材的密度、相对密度均应加注测定时的含水率。如全干状态、气干状态、生材状态的密度，分别称为全干、气干、生材密度。另一种特殊的密度称为基本密度。它是全干材质量与生材时的体积之比。尽管这两个状态不可能同时存在，因全干时质量最小，生材时的体积最大，而两者的数值是固定不变的，所以比值也不随含水率变化而变化。与其他密度相比数值最小，最固定、最能反映该树种材性特征的密度指标，应用较广泛。各类密度可用下列公式表示。

全干密度
$$\rho_0=\frac{m_0}{V_0}$$

式中　ρ_0——试样全干时的密度，g/cm^3；

m_0——试样全干时的质量，g；

V_0——试样全干时的体积，cm^3。

气干密度
$$\rho_w=\frac{m_w}{V_w}$$

式中　ρ_w——试样含水率为w时的气干密度，g/cm^3；

m_w——试样含水率为w时的质量，g；

V_w——试样含水率为w时的体积，cm^3。

基本密度
$$\rho_y=\frac{m_0}{V_{max}}$$

式中　ρ_y——试样的基本密度，g/cm^3；

m_0——试样全干时的质量，g；

V_{max}——试样水分饱和时的体积，cm^3。

② 密度的测定方法　木材密度测定方法最简单而常用的为体积量测法。它适用于测形状规则的木材。GB 1933—2009规定，标准试样尺寸为20mm×20mm×20mm。在试样各相对面的中心位置，分别测出弦向、径向和顺纹方向尺寸，精确到0.001mm。可以使用排水法测量试样的体积，结果准确至$0.001cm^3$。将试样放入烘箱内，开始温度60℃保持4h，再按GB/T 1931—2009中的5.2～5.4规定进行烘干和承重。试样全干质量称出后，立即于试样各相对面的中心位置，分别测出弦向、径向和顺纹方向尺寸，精确到0.001mm。气干密度尚需作含水率W和体积干缩系数K的测定。

体积干缩系数计算公式：

$$K=\frac{V_w-V_0}{V_0W}$$

式中　K——试样的干缩系数，%；

V_0——试样全干时的体积，cm^3；

V_w——试样含水率为w时的体积，cm^3；

W——试样含水率。

根据含水率W和体积干缩系数K，按下式将气干密度ρ_w换算成含水率为12%时的密度ρ_{12}。

$$\rho_{12}=\rho_w[1-0.01(1-K)(W-12)]$$

式中　ρ_{12}——试样含水率为12%时的气干密度，g/cm^3；

K——试样含水率变化1%时的体积干缩系数；

W——试样含水率；

ρ_w——试样含水率为w时的气干密度，g/cm^3。

木材的密度与含水率有很大关系。含水率越高，密度就越大。在实际生产中，一般都以含水率为12%时的木材密度来比较。

（2）影响木材密度的因素和木材质量分类　常根据木材的密度来判别材性好坏。一般在含水率相同的情况下，密度大的木材其强度也大。所以，木材的密度除了可以帮助鉴别木材以外，也可估计木材工艺性质的好坏。家具用材一般要求密度适中。木材的密度之所以有差异，主要是取决于木材孔隙度的大小和细胞壁物质的多少。木材孔隙度大，细胞壁物质就少，密度也就小了；反之，木材孔隙度小，细胞壁物质就多，其密度就大。

根据木材的密度，可把木材分成轻、中、重三等。

① 轻材　气干密度小于0.4g/cm³。如泡桐、红松、椴木等。

② 中等材　气干密度在0.5～0.8g/cm³之间。如水曲柳，香樟、落叶松等。

③ 重材　气干密度大于0.8g/cm³。如紫檀、青冈、麻栎等。

4. 木材的热学、电学和其他性质

（1）木材的导热性　木材是多孔性物质，其孔隙中充满了空气。由于空气的热导率小，所以一般说来，木材是属于隔热材料。木材的含水率表示木材孔隙中的空气被水分替代的程度。因此，木材的热导率随着含水率的增高而增大。实验证明，含水率对其导热性的影响明显。也就是说，木材含水率越低，导热性越小。木材的低导热性是木材适宜作家具用材的特殊属性。因此当人们看到木材本身色泽时就给人视觉上以温暖的心理感觉。

（2）木材的导电性　木材的导电性很小，在一般电压下，木材在全干状态或含水率极低时，基本可以看作是电的绝缘体。木材的导电性随着含水率的变化而变化。含水率增大，电阻变小，导电性增加；反之含水率减少，其电阻变大，导电性减小。由于木材导电性很小，所以常被用来做电气工具的手柄、电工接线板等。木质家具也往往给人以安全感。

（3）木材的其他传导性　木材的透光性也较差，普通光线和紫外线都不能透过较厚的木材；即使X射线，其透过木材的最大厚度也只有47cm；红外线能透过木材的量，也是很少的。据试验，红外线照射木材后90%以上的能量被吸收，故木材表面很快就被灼热。利用这个性质，可以用红外线对木材进行干燥。

木材的传声性能较好。一些年轮均匀、材质致密、纹理通直的木材，如云杉、泡桐、槭木等，具有良好的共振特性，可以做成各种各样的乐器和共鸣箱。

三、木材的力学性质

木材是一种非均质材料，其力学性质有很强的方向性。木材三个切面方向的力学性质有很大差异，木材的顺纹强度远高于横纹强度，横纹受力时，弦向强度和径向强度也有不同。木材的力学性质还受到含水率和木材本身缺陷的影响。

1. 抗压强度

木材受到外加压力时，能抵抗压缩变形破坏的能力，称为抗压强度。木材的抗压强度可分为顺纹抗压与横纹抗压两种。木材顺纹抗压强度是指外部机械压力与纤维方向平行时的抗压强度。木材的顺纹抗压强度较高，仅次于顺纹抗拉和抗弯强度，木材的缺陷对顺纹抗压强度的影响也较小。

木材横纹抗压强度是指外部机械压力与木材纤维方向互相垂直时的抗压强度。由于木材主要是由许多管状细胞组成的，当木材横纹受压时，这些管状细胞很容易被压扁。所以，木材的横纹抗压极限强度比顺纹抗压极限低。

2. 抗拉强度

木材的抗拉强度也有顺纹和横纹两种。在这种受力状态下，由于木材纤维排列方向不规整，木纹的顺纹抗拉强度是木材抗拉强度中最大的。木材的横纹抗拉强度很低，仅为顺纹抗拉强度的1/40 ～ 1/10，木结构和木制品很少在横纹抗拉状态下使用。

3. 抗弯强度

有一定跨度的木材（或木构件），受到垂直于木材纤维方向的外力作用后，会产生弯曲变形。木材的这种抗弯曲变形破坏的能力称为木材的抗弯强度。如果外力的施加速度是缓慢、均匀的，则称为静力。在静力作用下木材的抗弯极限强度称为木材的静力弯曲极限强度。

第四节 木材的优缺点

木材具有许多优良性能，如轻质高强；有较高的弹性和韧性，耐冲击和振动；易于加工和连接，能够做成各种形状的部件和制品；吸声性能好，导热性不好；在干燥条件下寿命长。木材特有的天然纹理和质感赋予了家具生命力，同时可以给居室营造清新、淡雅、华贵的气氛。木材也有一些缺点，如内部构造不均匀会导致材料的各向异性；吸潮性较高，会随着环境的湿度变化引起体积膨胀、收缩和不均匀变形；容易受到虫蛀和腐朽；易燃。采取一定的方式对木材进行加工和处理，上述缺点均可以得到克服和改善。

一、木材的优点

① 木材较轻、较软，使用简单的工具就可加工制成各种形状的产品。加工过程消耗的能源少，属于节能材料。

② 木材重量轻而强度高，木材的强度与密度的比值较一般金属高。

③ 木材超荷折断时不发脆。因此使木制的家具，增加了一些安全性。

④ 木材（干木材）对热、电的传导性弱，对温度变化的反应小，绝缘性强，热胀冷缩的现象不显著。因此，木材适宜用在隔热保温和电绝缘性要求高的地方。木材制成的家具能给人以冬暖夏凉的舒适感。

⑤ 木材在高温条件下虽然会燃烧，但大件木结构比金属结构变形小而慢，在逐渐燃烧或炭化时还仍然能保持一定强度，而金属结构会因高温发生蠕变快速变形倒塌。

⑥ 木材不会生锈，不易被腐蚀。

⑦ 木材容易连接或胶合，这对家具制作，室内装修带来很多方便。

⑧ 木材颜色、花纹美观，同时经过涂饰渲染会更加悦目，适于家具、仪器盒、室内装修、工艺品的制作要求。

⑨ 比较容易进行化学处理，可改变或改进木材的性能，如木材塑化、木材防腐、防虫、防火处理等。

⑩ 木材缺陷比较容易发现，利于在加工过程中挑选和剔除。

⑪ 木材是一种可以再生的资源，如能合理经营，木材是能做到取之不尽、用之不竭的。

二、木材的缺点

① 木材是一种吸湿性材料，因而在自然条件下会发生湿胀、干缩，影响木制品的尺寸稳定，即容易变形。

② 木材是各向异性的非均质材料，表现在各种物理性质和力学性质方面。不均匀胀缩性使木材变形加甚，加之强度各向的差异而易导致木材开裂。

③ 木材是自然高分子有机聚合物，这就使一些昆虫和菌类（霉菌、木腐菌）可以寄生，使木材降质，木制品毁坏，造成极大的人力、物力和财力的损失。

④ 木材易燃。大量使用木材的地方，一定要注意强化防火措施。

⑤ 木材干燥比较困难。木制品一定要用经过干燥后的木材制作。木材干燥要消耗较多的能源，而且稍不留意还会发生翘曲、开裂等缺陷，带来不必要的损失。

⑥ 木材不能像塑料、金属那样加工，只能靠胶合、钉接、榫接那样把一块一块连接成新的较大形状。

⑦ 木材有不可避免的一些天然缺陷，如木节、斜纹斑、应力木等。

⑧ 木材强度有限。

⑨ 木材的来源——树木，生长不够快。

三、木材的缺陷

我国国家标准对木材缺陷的定义是：凡呈现在木材上能降低其质量，影响其使用的各种缺点均为木材缺陷。

木材缺陷共分为节子、变色、腐朽、虫害、裂纹、树干形状缺陷、木材构造缺陷、伤疤（损伤）、木材加工缺陷、变形十大类。各大类又分成若干分类和细类。各种缺陷对木材的质量影响是极不相同的。一些可以扩大到整个树干，如尖削；有一些只在木材局部，如裂纹；还有一些仅占极小一部分，如髓心。对于部分缺陷，只要除去缺陷存在的范围，就可消除它的不利影响。

木材缺陷对材质一般都不利，但也有部分缺陷只在一定情况下才有不良影响。这就表明木材缺陷的影响具有相对性。例如乱纹，一方面能降低木材强度，但同时能使木材具有美丽的花纹，它可刨切成薄木制作装饰材料，原本起不良影响的缺陷此时就变成了优点。

木材是多方面应用的材料。各种用途对木材的要求有差异，反映在木材标准上，各种用途的木材能容许缺陷的限度就不同，这就是说缺陷影响随木材用途而有程度上的差异。如直接使用原木标准对节子和斜纹不作限制，可是在特级原木标准中对它就有较严的限制规定。再如飞机用材和纺织器材用材标准中不许髓心存在，而其他用材标准中对髓心均无限制。

第五节 装饰木线与木龙骨

一、装饰木线

装饰木线简称木线，通常选用质硬、木质较细、耐磨、耐腐蚀、不劈裂、切面光滑、加工性质良好、油漆性上色性好、黏结性好、钉着力强的木材，经过干燥处理后，用机械加工或手工加工而成的。

木装饰线条品种较多。主要有压边线、柱脚线、压角线、墙角线、墙腰线、覆盖线、封边线、镜框线等。各种木线立体造型各异，每类木线有多种断面形状，如平线、半圆线、麻花线、十字花线，如图3-6所示。

木线条主要用做建筑物室内墙面的腰饰线、墙面洞口装饰线、护壁和勒脚的压条饰线、门框装饰线、顶棚装饰角线、栏杆扶手镶边、门窗及家具的镶边等。

木线条的外观质量要求及检验方法如下。

① 木装饰线条宜选用质硬、木质细、木质好的木材，光洁、手感顺滑，无毛刺。

② 木线色泽一致，无节子、开裂、腐蚀、虫眼等缺陷。

③ 木线图案因清晰，不劈裂，加工深度应一致。

④ 已经上漆的木线，既要检查正面油漆光洁度、色差，也要从背面查看木质。

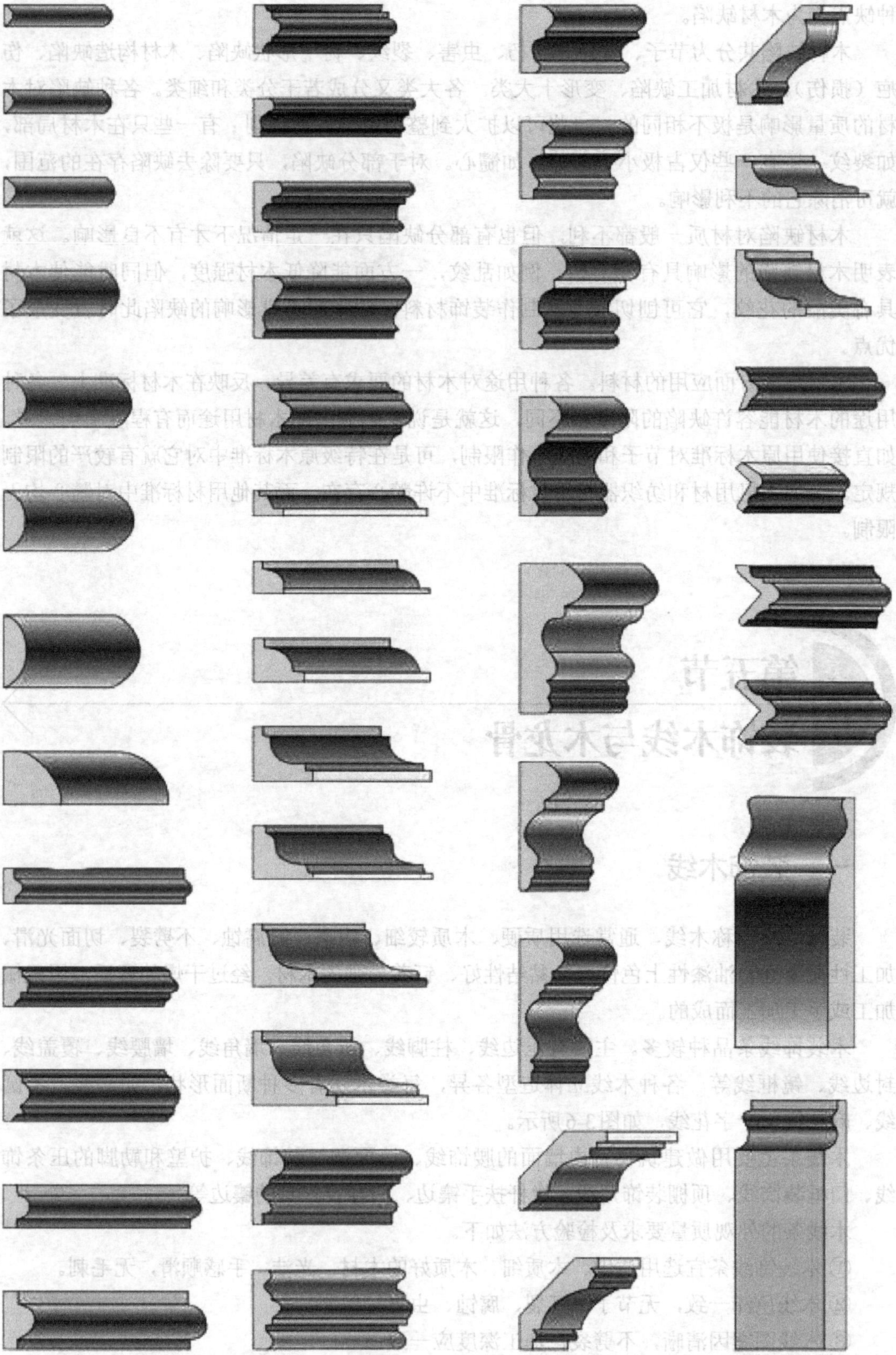

图3-6　装饰木线条

二、木龙骨

1. 木龙骨概述

木龙骨俗称为木方，主要由松木、椴木、杉木等树木加工成截面长方形或正方形的木条，如图3-7所示。木龙骨是装修中常用的一种材料，有多种型号，用于撑起外面的装饰板，起支架作用。

图3-7　木龙骨

2. 木龙骨的分类

木龙骨分为吊顶龙骨、竖墙龙骨、铺地龙骨以及悬挂龙骨等。木龙骨的优点是价格便宜且易施工。但木龙骨自身也有不少问题，如易燃、易霉变腐朽。

天花吊顶的木龙骨一般松木龙骨较多。一般规格都是4m长，有2cm×3cm的、3cm×4cm的、4cm×4cm的等。

作为吊顶和隔墙龙骨时，需要在其表面再刷上防火涂料。作为实木地板龙骨时，则最好进行相应的防霉处理，因为木龙骨比实木地板更容易腐烂，腐烂后产生的霉菌会使居室产生异味，并影响实木地板的使用寿命。

3. 木龙骨的特点与应用

① 木龙骨容易造型，握钉力强易于安装，特别适合与其他木制品的连接，当然由于是木材它的缺点也很明显：不防潮，容易变形，不防火，可能生虫发霉等。

② 只要选择干燥的产品用到没有水汽没有火的地方，是完全没有问题的。如木地板的木龙骨、客厅造型里的木龙骨等。

③ 在客厅等房间吊顶使用木龙骨时，由于会有电线在里面，所以最好涂上防火涂料，一般涂过防火涂料的木龙骨看上去有些发白，由此可以判断装修公司是否偷工减料了。

4. 木龙骨的选择要点与选购技巧

① 新鲜的木龙骨略带红色，纹理清晰，如果其色彩呈暗黄色，无光泽说明是朽木。

② 看所选木方横切面的规格是否符合要求，头尾是否光滑均匀，不能大小不一。同时木龙骨必须平直，不平直的木龙骨容易引起结构变形。

③ 要选择疤节较少、较小的木龙骨，如果木疤节大且多，螺钉、钉子在木疤节处会拧不进去或者钉断木方，容易导致结构不牢固。

④ 要选择密度大、深沉的木龙骨，可以用手指甲抠抠看，好的木龙骨不会有明显的痕迹。

⑤ 购买木龙骨时会发现商家一般是成捆销售，最好把捆打开一根根挑选。

⑥ 选择干燥的，湿度大的木龙骨容易变形开裂。

⑦ 选择结疤少、无虫眼的，否则以后木龙骨很容易从这些地方断裂。

⑧ 把木龙骨放到平面上挑选无弯曲平直的。

⑨ 经常商家说是8cm见方的龙骨其实只有6cm见方，所以应测量木龙骨的厚度，看是否达到你需求的尺寸。

第六节 木质人造板材

一、胶合板

1. 胶合板的定义

胶合板是将原木沿年轮方向旋切成大张单板，经干燥、涂胶后按相邻单板层木纹方向相互垂直的原则组坯、胶合而成的板材，如图3-8所示。单板层数为奇数，一般为三层至十三层，常见的有三合板、五合板、九合板和十三合板（市场上俗称为三厘板、五厘板、九厘板、十三厘板）。最外层的正面单板称为面板，反面的称为背板，内层板称为芯板。

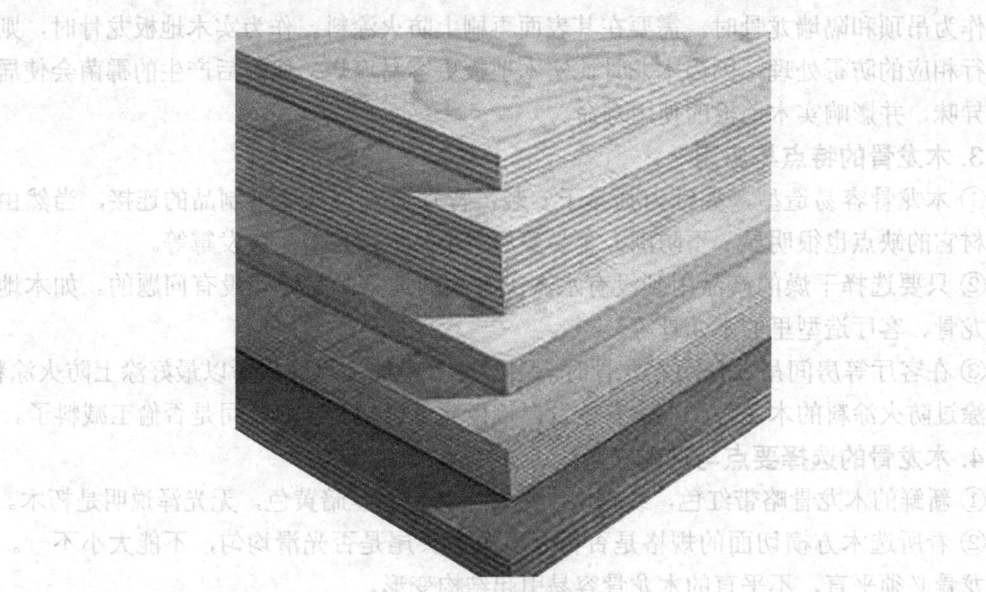

图3-8　胶合板

2. 胶合板的分类

根据耐久性情况胶合板分为三类。

（1）Ⅰ类胶合板　即耐气候胶合板，这类胶合板常用酚醛树脂胶或其他性能相当的胶黏剂生产，能通过煮沸试验，具有耐久、耐气候、耐高湿和抗菌等性能，常用于室外家具及木制品。

（2）Ⅱ类胶合板　即耐水胶合板，这类胶合板常用脲醛树脂胶或其他性能相当的胶黏剂生产，能通过（63±3）℃热水浸渍试验，能在冷水中浸渍，并具有抗菌性能，但不耐煮沸。室内家具普遍采用此类胶合板。

（3）Ⅲ类胶合板　即不耐潮胶合板，这类胶合板一般用豆胶或其他性能相当的胶黏剂生产，能通过干状试验，不具有耐水、耐潮性能，在室内常态下使用，具有一定的胶合强度，常用于包装箱制品或一般用途。

3. 胶合板的构成原则

对称原则：对称中心平面两侧的单板，无论树种单板厚度、层数、制造方法、纤维方向和单板的含水率都应该互相对应，即对称原则胶合板中心平面两侧各对应层不同方向的应力大小相等。因此，当胶合板含水率变化时，其结构稳定，不会产生变形，开裂等缺陷；反之，如果对称中心平面两侧对应层有某些差异，将会使对称中心平面两侧单板的应力不相等，使胶合板产生变形、开裂。

奇数层原则：由于胶合板的结构是相邻层单板的纤维方向互相垂，又必须符合对称原则，因此它的总层数必定是奇数，如三层板、五层板、七层板等。奇数层胶合板弯曲时最大的水平剪应力作用在中心单板上，使其有较大的强度。偶数层胶合板弯曲时最大的水平剪应力作用在胶层上而不是作用在单板上，易使胶层破坏，降低了胶合板强度。

4. 胶合板的规格

（1）胶合板的幅面尺寸　如表3-1所示。

表3-1　胶合板的幅面尺寸　　单位：mm

宽度	长　度				
	915	1220	1830	2135	2440
915	915	1220	1830	2135	—
1220	—	1220	1830	2135	2440

胶合板常用幅面尺寸为1220mm×2440mm等。

（2）厚度规格　胶合板厚度规格主要有2.6mm、2.7mm、3mm、3.5mm、4mm、5mm、5.5mm、6mm、7mm、8mm、……（8mm以上以1mm递增）。一般三层胶合板为2.6～6mm；五层胶合板为5～12mm；七～九层胶合板为7～19mm；十一层胶合板为11～30mm等。

5. 胶合板的特点与应用

（1）胶合板的特点　胶合板具有幅面大、厚度小、木纹美观、表面平整、板材纵横向强度均匀、尺寸稳定性好、不易翘曲变形、轻巧坚固、强度高、耐久性较好、耐水性好、易于各种加工等优良特性。

为了尽量消除木材本身的缺点，增强胶合板的特性，胶合板制造时要遵守结构三原则，即对称原则、奇数层原则、层厚原则。因此，胶合板的结构决定了它各个方向的物理力学性能都比较均匀，克服了木材各向异性的天然缺陷。

（2）胶合板的应用　胶合板广泛地应用于室内装饰的隐蔽工程及家具等。对胶合板表面进行修饰加工，可制成各种装饰胶合板。如将胶合板的一面或两面贴上刨切薄木、装饰纸、塑料、金属及其他饰面材料，可进一步提高胶合板的利用价值及使用范围。如用刨切榉木片、柚木片饰面的胶合板，可应用于室内装饰面板。用热固性树脂浸渍纸高压装饰层积板贴面的胶合板，常用于厨房家具、车厢、船舶等家具及内部装饰。

普通胶合板按各等级主要用途如下。

优等品：适用于高档家具、室内高档装饰及其他特殊需要的制品。

一等品：适用于中档家具、室内高档装饰与各种电器外壳制品等。

合格品：适用于普档家具、普通建筑、车辆、船舶等装修，适用于一般包装材料等。

6. 胶合板的选购

① 夹板有正反两面的区别。挑选时，胶合板要木纹清晰，正面光洁平滑，不毛糙，要平整无滞手感。

② 胶合板不应有破损、碰伤、硬伤、疤节等疵点。

③ 胶合板无脱胶现象。

④ 有的胶合板是将两个不同纹路的单板贴在一起制成的，所以在选择上要注意夹板拼缝处应严密，没有高低不平现象。

⑤ 挑选夹板时，应注意挑选不散胶的夹板。如果手敲胶合板各部位时，声音发脆，则证明质量良好，若声音发闷，则表示夹板已出现散胶现象。

⑥ 挑选胶合饰面板时，还要注意颜色统一，纹理一致，并且木材色泽与家具涂料颜色相协调。

二、刨花板

1. 刨花板的定义

刨花板（亦称碎料板、微粒板）是利用小径木、木材加工剩余物（板皮、截头、刨花、碎木片、锯屑等）、采伐剩余物和其他植物性材料加工成一定规格和形态的碎料或刨花，施加一定量胶黏剂，经铺装成型热压而制成的一种板材，如图3-9所示。刨花板生产是充分利用废材，解决木材资源短缺和综合利用木材的重要途径。

图3-9　刨花板

2. 刨花板的分类

（1）按制造方法分　平压法刨花板和辊压法刨花板。

（2）按表面状态分　未砂光板，砂光板，涂饰板和装饰材料饰面板（装饰材料如装饰单板、浸渍胶膜纸、装饰层压板、薄膜等）。

（3）按表面形状分　平压板和模压板。

（4）按刨花尺寸和形状分　刨花板（常见的细刨花板）和定向刨花板（又称欧松板，由长宽尺寸较大的粗刨花定向铺装压制而成）。

（5）按板的构成分　单层结构刨花板（拌胶刨花不分大小粗细地铺装压制而成，饰面较困难，现在使用较少），三层结构刨花板（外层刨花细、施胶量大，芯层刨花粗、施胶量小，家具常用），多层结构刨花板（从表层到中间，细刨花和粗刨花间隔分多层铺装，强度较高，用于家具及室内装修等）和渐变结构刨花板（刨花由表层向芯层逐渐加大，无明显界限，强度较高，用于家具及室内装修）。

（6）按所使用的原料分　木材刨花板，甘蔗渣刨花板，亚麻屑刨花板，麦秸刨花板，竹材刨花板及其他。

（7）按用途分　在干燥状态下使用的普通用板，在干燥状态下使用的家具及室内装修用板，在干燥状态下使用的结构用板，在潮湿状态下使用的结构用板，在干燥状态下使用的增强结构用板和在潮湿状态下使用的增强结构用板。

3. 刨花板的规格

（1）幅面尺寸　刨花板幅面尺寸为1220mm×2440mm。经供需双方协议，可生产其他尺寸的刨花板。

（2）厚度规格　刨花板的公称厚度为4mm、6mm、8mm、10mm、12mm、14mm、16mm、19mm、22mm、25mm、30mm等。

4. 刨花板的特点与应用

（1）刨花板的特点　刨花板的主要优点是可按需要加工成相应厚度及大幅面的板材，表面平整，结构均匀，长宽同性，无生长缺陷；板子不需干燥，可直接使用；隔声隔热性能好，有一定强度；易于加工，有利于实现机械化生产；价格低廉，利用率高等。

刨花板的主要缺点是边部毛糙，易吸湿变形，厚度膨胀率大，甚至导致边部刨花脱落，影响加工质量；一般不宜开榫，握钉力较低，紧固件不易多次拆卸；密度较大，通常高于普通木材，用其做的家具，一般较笨重；游离甲醛释放量大，表面无木纹；另外，刨花板平面抗拉强度低，用于横向构件易产生下垂变形等（这是国产刨花板的缺点，进口刨花板基本可替代中密度纤维板用作家具材料，国外刨花板是发展最快、产量最高的人造板）。

（2）刨花板的应用　生产刨花板是节约和综合利用木材的有效途径之一，具有一定的生态和经济效益。刨花板广泛应用于家具制作、音箱设备、建筑装修等方面，特别是在家具工业中的应用比例较大，可以制作办公家具、民用家具等，例如，各种柜橱、写字台、桌子、书架和书橱等。可以根据要求设计不同型式的刨花板家具。在刨花板的应用中，还需要考虑表面二次加工装饰（表面贴面或涂饰）。刨花板家具制造工艺中，可以设计或选用一些特殊的专用设备。

对刨花板及其制品都应当妥善保存及使用。不适当的贮存方式，会严重影响成品的质量和寿命。刨花板不要贮放在临时性的棚架内，也不要贮存室外，更不应当贮存在湿度太大的地方；否则会严重影响板子的质量。

5. 刨花板的选购

① 看标记。每张刨花板背面的右下角用不退色的油墨加盖表明该产品类别、规格、生产日期和检验员代号等标记。

② 看标签。每包刨花板需挂有标签，其上应注明产品名称、生产厂名、厂址、执行标准、商标、规格、数量、防潮以及盖有合格章的标签。消费者可以查验。

③ 要重点考虑板材的环保要求，甲醛释放量必须符合《室内装饰装修材料人造板及其制品中甲醛释放量》(GB 18580—2001)的相关规定。对于E1（穿孔萃取法测定甲醛释放量的限量值≤9mg/100g）级板材可直接用于室内家具；E2（穿孔萃取法测定甲醛释放量的限量值≤30mg/100g）级板材必须饰面处理后才允许用于室内家具。

④ 选购刨花板时，要检查板面，边角不能有缺损，板面不能有局部疏松（因为铺装不良或胶接不佳而产生）等现象。

⑤ 进一步检验刨花板板面，要求光滑平整，颜色浅淡、均匀正常，没有水渍、油污和粘痕。

⑥ 因刨花板有遇水或潮湿膨胀变形甚至损坏的特点，使用前可以根据需要，在板面和端面上刷一到两层清漆，可以起到防水防潮的作用。

⑦ 刨花板选购还应注意的最重要的一条是品牌，是进口设备还是国产设备生产，是多层压机还是连续式压机生产的产品，质量相差非常大。一般进口设备和多层压机生产的产品质量好。

三、纤维板

1. 纤维板的定义

纤维板是以木材或其他植物纤维为原料，经过削片、制浆、成型、干燥和热压而制成的一种人造板材，常称为密度板。

2. 纤维板的分类

（1）按原料分

① 木质纤维板　用木质废料和树木采伐剩余物、枝桠、废单板等加工制成。

② 非木质纤维板　由竹材和草本植物（如竹、芦苇、棉秆、甘蔗渣、稻草等）加工制成。

（2）按制造方法分

① 湿法纤维板　在生产过程中，主要以水为介质，一般不加胶黏剂或加入少量的胶黏剂。但由于湿法纤维板生产需要耗费大量的水，而且生产中工艺废水的排放又造成严重的环境污染，因此，这种生产方式在发展上受到了限制。

② 干法纤维板　在生产过程中，主要以空气为介质，用水量极少，基本无水污染，但生产中需要用一定量的胶黏剂。目前，总的趋势是发展干法纤维板生产。

（3）按密度分

① 高密度纤维板　密度一般为800～900kg/m^3，通常称为硬质纤维板，它结构均匀，强度较大，可以代替薄木板使用，缺点是表面不美观，易吸湿变形，可用于家具制造、建筑等方面。目前由于湿法生产的高密度纤维板污染环境，所以生产量已经很少了。

② 中密度纤维板　密度为450～880g/m^3，是制作中高档家具和室内装修的良好材料。本书主要介绍中密度纤维板（简称中纤板，英文简称MDF）。

③ 软质纤维板　密度小于400g/m^3，物理力学性质不及中、高密度纤维板，但其绝

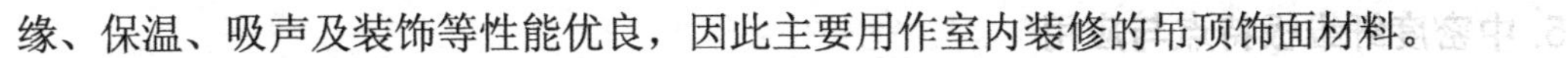

缘、保温、吸声及装饰等性能优良，因此主要用作室内装修的吊顶饰面材料。

3. 中密度纤维板

中密度纤维板是以木质纤维或其他植物纤维为原料，施加脲醛树脂胶或其他合成树脂胶，在加热加压条件下，压制而成的一种板材，如图3-10。通常厚度超过1.0mm，也可以加入其他合适的添加剂以改善板材特性。

图3-10　中密度纤维板

中密度纤维板可按厚度、特性、适用条件或适用范围分类。这里介绍中密度纤维板按适用条件分类，见表3-2。

表3-2　中密度纤维板的分类

类　型	简　称	表示符号	适用条件	适用范围
室内型中密度纤维板	室内型板	MDF	干燥	所有非承重的应用，如家具和装修件
室内防潮型中密度纤维板	防潮型板	MDF・H	潮湿	
室外型中密度纤维板	室外型板	MDF・E	室外	

室内型板指不能经受短期水浸渍或高湿度作用的中密度纤维板。防潮型板指能经受短期冷水浸渍或高湿度作用的中密度纤维板，适合于室内厨房、卫生间等环境使用。室外型板指能经受气候条件的老化作用、水浸泡或在通风场所经受水蒸气的湿热作用的中密度纤维板。

中密度纤维板产品按外观质量和内结合强度指标分为优等品、一等品和合格品三个等级。

4. 中密度纤维板的规格

（1）幅面尺寸　中密度纤维板的幅面尺寸应符合表3-3 规定，其常用尺寸为1220mm×2440mm等。

表3-3　中密度纤维板的幅面尺寸　　单位：mm

宽　度	长　度		
915	1830	2135	2440
1220	1830	2135	2440

（2）厚度规格　中密度纤维板常用厚度规格为6mm、8mm、9mm、12mm、15mm、16mm、18mm、19mm、21mm、24mm、25mm等。

5. 中密度纤维板特点与应用

（1）中密度纤维板的特点

① 幅面大，尺寸稳定性好，厚度可在较大范围内变动。

② 板材内部结构均匀，物理力学性能较好。由于将木质原料分解到纤维水平，可大大减少木质原料之间的变异，因此其结构趋于均匀，加上密度适中，故有较高的力学强度。板材的抗弯强度为刨花板的2倍。平面抗拉强度（内部结合力）、冲击强度均大于刨花板，吸湿膨胀性也优于刨花板。

③ 板面平整细腻光滑，便于直接胶贴各种饰面材料、涂饰涂料和印刷处理。

④ 中密度纤维板兼有原木和胶合板的优点，机械加工性能和装配性能良好，易于切削加工，适合锯截、开榫、钻孔、开槽、镂铣成型和磨光等机械加工，对刀具的磨损比刨花板小，与其他材料的粘接力强，用木螺钉、圆钉接合的强度高。板材边缘密实坚固，可以加工成各种异型的边缘，并可直接进行涂饰。

（2）中密度纤维板的应用　目前，中密度纤维板已被许多行业广泛使用。它是一种中高档木质板材，可用于制作室内各种民用家具、办公家具等。中密度纤维板在家具部件上的具体应用有：可用于制作各种柜体部件、抽屉面板，桌面、桌腿，床的各个零部件，沙发的模框，以及公共场所座椅的坐面、靠背、扶手，剧场皮椅垫等。也能用来制造卷纸架、瓶架和厨房中许多其他附件。中密度纤维板的竞争对象为钢材、铝材、塑料等非木质材料以及实体木材、胶合板、刨花板、高密度纤维板等木质材料，在上述用途方面可互相替代、相互竞争、相互媲美。

6. 中密度纤维板的选购

① 看标记。每张中密度纤维板背面的右下角用不退色的油墨加盖表明该板的类别、等级、生产厂名、检验员代号和生产日期等标记。

② 看标签。每包中密度纤维板需挂有标签，其上应注明生产厂名、品名、商标、规格、等级、张数、产品标准号和生产日期。消费者可以查验。

③ 与刨花板选购注意事项中的③相同。

④ 板厚度要均匀；板面平整光滑，没有水渍、污渍和粘痕；板面四周密实，不起毛边。

⑤ 含水率低，吸湿性越小越好。

⑥ 可以用手敲击板面，如发出清脆的响声，则板的强度好、质量较好；如声音发闷，则有可能已发生脱胶问题。

四、细木工板

1. 细木工板的定义

细木工板俗称木芯板、大芯板、木工板、实芯板等，是具有实木板芯的胶合板。是由两片单板中间胶压拼接木板而成，如图3-11所示。

细木工板的两面胶黏单板的总厚度不得小于3mm。中间木板是由优质自然的木板方经热处理（即烘干室烘干）以后，加工成一定规格的木条，由拼板机拼接而成。拼接后的木板两面覆盖1～2层优质单板，再经冷、热压机胶压后制成。

2. 细木工板的分类

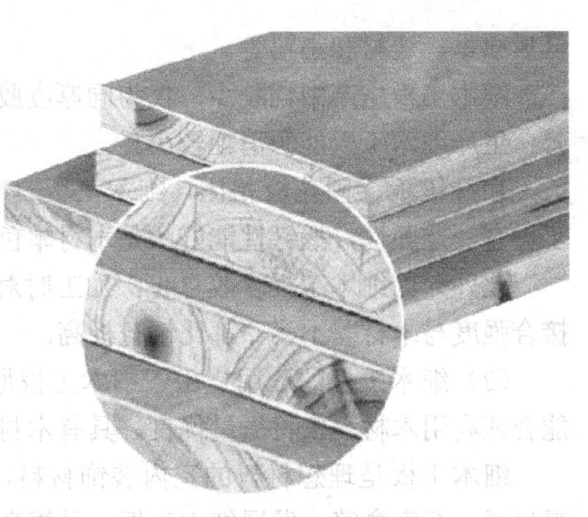

图 3-11　细木工板

（1）按板芯结构分

① 实心细木工板　以实体板芯制成的细木工板。

② 空心细木工板　以方格板芯制成的细木工板。

（2）按板芯接拼状况分

① 胶拼板芯细木工板　用胶黏剂将芯条胶黏组合成板芯制成的细木工板。

② 不胶拼板芯细木工板　不用胶黏剂将芯条组合成板芯制成的细木工板。

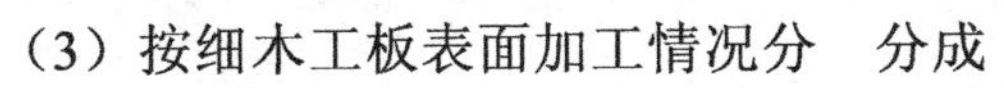

（3）按细木工板表面加工情况分　分成三类：单面砂光细木工板、双面砂光细木工板和不砂光细木工板。

（4）按使用环境分

① 室内用细木工板　适用于室内使用的细木工板。

② 室外用细木工板　可用于室外的细木工板。

（5）按层数分

① 三层细木工板　在板芯的两个大表面各粘贴一层单板制成的细木工板。

② 五层细木工板　在板芯的两个大表面上各粘贴两层单板制成的细木工板。

③ 多层细木工板　在板芯的两个大表面各粘贴两层以上层数单板制成的细木工板。

（6）按用途分

① 普通用细木工板。

② 建筑用细木工板。

3. 细木工板的规格

（1）幅面尺寸

细木工板常用幅面尺寸为1220mm×1830mm、1220mm×2440mm等。

（2）厚度规格

细木工板的厚度为12mm、14mm、16mm、19mm、22mm、25mm。经供需双方协议可以生产其他厚度的细木工板。

4. 细木工板的特点与应用

（1）细木工板的特点

① 与实木板比较，细木工板幅面尺寸宽大，表面平整美观，结构稳定，不易开裂变形；能利用边材小料，节约优质木材；板材横向强度高，刚度大，力学性能好。

② 与胶合板、纤维板、刨花板（通常称为“三板”）等其他人造板比较，细木工板也有一系列突出的优点。

细木工板生产设备比较简单，设备投资比胶合板、刨花板要少得多。

和胶合板相比，细木工板对原料的要求比较低。胶合板的原料都要用（制造单板需要）优质原木。生产细木工板仅需要单板做表层（包括芯板），它在细木工板中只占板材材积的很少部分，大量的是芯条。芯条对原料的要求不高，可以利用小径木（旋切木芯）、

低质原木、边材和小料等。

细木工板生产中耗胶少，仅为同厚度胶合板或刨花板的50%左右。

生产细木工板能源消耗较少。

和纤维板、刨花板相比，细木工板具有美丽的天然木纹，重量轻而强度高，易于加工，有一定弹性，握钉性能好，是木材本色保持最好的优质板材。

此外，因细木工板含胶量少，加工时对刀具的磨损没有刨花板、胶合板那么严重；榫接合强度与木材差不多，都比刨花板高。

（2）细木工板的应用　由于细木工板原料来源充足，能够充分利用短小料，成本低，能合理利用木材，板材质量优良，具有木材和一般人造板不可比拟的优点。

细木工板是理想材料的室内装饰材料，主要用于制作家具、门窗及套、隔断、假墙、暖气罩、窗帘盒等。发展细木工板，是提高木材综合利用率，劣材优用的有效途径之一。

5. 细木工板的选购

（1）看　质量上乘的细木工板表板应当光滑平整、无缺陷，从侧面看板芯厚度是否均匀，有无重叠、离芯现象。

（2）听　如果想知道细木工板内在质量如何，用听的方法也是较好的途径。用手或其他钝器在不同部位进行敲击表面，如果声音差异很大，则说明存在一定的质量问题，有可能内部为空洞；如果声音较均匀，表明质量尚可。

（3）摸　用手触摸细木工板表面，优质的细木工板应手感干燥、平整光滑，横竖方向触摸无波浪感，说明烘干好、含水率低，平整度好。

（4）闻　用鼻孔靠近板材闻一下，如果细木工板散发清香的木质气味，说明甲醛含量较低；如果气味刺鼻则说明甲醛含量较高。

（5）锯　有条件的话最好将细木工板锯开观察，看其内部质量；锯口处有无离层现象，板条质地是否密实，有无过大缝隙及腐朽变质的木条，腐朽的木条内可能存在虫卵，如后易发生虫蛀。

（6）查　检查一下细木工板侧面喷码的各种标示，是否有品牌、等级、甲醛含量级别、生产日期等；查看细木工板的检测报告，以示生产厂家、生产许可证、甲醛含量和胶合强度值等，咨询销售商售后服务电话。

（7）价格　消费者在购买时不要贪图便宜，建议选择一些具有知名度及获得国家权威部门认可的品牌产品。

五、集成材

1. 集成材的定义

集成材（亦称胶合木或指接材、齿接材，日语中称“集成材”）是将木材纹理平行的实木板材或板条接长、拼宽、层积胶合形成一定规格尺寸和形状的人造板材或方材，如图3-12所示。

它是利用实木板材或木材加工剩余物板材截头之类的材料，经干燥后，去掉节子、裂纹、腐朽等木材缺陷，加工成具有一定端面规格的小木板条（或尺寸窄、短的小木块），再将这些板条两端加工成指形连接榫，涂胶后一块一块地接长，再次刨光加工后沿横向胶拼成一定宽度（横拼）的板材，最后再根据需要进行厚度方向的层积胶拼。

图3-12 集成材

2. 集成材的分类

（1）按使用环境　集成材可分为室内用集成材和室外用集成材。室内用集成材在室内干燥状态下使用，只要满足室内使用环境下的耐久性，即可达到使用者要求。室外用集成材在室外使用，经常遭受雨、雪的浸蚀以及太阳光线照射，故要求具有较高的耐久性。

（2）按产品的形状　集成材可分为板状集成材、通直集成材和弯曲集成材。也可以把集成材制成异形截面，如工字形截面集成材和箱型截面集成材或叫做中空截面集成材。

（3）按承载情况　集成材可分为结构用集成材和非结构用集成材。结构用集成材是承载构件，它要求集成材具有足够的强度和刚度。非结构用集成材是非承载构件，它要求集成材外表美观。

（4）按用途　集成材可分为非结构用集成材、结构用集成材、贴面非结构用集成材、贴面结构用集成材。

（5）按照断面形状　集成材可分为方形结构集成材、矩形结构集成材、异型结构集成材。

3. 集成材的特点

① 集成材由实体木材的短小料制造成要求的规格尺寸和形状，做到小材大用，劣材优用。

② 集成材用料在胶合前剔除节子、腐朽等木材缺陷，这样可制造出缺陷少的材料。配板时，即使仍有木材缺陷也可将木材缺陷分散。

③ 集成材保留了天然木材的材质感，外表美观。

④ 集成材的原料经过充分干燥，即使大截面、长尺寸材，其各部分的含水率仍均一，与实体木材相比，开裂、变形小。

⑤ 在抗拉和抗压等物理力学性能方面和材料质量均匀化方面优于实体木材，并且可按层板的强弱配置，提高其强度性能，试验表明其强度性能为实体木材的1.5倍。

⑥ 按需要，集成材可以制造成通直形状、弯曲形状。按相应强度的要求，可以制造成沿长度方向截面渐变结构，也可以制造成工字形、空心方形等截面集成材。

⑦ 制造成弯曲形状的集成材，作为木结构构件来说，是理想的材料。

⑧ 胶合前，可以预先将板材进行药物处理，即使长、大材料，其内部也能有足够的药剂，使材料具有优良的防腐性、防火性和防虫性。

⑨ 由于用途不同，要求集成材具有足够的胶合性能和耐久性，为此，集成材加工需具备良好的技术、设备及良好的质量管理和产品检验。

⑩ 与实体木材相比，集成材出材率低，产品的成本高。

4. 集成材的应用

集成材因具有以上所述的魅力特性，故其用途极为广泛。它已成为家具、室内装修、建筑等行业的主要基材。在制作各种家具时，因构件设计自由，故可制得大平面及造型

别致、独特的构件，如大型餐桌及办公桌的台面；柜类家具的面板（顶板）、门板及旁板等；各种造型和尺寸的家具腿、柱、扶手等。此外，它在室内装修方面，可用于门、门框、窗框、地板、楼梯板等。在建筑上，可制作各种造型的梁、柱、架等。

5. 集成材的选购

① 看板面是否光滑平整，用手摸一下，有没有修补痕迹。

② 拼接缝严密不严密。

③ 看尺寸足不足尺。

闻板子的味，看不看是不是原木的味道，有没有化学品胶的味道。

复习思考题

1. 木材如何分类？

2. 木材的性质有哪些？

3. 简述木龙骨与装饰线的识别方法。

4. 简述木质人造板的选购技巧。

实训练习

实训练习项目一　木材含水率、密度的测定

1. 实训目标和要求

通过实习，基本掌握木材含水率和密度测定方法以及试验的整理。

2. 实训场所与形式

实训练习场所为木材物理实验室。以4～6人为实训小组，对木材含水率和密度进行测定。

3. 实训设备与材料

天平（0.001g）、螺旋测微计（0.01mm）、烘箱、玻璃干燥器；木材标准试块若干种（不少于10种）。

4. 实训内容与方法

本次实训，含水率、气干密度与全干密度用同一个已气干的试样。试样须具代表性，在距木材一端30cm处取材，试样尺寸为20mm×20mm×20mm，并应具备三个标准切面。含水率和气干密度在同一试样上测定。

（1）含水率

将试样清除锯屑及灰尘，称取其重量，精确到0.001g；随即将试样放入烘箱中干燥，开始温度60℃保持4h，然后逐渐上升到（103±2）℃，维持8h，至最后每隔2h再称定其重量，若前后两次称量之差不超过0.002g，即认为试样达到全干。将已烘干的试样从烘箱取出，放入干燥器内至室温后迅速称重。

（2）气干密度与全干密度

气干试样在初次称重后，随即在其各相对面的中心位置，分别测出弦向、径向、和纵向的尺寸，准确至0.01mm。试样烘干后，同样量取其弦向、径向和纵向三个方向的尺寸。干燥前后测得的重量、尺寸、分别填入记录表中。体积的测定参照气干密度与全

干密度时测定体积的方法，绝干重量的测定参照含水率测定的方法。数据分别填入记录表3-4中。

表3-4 木材物理性质测定记录表

试样编号	重量/g		含水率/%	试样尺寸								气干密度	全干密度	基本密度	备注
				试验前（气干或湿材）				烘干后							
	烘干前	烘干后		弦向/mm	径向/mm	纵向/mm	体积/cm^3	弦向/mm	径向/mm	纵向/mm	体积/cm^3				

5. 试验结果的整理

按照含水率计算公式，气干密度、全干密度、基本密度计算公式分别进行相应计算。计算结果分别填写表3-4中。

实训练习项目二 人造板外观质量识别与幅面规格尺寸的测量（以中密度纤维板为例）

1. 任务实施目标

根据国家标准要求及板材选购注意事项，掌握中密度纤维板外观质量识别的方法，熟练掌握中密度纤维板幅面尺寸的测量方法。

2. 任务实施场所与形式

实训练习场所为材料实验室、材料商场、家具厂或者当地国家法定的人造板质量检测中心（站）。以4～6人为实训小组，到实训现场进行观察、测量和调查。

3. 任务实施设备与材料

材料：中密度纤维板及有关国家标准。

仪器及工具：千分尺（精度0.01mm）、钢卷尺（精度1mm）、万能角度尺、直角尺、游标卡尺（精度0.1mm）。

4. 任务实施内容与方法

（1）中密度纤维板外观质量识别

实训练习前由实训教师筹备好含有各种外观质量缺陷（分层、鼓泡、局部松软、边角缺损、油污、炭化等）的样板，供学生按组依次轮流进行感性识别，就其外观表现、形成原因、如何辨别等内容可相互交流讨论。最后由教师总结，讲解中密度纤维板外观质量国家标准要求及对产品质量的影响，并进一步讲解一般选购注意事项。

（2）幅面规格尺寸的测量

① 厚度尺寸的测量：用千分尺测量板四边向内25mm处的四角和板四边中间向内25mm处共8点，其算术平均值即为板厚，精确至0.01mm。

② 长度和宽度尺寸的测量：长度在板宽两边、宽度在板长两边，用钢卷尺测量，精确至1mm。

③ 对角线长度的测量：用钢卷尺测量板的对角线长度，计算两对角线之差，精确至1mm。

④ 翘曲度（当板厚≤6mm时，不测翘曲度）的测量：将板的凹面向上放置在水平

台上，用1000mm长的直角尺边缘垂直放置于板的凹面上，测量其最大弦高，精确至0.5mm。

⑤边缘不直度的测量：用钢卷尺侧边对准板边，或把钢丝绳拉直固定在板同侧的两角，测量板边与钢卷尺（或钢丝绳）之间的最大偏差，精确至0.5mm。板的四边都要测量，见图3-13。

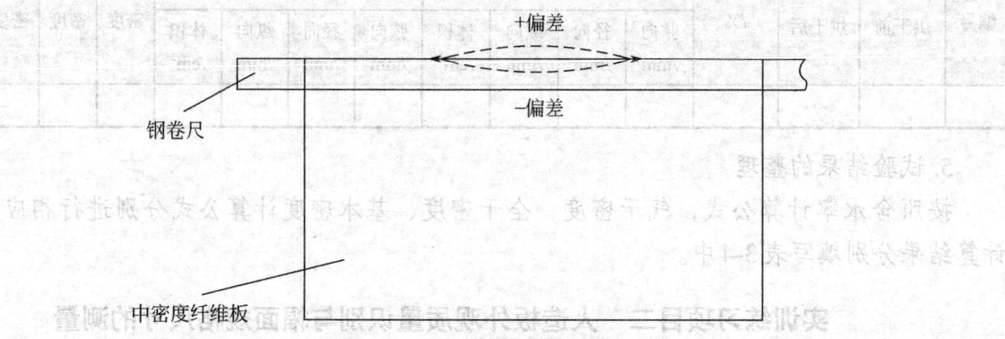

图3-13　边缘不直度的测量

5. 任务实施要求及报告

（1）实训前，学生应认真阅读实验实训指导书及有关国家标准，明确实训内容、方法、步骤及要求。

（2）在整个实训过程中，每位学生均应做好实训记录，数据要翔实准确。

（3）实训完毕，及时整理好实训报告，做到准确完整、规范清楚。

6. 任务实施考核标准

（1）在熟悉中密度纤维板国家质量标准的前提下，结合样板能识别中密度纤维板常见外观质量缺陷，并能基本准确评析人造板的外观质量等级。

（2）能熟练使用各种测量工具和仪器，操作规范；能熟练掌握中密度纤维板幅面规格尺寸的测量方法。

（3）对于能达到上述两点标准要求、实训报告规范完整的学生，可酌情将成绩评定为合格、良好或优秀。

本章推荐阅读书目

1. 吴悦琦．木材工业使用大全．家具卷．北京：中国林业出版社，1998.

2. 张书梅．建筑装饰材料．北京：机械工业出版社，2007.

3. 李栋主编．室内装饰材料与应用．南京：东南大学出版社，2005.

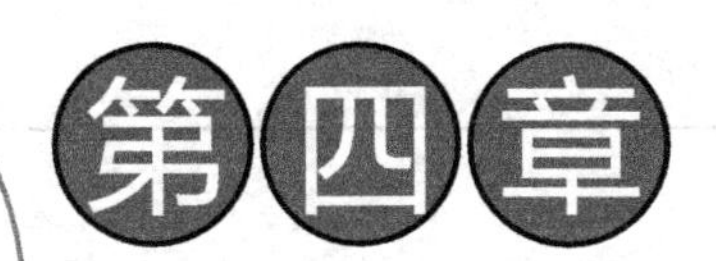

塑质材料

知识目标

1. 掌握室内装饰用塑料制品分类及特性。
2. 熟悉塑质材料在室内装饰的应用。

技能目标

1. 能进行常见室内装饰塑料制品的识别。
2. 能分析常见塑料制品的工艺性。

本章重点

室内装饰塑料板材和塑料管材的特性及应用。

第一节 塑料的性质与分类

塑料是指以合成树脂或天然树脂为主要原料，加入或不加入添加剂，在一定温度、压力下，经混炼、塑化、成型，且在常温下保持制品形状不变的材料。装饰塑料是指用于室内装饰装修工程的各种塑料及其制品。

一、塑料的特性

塑料在装饰装修中得到广泛的应用，是因为它具有如下优缺点。

1. 塑料的优点

（1）加工特性好　塑料可以根据使用要求加工成多种形状的产品，且加工工艺简单，宜于采用机械化大规模生产。

（2）重量轻　塑料的密度为0.8～2.2g/cm^3，一般只有钢的1/4～1/3，铝的1/2，混凝土的1/3，与木材相近。用于装饰装修工程，可以减轻施工强度和降低建筑物的自重。

（3）比强度大　塑料的比强度远高于水泥混凝土，接近甚至超过了钢材，属于一种轻质高强的材料。

（4）热导率小　塑料的热导率很小，约为金属的1/600～1/500。泡沫塑料的热导率只有0.02～0.046W/（m·K），约为金属的1/1500、水泥混凝土的1/40、普通黏土砖的1/20，是理想的绝热材料。

（5）化学稳定性好　塑料对一般的酸、碱、盐及油脂有较好的耐腐蚀性，比金属材料和一些无机材料好得多，特别适合做化工厂的门窗、地面、墙体等。

（6）电绝缘性好　一般塑料都是电的不良导体，其电绝缘性可与陶瓷、橡胶媲美。

（7）性能设计性好　可通过改变配方，加工工艺，制成具有各种特殊性能的工程材料。如高强的碳纤维复合材料，隔声、保温复合板材，密封材料，防水材料等。

（8）富有装饰性　塑料可以制成透明的制品，也可制成各种颜色的制品，而且色泽美观、耐久，还可用先进的印刷、压花、电镀及烫金技术制成具有各种图案、花型和表面立体感、金属感的制品。

（9）有利于建筑工业化　许多建筑塑料制品或配件都可以在工厂生产，然后现场装配，可大大提高施工的效率。

2. 塑料的缺点

（1）易老化　塑料制品的老化是指制品在阳光、空气、热及环境介质中如酸、碱、盐等作用下，分子结构产生递变，增塑剂等组分挥发，化合键产生断裂，从而带来力学性能变坏，甚至发生硬脆、破坏等现象。通过配方和加工技术等的改进，塑料制品的使用寿命可以大大延长，例如塑料管至少可使用20～30年，最高可达50年，比铸铁管使用寿命还长。又如德国的塑料门窗实际应用30多年，仍完好无损。

（2）易燃　塑料不仅可燃，而且在燃烧时发烟量大，甚至产生有毒气体。但通过改进配方，如加入阻燃剂、无机填料等，也可制成自熄、难燃的甚至不燃的产品。不过其防火性能仍比无机材料差，在使用中应予以注意。在建筑物某些容易蔓延火焰的部位可考虑不使用塑料制品。

（3）耐热性差　塑料一般都具有受热变形，甚至产生分解的问题，在使用中要注意其限制温度。

（4）刚度小　塑料是一种黏弹性材料，弹性模量低，只有钢材的1/20～1/10，且在荷载的长期作用下易产生蠕变，即随着时间的延续变形增大。而且温度越高，变形增大越快。因此，用作承重结构应慎重。但塑料中的纤维增强等复合材料以及某些高性能的工程塑料，其强度大大提高，甚至可超过钢材。

二、塑料的分类

1. 按使用性能和用途分类

塑料按使用性能和用途可分为通用塑料及工程塑料两类。通用塑料指一般用途的塑料，其用途广泛、产量大、价格较低，是建筑中应用较多的塑料。工程塑料是指具有较高机械强度和其他特殊性能的聚合物。

2. 按塑料的热性能分类

塑料按热性能不同可分为热塑性塑料和热固性塑料两类。两者在受热时所发生的变化不同，其耐热性、强度、刚度也不同。

热塑性塑料受热时软化或熔化，冷却后硬化、定型，冷热过程中不发生化学变化，且不论加热和冷却重复多少次，均保持这种性能，因而加工成型较简便且具有较高的力学性能，但耐热性及刚性较差。热塑性塑料中的树脂都为线型分子结构，包括全部聚合树脂和部分缩合树脂，其典型品种有聚乙烯、聚丙烯、聚苯乙烯、聚氯乙烯、聚甲基丙烯酸甲酯、ABS塑料、聚酰胺、聚甲醛、聚碳酸酯、聚苯醚等。

热固性塑料在加工过程中，受热先软化，然后固化成型，变硬后不能再软化，其加工过程中发生化学变化，相邻的分子互相交联成体型结构而硬化成为不熔不溶的物质，其耐热性及刚度均好，但机械强度较低。大多数缩合树脂制得的塑料是热固性的，如酚醛、环氧、氨基树脂、不饱和聚酯及聚硅醚树脂等制得的塑料就属于这类。

第二节 常用塑质装饰材料

一、塑质装饰板材

塑料装饰板材是指以树脂为浸渍材料或以树脂为基材，采用一定的生产工艺制成的具有装饰功能的板材。

塑料装饰板材按原材料的不同可分为塑料金属复合板、硬质PVC板、三聚氰胺层压板、玻璃钢板、聚碳酸酯采光板、有机玻璃装饰板、复合夹层板等类型。

按结构和断面形式可分为平板、波形板、实体异型断面板、中空异型断面板、格子板、夹心板等类型。

1. 硬质PVC板

硬质PVC板主要用作护墙板、屋面板和平顶板。主要有透明和不透明两种。透明板是以PVC为基料，掺加增塑剂、抗老化剂，经挤压而成型。不透明板是以PVC为基材，掺入填料、稳定剂、颜料等，经捏和、混炼、拉片、切粒、挤出或压延而成型。

硬质PVC板按其断面形式可分为平板、波形板和异形板等。

（1）平板　硬质PVC平板表面光滑、色泽鲜艳、不变形、易清洗、防水、耐腐蚀，同时具有良好的施工性能，可锯、刨、钻、钉。常用于室内饰面、家具台面的装饰。常用的规格为2000mm×1000mm、1600mm×700mm、700mm×700mm等，厚度为1mm、2mm和3mm。

（2）波形板　硬质PVC波形板是以PVC为基材，用挤出成型法制成各种波形断面的板材。这种波形断面既可以增加其抗弯刚度，同时也可通过其断面波形的变形来吸收PVC较大的伸缩。其波形尺寸与一般石棉水泥波形瓦、彩色钢板波形板等相同，以便必要时与其配合使用。

硬质PVC波形板有纵向波、横向波两种基本结构。纵向波形板的波形沿板材的纵向延伸，其板材宽度为900～1300mm，长度没有限制，但为了便于运输，一般长度为5m。横向波型板的波形沿板材横向延伸，其宽度为800～1500mm，长度为10～30m，因其横向尺寸较小，可成卷供应和存放，板材的厚度为1.2～1.5mm。

（3）异形板　硬质PVC异形板，亦称PVC扣板，有两种基本结构。一种为单层异形板，另一种为中空异形板，如图4-1所示。

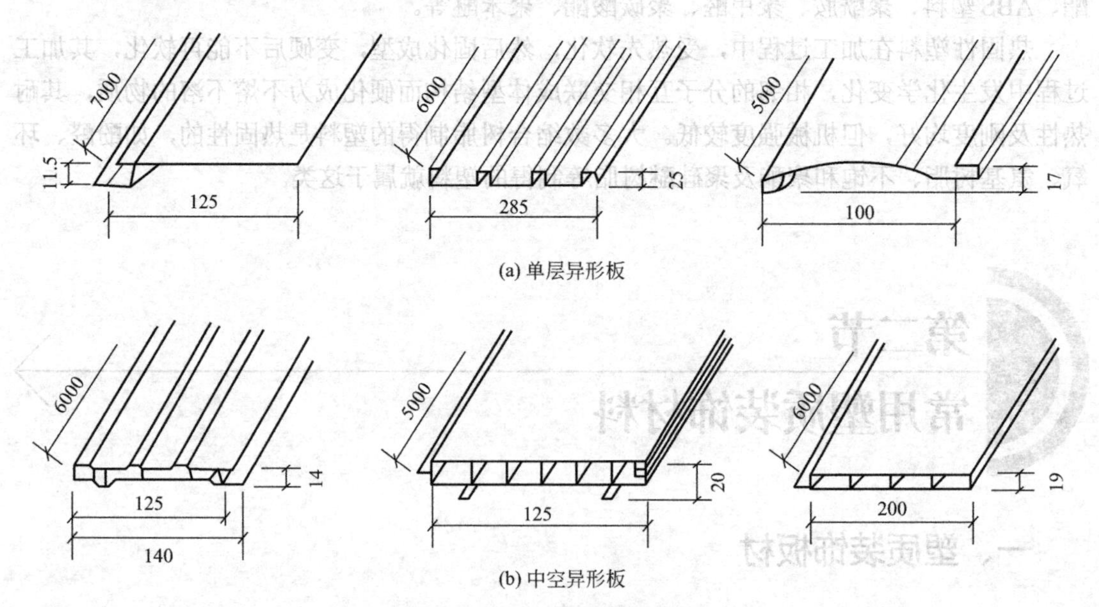

图4-1　硬质PVC异形板结构

单层异形板的断面形式多样，一般为方形波，以使立面线条明显。与铝合金扣板相似，两边分别做成沟槽和插入边，既可达到接缝防水的目的，又可遮盖固定螺钉。每条型材二边固定，另一边插入柔性连接，可允许有一定的横向变形，以适应横向的热伸缩。单层异形板一般的宽度为100 ～ 200mm，长度为4000 ～ 6000mm，厚度为1.0 ～ 1.5mm。该种异形板材的连接方式有企口式和沟槽式两种，目前较流行的为企口式。

硬质PVC异形板表面可印制或复合各种仿木纹、仿石纹装饰几何图案，有良好装饰性，而且防潮、表面光滑、易于清洁、安装简单。常用作墙板和潮湿环境（盥洗室、卫生间）的吊顶板。

（4）格子板　硬质PVC格子板是将硬质PVC平板在烘箱内加热至软化，放在真空吸塑模上，利用板上下的空气压力差使硬板吸入模具成型，然后喷水冷却定型，再经脱模、修整而成的方形立体板材。

格子板常用的规格为500mm×500mm，厚度为3mm。

格子板常用作体育馆、图书馆、展览馆或医院等公共建筑的墙面或吊顶。

2. 玻璃钢板

玻璃钢（简称GRP）是以合成树脂为基体，以玻璃纤维或其制品为增强材料，经成型、固化而成的固体材料。

玻璃钢采用的合成树脂有不饱和聚酯、酚醛树脂或环氧树脂。不饱和聚酯工艺性能好，可制成透光制品，可在室温常压下固化。目前制作玻璃钢装饰材料大多采用不饱和聚酯。

玻璃纤维是熔融的玻璃液拉制成的细丝，是一种光滑柔软的高强无机纤维，可与合成树脂良好结合而成为增强材料。在玻璃钢中常应用玻璃纤维制品，如玻璃纤维织物或玻璃纤维毡。

玻璃钢装饰制品具有良好的透光性和装饰性，可制成色彩艳丽的透光或不透光构件或饰件，其透光性与PVC接近，但具有散射光性能，故作屋面采光时，光线柔和均匀，其强度高（可超过普通碳素钢）、重量轻（密度为1400 ～ 2800kg/m^3，仅为钢的1/5 ～ 1/4、铝的1/8左右），是典型的轻质高强材料。玻璃钢成型工艺简单灵活，可制作造型复杂的构件。并具有良好的耐化学腐蚀性和电绝缘性，耐湿、防潮，可用于有耐潮湿要求的建筑物的某些部位。

常用的玻璃钢装饰板材有波型板、格子板、折板等。

3. 塑铝板

塑铝板是一种以PVC塑料作芯板，正、背两表面为铝合金薄板的复合板材，如图4-2所示。厚度为3mm、4mm、6mm或8mm。

该种板材表面铝板经阳极氧化和着色处理，色泽鲜艳。由于采用了复合结构，所以兼有金属材料和塑料的优点，主要特点为重量轻，坚固耐久，比铝合金薄板有强得多的抗冲击性和抗凹陷性。可自由弯曲，弯曲后不反弹，因此成型方便，沿弧面基体弯曲时，不需特殊固定，即可与基体良好地贴紧，便于粘贴固定。由于经过阳极氧化和着色、涂装表面处理，所以不但装饰性好而且有较强的耐候性。可锯、可刨（侧边）、可钻、可冷弯、冷折，易加工、易组装、易维修、易保养。

塑铝板是一种新型金属塑料复合板材，越来越广泛地应用于室内外墙面、柱面和顶面的饰面处理。为保护其表面在运输和施工时不被擦伤，塑铝板表面都贴有保护膜，施工完毕后再行揭去。

图4-2　塑铝板

4. 聚碳酸酯采光板

聚碳酸酯采光板是以聚碳酸酯塑料为基材，采用挤出成型工艺制成的栅格状中空结构异型断面板材，如图4-3所示。常用的板面规格5800mm×1210mm。

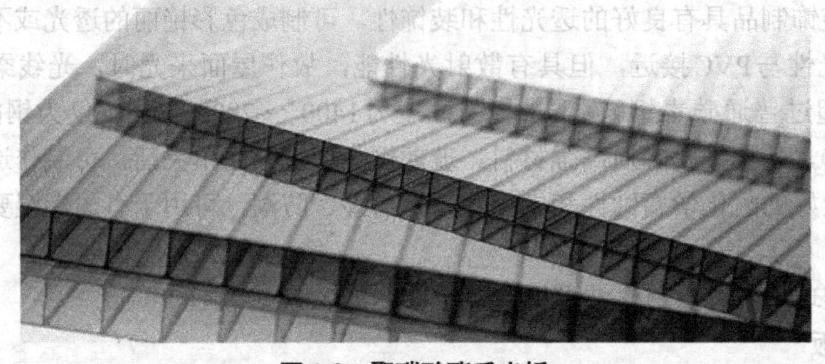

图4-3　聚碳酸酯采光板

聚碳酸酯采光板的特点为轻、薄、刚性大、不易变形；色调多，外观美丽；透光性好，耐候性好。

适用于遮阳棚、大厅采光天幕、游泳池和体育场馆的顶棚、大型建筑的顶罩等。

5. 三聚氰胺层压板

三聚氰胺层压板亦称纸质装饰层压板或塑料贴面板，是以厚纸为骨架，浸渍酚醛树脂或三聚氰胺甲醛等热固性树脂，多层叠合经热压固化而成的薄型贴面材料。

三聚氰胺层压板的结构为多层结构，即表层纸、装饰纸和底层纸。表层纸的主要作用是保护装饰纸的花纹图案，增加表面的光亮度，提高表面的坚硬性、耐磨性和抗腐蚀性。要求该层吸收性能好、洁白干净，浸树脂后透明，有一定的湿强度。一般耐磨性层压板通常采用25～30kg/m^2、厚度0.04～0.06mm的纸。第二层装饰纸主要起提供图案花纹的装饰作用和防止底层树脂渗透的覆盖作用，要求具有良好的覆盖性、吸收性、湿强度和适于印刷性。通常采用100～200kg/m^2，由精制化学木浆和棉木混合浆制成的厚纸。第三层底层纸是层压板的基层，其主要作用是增加板材的刚性和强度，要求具有较高的吸收性和湿强度。一般采用80～250kg/m^{2}的单层或多层厚纸。对于有防火要求的层压板还需对底层纸进行阻燃处理，可在纸浆中加入5%～15%的阻燃剂。除以上的三层外，根据板材的性能要求，有时在装饰纸下加一层覆盖纸，在底层下加一层隔离纸。

三聚氰胺层压板由于采用的是热固性塑料，所以耐热性优良，经100℃以上的温度不软化、开裂和起泡，具有良好的耐烫、耐燃性。由于骨架是纤维材料厚纸，所以有较高的机械强度，其抗拉强度可达90MPa，且表面耐磨。三聚氰胺层压板表面光滑致密，具有较强的耐污性，耐湿，耐擦洗，耐酸、碱、油脂及酒精等溶剂的侵蚀，经久耐用。

三聚氰胺层压板按其表面的外观特性分为有光型（代号Y）、柔光型（代号R）、双面型（S）、滞燃型（Z）四种型号。其中有光型为单色、光泽度很高（反射率80%以上）。柔光型不产生定向反射光线，视觉舒适，光泽柔和（反射率＞50%）。按用途的不同，三聚氰胺层压板又可分为三类，分别为用于平面装饰的平面板（代号P）、具有高的耐磨性；立面板（代号L），用于立面装饰，耐磨性一般；平衡面板（代号H），只用于防止单面粘贴层压板引起的不平衡弯曲而作平衡材料使用，故仅具有一定的物理力学性能，而不强调装饰性。

三聚氰胺层压板的常用规格为：915mm×915mm、915mm×1830mm、1220mm×2440mm等。厚度有0.5mm、0.8mm、1.0mm、1.2mm、1.5mm、2.0mm以上等。厚度在0.8～1.5mm的常用作贴面板，粘贴在基材（纤维板、刨花板、胶合板）上。而厚度在2mm以上的层压板可单独使用。

三聚氰胺层压板常用于墙面、柱面、台面、家具、吊顶等饰面工程。

二、塑料管材

塑料管材与金属管材、水泥管材等传统材料管材相比，具有重量轻、易着色、不需涂装、耐腐蚀、热导率低、绝缘性能好、能耗低、流动阻力小、内壁不结垢、施工安装和维修方便等优点。

按不同原料生产出来的塑料管材可分为聚氯乙烯管材、聚乙烯管材、聚丙烯管材、聚丁烯管材、氯化聚乙烯管材、聚碳酸酯管材、氯化聚醚管材、聚砜管材、聚酰胺（尼龙）管材、丙烯腈-丁二烯-苯乙烯共聚物（ABS）管材等。

1. 聚氯乙烯（PVC）管

它是以PVC树脂为原料，加入稳定剂，润滑剂、填料等经捏合、滚压塑化、切粒、挤出加工而成。

PVC可分为软PVC和硬PVC。其中硬PVC大约占市场的2/3，软PVC占1/3。软PVC一般用于地板、天花板以及皮革的表层，但由于软PVC中含有柔软剂（这也是软PVC与硬PVC的区别），容易变脆，不易保存，所以其使用范围受到了局限。硬PVC不含柔软剂，因此柔韧性好，易成型，不易脆，无毒无污染，保存时间长，因此具有很大的开发应用价值。

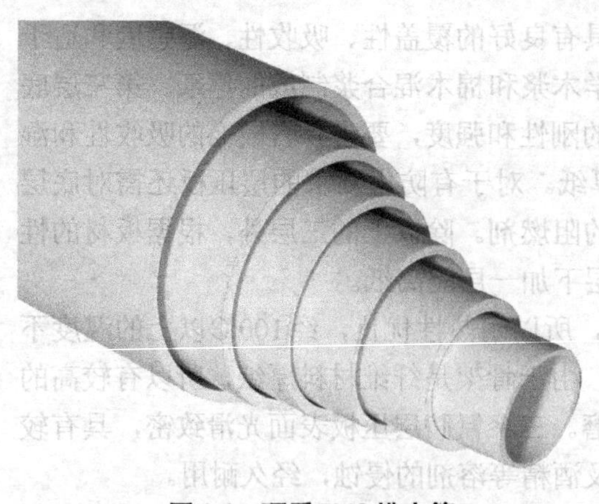

图4-4 硬质PVC排水管

PVC管在室内装饰材料中主要应用在电线套管和给排水管，在给排水工程中主要采用硬质PVC（PVC-U）管，如图4-4所示。硬质PVC管的加工性差和抗冲击性能差的问题，可在配方中加入丙烯酸酯和甲基丙烯酸甲酯、丁二烯、苯乙烯三元共聚物改性，使其性能得到极大改善。

硬质PVC塑料（PVC-U）排水管的规格及技术性能按GB/T 5836.1—2006生产，管材一般为灰色或白色，平均外径、壁厚应符合表4-1所示，管长一般为4m或6m。

表4-1 管材平均外径、壁厚 单位：mm

公称外径d_n	平均外径		壁厚	
	最小平均外径$d_{cm,\ min}$	最大平均外径$d_{ncm,\ max}$	最小壁厚c_{min}	最大壁厚c_{max}
32	32.0	32.2	2.0	2.4
40	40.0	40.2	2.0	2.4
50	50.0	50.2	2.0	2.4
75	75.0	75.3	2.3	2.7
90	90.0	90.3	3.0	3.5
110	110.0	110.3	3.2	3.8
125	125.0	125.3	3.2	3.8
160	160.0	160.4	4.0	4.6
200	200.0	200.5	4.9	5.6
250	250.0	250.5	6.2	7.0
315	315.0	315.6	7.8	8.6

管材的物理力学性能应符合表4-2的规定。

表4-2 管材的物理力学性能

项 目	要 求
密度/(kg/m³)	1350～1550
维卡软化温度（VST）/℃	≥79
纵向回缩率/%	≤5
二氯甲烷浸渍实验	表面变化不劣于4L
拉伸屈服强度/MPa	≥40
落锤冲击实验TIR/%	≤10

2. 无规共聚聚丙烯（PP-R）管

PPR的正式名称为无规共聚聚丙烯，是由丙烯与其他烯烃单体共聚而成的无规共聚物，烯烃单体中无其他官能团。由于PPR管在施工中采用热熔连接技术，故又被称为热熔管（图4-5）。

图4-5 无规共聚聚丙烯（PP-R）管

PPR管在安装时采用热熔工艺，可做到无缝焊接，也可埋入墙内（图4-6），它的优点是价格比较便宜，施工方便。PPR管具有以下特点。

图4-6 PPR管埋入墙内

① 耐腐蚀、不易结垢，消除了镀锌钢管锈蚀结垢造成的二次污染。

② 耐热，可长期输送温度为70℃以下的热水。

③ 保温性能好，20℃时的热导率约为钢管的1/200、紫铜管的1/400。

④ 卫生、无毒，可以直接用于纯净水、引水管道系统。

⑤ 重量轻，强度高，PPR密度为0.89 ～ 0.91g/cm^3，仅为钢管的1/9，紫铜管的1/10。

⑥ 管道内流体阻力小，管材内壁光滑，不易结垢，流体阻力远低于金属管道。

PPR管有冷水管和热水管之分，但无论是冷水管还是热水管，管材的材质应该是一样的，其区别只在于管壁的厚度不同。

3. 铝塑复合管（PAP）

铝塑复合管（PAP）是新一代的新型环保化学材料，结构为塑料-粘接剂-铝材-粘接剂-塑料，即内外层是聚乙烯塑料，中间层是铝材，集塑料与金属管的优点于一身，经热熔共挤复合而成（图4-7）。一般工作压力为1.0MPa，介质温度为-40 ～ 60℃，额定工作压力一般为1.0MPa。耐温型铝95℃，额定工作压力一般为1.0MPa。

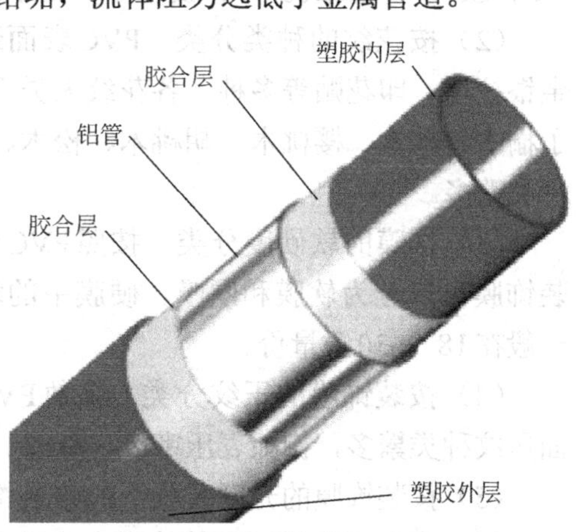

图4-7 铝塑复合管

铝塑复合管（PAP）优异的耐高低温，耐老化，抗环境应力开裂性，无毒无味，耐腐蚀，无污染，重量轻、耐用及保温，隔热等优点。可用于供水管、热水管、煤气管、空调冷却管，电线电缆用管等。

不论是PPR管还是PVC、PAP管，消费者在选购时都要注意以下几点。

① 管材上明示的执行标准是否为相应的国家标准，尽量选购执行国家标准的产品。如执行的是企标，则应引起注意。

② 管材外观应光滑、平整、无起泡，色泽均匀一致，无杂质，壁厚均匀。

③ 管材由足够的刚性，用手挤压管材，不易产生变形。

使用管材时要注意以下几点。

① 隐蔽暗埋的水管尽量采用一根完整的管子，少用接头，管道尽量不要从地下走。

② 水管安装完成后一定要先试压，才能封闭。隐蔽工程更应该注意这一点。

③ 安装完成后一定要索取质保书，管道走向图。

④ 建议请水管厂家或专业队安装水管。

三、塑料膜

PVC膜在室内装饰材料中主要用作壁纸、印刷饰面薄膜、防水材料及隔离层等。

PVC表面装饰膜具有以下特点。

① 图案丰富、清晰，层次感好、仿真性高。

② 表面装饰膜表面硬度高、耐刮擦、有良好的耐磨性。

③ 防水性好，耐酸碱、有良好的抗污染、抗腐蚀性，容易清洁。

④ 使用了背涂胶的PVC表面装饰膜无需另用黏合材料，可直接与钢材、铝材或高密度板、中密度板、纤维板等黏合且黏合强度很高。

⑤ 施工操作方便，施工工期短，生产和使用过程中基本不会造成二次环境污染，且成本低。

按照不同的分类标准，PVC表面装饰膜可以分为不同的种类，有以下几种。

（1）按图案的视觉立体效应分类　PVC表面装饰膜可以分为2D膜（平面膜）、3D膜（立体膜），一般来说，3D膜的厚度更厚，复合的层数更多。

（2）按花纹的种类分类　PVC表面装饰膜有木纹、素色（单色）、珠光、大理石纹、金银拉丝、印花贴等多种。各花纹大类下面又包括了千变万化的花纹图式，例如木纹包括了榆木、柚木、樱桃木、胡桃木、松木、橡木、枫木、曲柳木、梨木、杉木等，花色图案种类繁多。

（3）按膜的软硬度分类　按照PVC膜材料中含有的增塑剂的含量的多少，PVC表面装饰膜可以分为软膜和硬膜。硬膜中的增塑剂含量为0～16质量份，软膜中增塑剂含量一般在18～30质量份。

（4）按装饰膜的压纹分类　多数PVC产品表面需要压纹显示层次感和立体感，其表面压纹种类繁多，例如表压密纹、疏纹、山纹、细沙粒纹、粗沙粒纹等各种压纹。

（5）按装饰膜的光度区分　PVC装饰膜可以分为消光或哑光、亮光或镜面。

PVC表面装饰膜还有其他许多分类方法，例如按照使用方法分为平贴膜、吸塑膜和热贴膜等。

PVC表面装饰膜由4层结构构成（如图4-8）：以PVC薄膜支撑层为核心，上面依次是图案印刷层和表面耐磨层（或PET贴合层），背面是背涂胶层（该层可以没有）。当使用PET贴合层时，PET薄膜层不仅起到了保护层的作用，还可以先行印刷成具有各种精美效果例如激光、珠光效果的图案，与PVC印刷底膜复合后提高了装饰膜的立体效果等特殊视觉效果，增加PVC表面装饰膜的产品附加值和观赏效果、装饰效果。

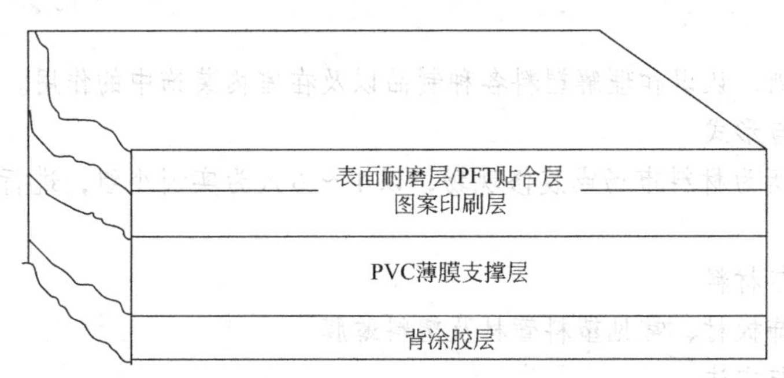

图4-8　PVC表面装饰膜

PVC装饰膜可以和木材、夹板、中纤板、刨花板、纤维板、塑料板、铝板、铁板等基材复合使用，其使用方法有三种途径。

① 平贴　直接把PVC装饰膜和待装饰的内材通过手工或机械（冷压机、贴合机）滚压后复合在一起，是一种最简单也最常见的层合工艺，采用平贴工艺可以是冷贴也可以是热贴。适用于平贴的PVC装饰膜通常称为PVC平贴膜。音箱、礼品盒、家具、钢板膜等一般采用平贴加工工艺进行复合。采用平贴工艺时，对装饰内材的要求较严格，装饰内材的硬度越高、平整性越好，PVC装饰膜的裱贴施工就越容易，裱贴的效果和质量也越好。

② 吸塑　吸塑是一种广泛用于塑料包装、灯饰、广告、装饰等行业的塑料加工工艺，主要原理是将平展的PVC 薄膜硬片材加热变软后，采用真空吸附于装饰内材的表面，冷却后成型。吸塑贴合有两个特点：一是贴合过程需要抽真空；二是需要加热。吸塑温度100 ～ 120℃，吸塑时间一般60 ～ 100s 即可。高级办公家私、橱柜门、浴柜门、家装套门、装饰板表面常采用PVC 片进行真空吸塑贴面。

③ 加热贴合　加热贴合的工艺类似于平贴工艺，只是贴合温度很高，一般在160 ℃以上。钢板、铝材、天花、船舱膜等耐高温产品采用加热贴合生产工艺产品。

其他方面，PVC表面装饰膜可通过调整配方生产符合欧洲ROHS、美国等国际要求低毒标准的产品，也可根据不同用途生产抗紫外线（抗老化）、耐高温、耐低温、抗静电、爽身、防霉、防火（阻燃）等特殊需求产品，因而在中国表面装饰材料市场上潜力巨大。

复习思考题

1. 填空题

（1）常用的塑质装饰板材有（　　　）、（　　　）、（　　　）和（　　　）。

（2）PVC管在给排水工程中主要采用（　　　）管。

2. 问答题

（1）硬质PVC板按其断面形式可分为哪几种类型？

（2）铝塑管有哪些特点？

（3）三聚氰胺层压板有哪些特点？在室内装饰中主要应用在什么方面？

（4）塑料管材主要有哪几种？在室内装饰中分别应用在哪些方面？

（5）PVC装饰膜有什么特点？

实训练习

1. 实训目标

通过技能实训，认识和理解塑料各种制品以及在室内装饰中的作用。

2. 实训场所与形式

实训练习场所为材料市场或装修现场，以4～6人为实训小组，进行观摩调查，撰写调查报告。

3. 实训设备与材料

各种塑料装饰板材、常见塑料管材及塑料薄膜

4. 实训内容与方法

（1）材料识别

① 通过参观学习，认识各种塑料制品的类型与品种。

② 对同种类的不同塑料制品进行区分，掌握不同塑料制品的特性。

（2）装饰装修选材

根据装修方案进行塑料制品的选材，了解不同塑料的应用范围。

5. 实训要求及报告

（1）实训前，学生应认真阅读实验实训指导书，明确实训内容、方法及要求。

（2）在整个实训过程中，每位学生均应做好实训记录。

（3）实训完毕，及时整理好实训报告，做到准确完整、规范清楚。

6. 实训考核标准

（1）能深入现场进行参观学习，认真做好观察笔记和分析报告。

（2）实训报告规范完整的学生，可酌情将成绩评定为合格、良好、优秀。

本章推荐阅读书目

1. 王勇 . 室内装饰材料与应用 . 北京：中国电力出版社，2012.

2. 周凯，李延银，陈雪杰 . 室内装饰材料 . 北京：中国轻工业出版社，2009.

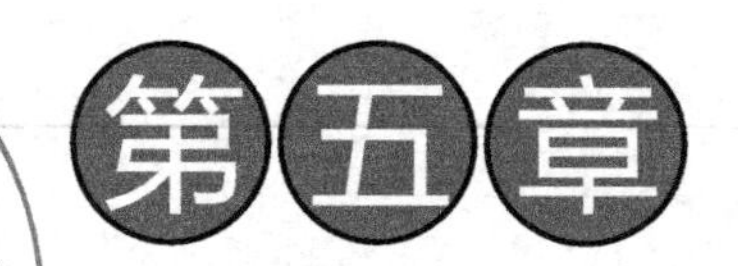

第五章 金属材料

知识目标

1. 熟悉金属材料的分类及主要性能。
2. 熟悉建筑装饰金属制品的品类及材料属性和加工特性。

技能目标

1. 掌握室内装饰金属制品用途及施工特点。
2. 掌握建筑装饰常用金属制品品类的特性及材料规格。

本章重点

装饰金属材料制品的品类以及其特性、用途与规格。

金属材料是指一种或两种以上的金属元素或金属与某些非金属元素组成的合金总称。金属作为建筑装饰材料，有着源远流长的历史，是一种重要的装饰材料。北京颐和园中的铜亭、云南昆明的金殿、山东泰山顶的铜殿、西藏布达拉宫金碧辉煌的装饰等极大地赋予了古建独特的艺术魅力。现代建筑中，金属材料更是以它独特的光泽、耐腐、轻盈、质地、力度等性能赢得了建筑师的青睐，应用也越来越多，不仅广泛用于围墙、栅栏、门窗、建筑五金、卫生洁具等，而且大量应用于墙面、柱面、吊顶等部位的装饰。

金属材料一般分为黑色金属以及有色金属两大类。黑色金属的基本成分为铁及其合金，故也称为铁合金。有色金属是铁以外的其他金属（如铝、铜、锌、锡等）及其合金的总称。在装饰工程中钢、铝、铜及其合金材料使用最为广泛。

第一节 金属材料的主要性能

金属材料的性能分为使用性能和工艺性能。使用性能是指金属材料在使用过程中反映出来的特性，它决定金属材料的应用范围、安全可靠性和使用寿命。使用性能又分为力学性能、物理性能和化学性能。工艺性能是指金属材料在制造加工过程中反映出来的各种特性，是决定它是否易于加工或如何加工的重要因素。

一、金属材料的力学性能

各种金属材料制品在使用时都将承受不同的外力，如拉力、压力、弯曲、扭转、冲击或摩擦等的作用。为了确保其能长期正常的使用，金属材料必须具备抵抗外力而不破坏或变形的性能，这种性能称为力学性能。即金属材料在外力的作用下所反映出来的力学性能。

不同的技术材料表现出来的力学性能是不一样的。衡量金属材料力学性能的主要指标有强度、塑性、硬度、韧性和疲劳强度等。

1. 强度

金属材料在外力作用下抵抗变形和断裂的能力称为强度。按外力作用的方式不同，可分为抗拉强度、抗压强度、抗弯强度和抗扭强度等。

2. 刚性

金属材料在外力作用下抵抗弹性变形的能力称为刚性。

3. 硬度

金属材料抵抗集中负荷作用的性能称为硬度。材料的硬度是强度、塑性和交工硬化倾向的综合反映。硬度与强度之间往往有一定的概略比例关系，并在很大程度上反映出材料的耐磨性。

4. 冲击韧性

金属材料抵抗冲击载荷作用下断裂的能力称为冲击韧性。

5. 断裂韧性

金属材料抵抗裂纹扩展的韧性性能称为断裂韧性。断裂韧性与其他韧性一样，综合地反映了材料的强度和塑性。

6. 疲劳强度

技术材料在重复或交变负荷作用下而不致引起断裂的最大应力称为疲劳强度。

二、金属材料的其他性能

1. 物理性能

金属材料的主要物理性能有密度、熔点、热膨胀性、导热性和导电性等。

2. 化学性能

金属材料的主要化学性能有耐酸性、耐碱性、抗氧化性等。

3. 工艺性能

工艺性能是物理、化学、力学性能的综合。按工艺方法不同分为铸造性、可锻性、可焊性和切削加工性等。

第二节 装饰用钢材制品

钢是铁碳合金，铁矿石经冶炼得到铁，后经进一步冶炼后得到钢。铁碳合金中，铁的含碳量大于2%，而钢的含碳量小于2%。由于钢具有强度高、塑性好、材质均匀等特点，在建筑中不仅可作为结构用材，而且可用作建筑物的外墙面、屋面及各种吊顶龙骨的装饰材料。

一、建筑装饰用钢材品种和特性

1. 钢材的品种

钢材品种的通常是按冶炼方法、化学成分、质量标准三种划分方法。

按冶炼方法划分中，按按炉种的不同分为平炉钢、转炉钢（氧气转炉钢、空气转炉钢）和电炉钢；按脱氧程度的不同分为镇静钢、半镇静钢、和沸腾钢。镇静钢一般用硅脱氧，脱氧完全，钢液浇注后平静地冷却凝固，基本无CO气泡产生，镇静钢均匀密实，力学性能好，品质好，但成本高。沸腾钢一般用锰、铁脱氧，脱氧很不完全，钢液冷却凝固时有大量CO气体外逸，引起钢液沸腾，故称为沸腾钢，由于其内部气泡和杂质较多，化学性能不均匀，因此钢的质量较差，但成本较低。半镇静钢用少量的硅进行脱氧，钢的脱氧程度和性能介于镇静钢和沸腾钢之间。

按化学成分可分为碳素钢与合金钢。碳素钢中根据其含碳量的多少分为低碳钢（含碳量＜0.25%）、中碳钢（含碳量0.25%～0.60%）和高碳钢（含碳量＞0.60%）。合金钢是在碳素钢的基础上加入一种或多种改善钢材性能的合金元素，如锰、硅、钒、钛等，根据合金元素含量多少可分为低合金钢（合金元素总含量＜0.5%）、中合金钢（合金元素总含量5%～10%）和高合金钢（合金元素总含量＞10%）。

按质量标准可分为普通钢［按国标规定P≤0.045%，S≤（0.05%～0.055%）］、优质钢［按国标规定P≤（0.03%～0.04%），S≤0.04%］和高级优质钢［按国标规定P≤（0.03%～0.035%），S≤（0.02%～0.03%）］。

钢材中的化学成分除了铁和碳外，还有少量的硅、锰、硫、磷、氧、氮以及一些合金元素等。这些少量元素对钢材的性能会产生很大的影响。钢材的含碳量低，强度就低。但塑性和冲击韧度好，易于加工；钢材的含碳量高，强度也高，但其塑性差，性脆，不易加工。硅和锰能使钢材在不降低塑性和韧性的前提下，提高强度值。硫和磷分别会使钢材产生热脆和冷脆现象，因而要控制其在钢材中的含量。

在选择钢材时，应根据钢材的不同用途来确定和控制钢材内部各种元素的组成和含量，从而使钢材的性能指标满足使用场所的要求。

2. 钢材的特性

钢材具有许多优良的性能，一是材质均匀，性能可靠；二是强度高，塑性和冲击韧性好，可承受各种性质的荷载；三是加工性能好，可通过焊接、铆接和螺钉连接的方法制成各种形状的构件。

二、建筑装饰用钢材制品

建筑装饰工程中常用的钢材制品有不锈钢及其制品、彩色涂层钢板、压型钢板、彩色复合钢板和轻钢龙骨等。

1. 不锈钢及其制品

众所周知，普通钢材容易锈蚀，锈蚀不仅会使钢材有效截面面积减小，降低钢材的强度、塑性、韧性等性能，而且还会形成程度不等的锈坑、锈斑，严重影响装饰效果。钢材的锈蚀有两种：一是化学锈蚀，即在常温下钢材表面受氧化产生氧化膜层而锈蚀；二是电化学腐蚀，这是因钢材在较潮湿的空气中，表面形成了“微电池”作用而产生的锈蚀。钢材在大气中的锈蚀，是化学锈蚀和电化学锈蚀共同作用所致，但以电化学锈蚀为主。

不锈钢是指在钢中加入以铬（Cr）元素为主加元素的合金钢。不锈钢中除铬外，还含有镍（Ni）、锰（Mn）、钛（Ti）、硅（Si）等元素，这些元素都能影响不锈钢的强度、塑性、韧性等性能。不锈钢中铬含量越高，钢材的抗腐蚀性越好。不锈钢耐腐蚀的原理是因为铬的性质比较活泼，能首先与周围环境中的氧化合，生成一层与钢基体牢固结合的致密氧化层膜，使合金钢不再受到氧的锈蚀作用，从而达到保护钢材的目的。一般不锈钢中铬元素含量应大于12%，以保证钢材有很好的抗腐蚀性。不锈钢具有美观的表面和良好的耐腐蚀性能，不必经过镀色等表面处理，而能发挥不锈钢所固有的表面性能。

（1）不锈钢的分类　不锈钢的分类方式较多，按其化学成分可以分为铬不锈钢、铬镍不锈钢和高锰低铬不锈钢等；按不同耐腐蚀的特点，又可分为普通不锈钢（耐大气和水蒸气侵蚀）和耐酸钢（除对大气和水有抗蚀能力外，还对某些化学介质，如酸、碱、盐具有良好的抗蚀性）两大类；按光泽度不同有亚光不锈钢和镜面不锈钢。

建筑装饰工程中常用的不锈钢有1Cr17Ni8、1Cr17Ni9、1Cr18Ni17Ti、0Cr18Ni8等几种。其中不锈钢前面的数字表示平均含碳量的千分之几，当含碳量小于0.03%和0.08%时，钢号前分别冠以“00”或“0”，合金元素的含量仍以百分数表示，具体数字在元素符号的后面。

（2）不锈钢制品的装饰特点　不锈钢除了具有普通钢材的性质外，还具有极好的抗腐蚀性和表面光泽度，具有良好的装饰性，是极富现代气息的装饰材料。不锈钢可制成板材、型材和管材等。其中在装饰工作中应用最多的为板材，一般均为薄板，厚度为0.35～2.0mm、长度为1000～3000mm、宽度为500～1200mm。根据不同的饰面处理，不锈钢饰面板可制成光面不锈钢板、雾面板、丝面板、腐蚀雕刻面板、凹凸板、半珠形板或弧形板。

不锈钢板可用于商场、宾馆门厅等处的建筑物墙柱面装饰、电梯门及门贴脸、各种装饰压条、隔墙、幕墙等。不锈钢管可制成栏杆、扶手、隔离栅栏和旗杆等。不锈钢型材可由于制作柜台、各种压边等。不锈钢龙骨光洁、明亮，具有较强的抗风压能力和安全性，主要用于高层建筑的玻璃幕墙中。

不锈钢包柱常广泛应用于大型商场、宾馆、餐厅等大厅、入口、门厅、中庭等处，不仅体现了光亮的金属质感，加之由于镜面反射作用可取得与周围环境中的色彩、景物交相辉映的效果，同时在灯光的配合下，还可形成晶莹明亮的高光部分，形成空间环境的兴趣中心，对空间环境的效果起到强化、点缀和烘托的作用。

彩色不锈钢是用化学镀膜的方法对普通不锈钢进行着色处理后而制得的。它具有诸如蓝、灰、紫、红、青、绿、金黄和橙等多种色彩和很高的光泽度，色泽随光照角度的改变而产生变换的色调。彩色面层能在200℃下或弯曲180°时无变化，色层不剥离，色彩经久不褪。耐盐雾腐蚀性能超过一般不锈钢，耐磨性和耐刻划性能相当于箔层镀金的性能。适用于高级建筑物的厅堂墙板、天花板、电梯箱板、车厢板、自动门、招牌和建筑装潢等。

（3）不锈钢制品的规格及性能　建筑装饰中常用的不锈钢制品有不锈钢板、镜面不锈钢板、钛金镜面板、彩色不锈钢板、不锈钢管材角材、槽材等。

建筑装饰中常用的不锈钢板多为薄板其厚度大都在2mm以下，宽度500～1000mm，长度1200～2000mm。镜面不锈钢板是一种高级装潢材料，具有光洁豪华、坚固耐用、永不生锈、容易清洁等优点。镜面不锈钢板分为8k和8s两种，规格：厚度0.6～1.5mm，宽度1219mm，长度2438mm和3048mm两种。

钛金镜面板中钛金是采用多弧等离子体放电技术使钛或其他金属材料在真空室中蒸发气化并与反应气体（如氮气）合成TiN等化合物沉积在工件上，形成一种高硬度、耐磨、自润滑性好的优质膜层。膜层上可镀黑色、亮灰色、七彩色、黄金色等。钛金化学名称是氮化钛（TiN），色泽金黄，具有耐磨及高硬的特点。氮化钛离子与基体的结合非常牢固，用于装饰材料更具不易氧化的优点，保证金色永久常驻。

钛金镜面板的规格通常有：厚度为0.6～1.5mm，长×宽为2438mm×1219mm和3048mm×1219mm。

彩色不锈钢板的规格通常有：厚度0.2mm、0.3mm、0.4mm、0.5mm、0.6mm、0.7mm、0.8mm，长×宽为2000mm×1000mm、1000mm×500mm，或按需要尺寸加工。

不锈钢管材有圆管、方管、矩形管之分，它们主要用于做拉手、五金配件、扶手等部件，圆管亦用作水管。

2. 彩色涂层钢板

20世纪70年代开始，国际上迅速发展起来一种新型带钢预涂产品——彩色涂层钢板。彩色涂层钢板又称彩色钢板，是以冷轧钢板或镀锌钢板为基板，通过在基板表面进行化学预处理和涂漆等工艺处理后，使基层表面覆盖一层或多层高性能的涂层后而制得的。彩色涂层钢板的涂层一般分为有机涂层、无极涂层和复合涂层三类，其中以有机涂层钢板用得最多、发展最快，常用的有机涂层有聚氯乙烯、聚丙烯酸酯、环氧树脂等。有机涂层可以配制各种不同色彩和花纹，故称为彩色涂层钢板。彩色涂层钢板的结构见图5-1。

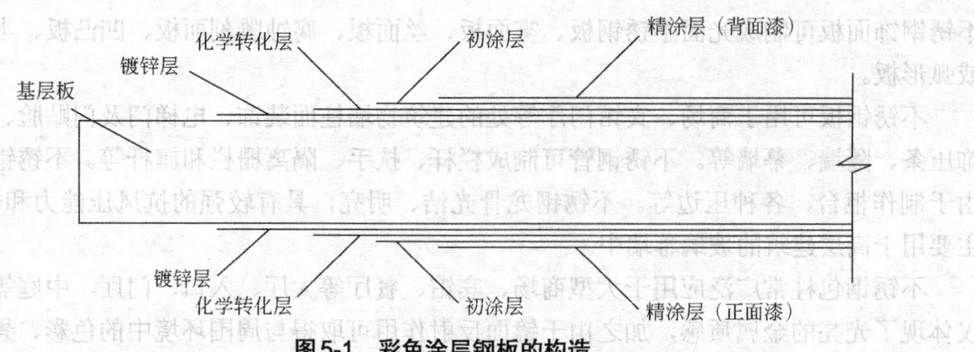

图5-1　彩色涂层钢板的构造

彩色涂层钢板兼有钢板和表面涂层两者的性能，在保持钢板强度和刚度的基础上，增加了钢板的防锈蚀性能。彩色涂层钢板具有良好的耐锈蚀性能和装饰性，涂层附着力强，可长期保持新鲜的颜色，并且具有良好的耐污染耐高低温、耐沸水浸泡性，绝缘性好，加工性能好，可切割、弯曲、钻孔、铆接、卷边等。彩色涂层钢板可用作建筑外强板、吊顶、屋面板、护壁板、门面招牌的地板等，可作为防水渗透板、排气管、通风管、耐腐蚀管道等。

彩色涂层钢板的长度一般为1800mm和2000mm，宽度为450mm、500mm和1000mm，厚度有0.35mm、0.4mm、0.5mm、0.6mm、0.7mm、0.8mm、1.0mm、1.5mm等多种。

彩色涂层钢板在用作建筑物的围护机构时（如外墙板和屋面板），往往与岩棉板、聚苯乙烯泡沫板等保温隔热材料制成复合板材，从而达到保温隔热的要求和良好的装饰效果，其保温隔热性能要优于普通砖墙。中国南极长城站就是使用这类隔热夹芯板材进行建筑和装饰的。

彩色涂层钢板还可以用薄膜层压的方法粘固在板面上。如塑料复合钢板就是在Q215、Q235钢板上，覆盖0.2～0.4mm的软质或半软质聚氯乙烯膜制成。

3. 压型钢板

压型钢板是使用冷轧板、镀锌板、彩色涂层板等不同类型的薄钢板，经辊压、冷弯而成。压型钢板的截面可呈V形、U形、梯形或类似于这几种形状的波形。

压型钢板共有27种不同的型号。常用的压型钢板的厚度为0.5mm、0.6mm。压型钢板波距的模数为50mm、100mm、150mm、200mm、250mm、300mm（但也有例外）；波高为21mm、28mm、35mm、38mm、51mm、70mm、75mm、130mm、173mm；有效覆盖宽度的尺寸系列为300mm、450mm、600mm、750mm、900mm、1000mm（但也有例外）。压型钢板（YX）的型号顺序以波高、波距、有效覆盖宽度来表示，如YX38-175-700表示波高38mm、波距175mm、有效覆盖宽度为700mm的压型钢板。建筑及装饰用压型钢板的模型见图5-2。

《建筑用压型钢板》（GB/T 12755—2008）规定压型板表面不允许有用10倍放大镜所观察到的裂纹存在。对用镀锌钢板及彩色涂层板制成的压型钢板规定不得有铰层、涂层脱落以及影响使用性能的夹伤。

压型钢板具有重量轻、波纹平直坚挺、色彩鲜艳丰富、造型美观大方、涂覆耐腐涂层厚、耐久性好、抗震性及抗变形性好、加工简单和施工方便等特点，广泛应用于各种建筑物的内外墙面、屋面、吊顶等的装饰以及轻质夹芯板材的面板等。

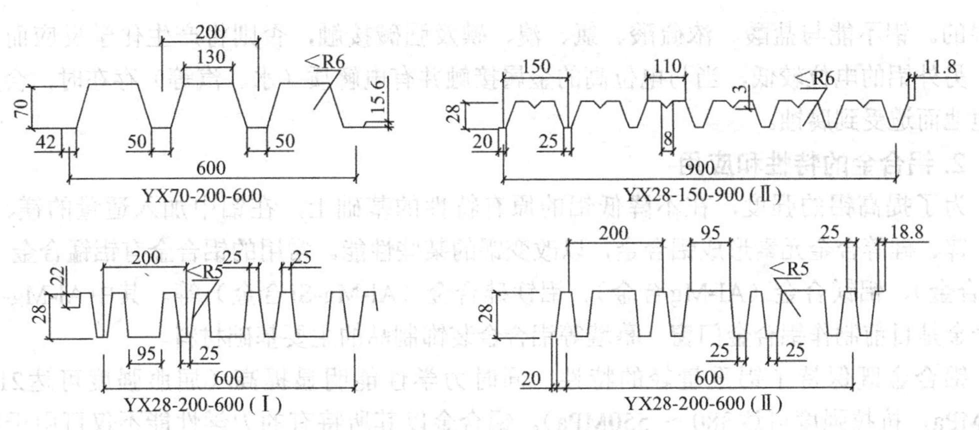

图5-2　建筑及装饰用压型钢板的模型

第三节 铝合金装饰制品

铝及其合金特有的性能被广泛应用于建筑结构及装饰工程中，铝合金门窗、铝合金吊顶、铝合金隔断、铝合金框架幕墙、铝合金柜台货架、商店橱窗、铝合金装饰板等铝合金制品大量应用，亦是有着其他装饰材料无法取代的地位。

一、铝及铝合金的特性

1. 铝的特性和应用

铝元素在地壳组成中约占8.13%，其含量在元素中排第三位，仅次于氧与硅。铝在自然界中以化合物状态存在，纯铝是通过铝矿石中提取三氧化二铝（Al_2O_3），经过电解、提炼而得的。

铝属于有色金属中的轻金属，重量轻，外观呈银白色，密度为2.7g/cm^3，只有钢的1/3左右，是各类轻结构的基本材料之一，铝的熔点低，为660℃，对光和热的发射能力强，有很好的导电性和导热性，仅次于铜，故常用来制作导电材料、导热材料和蒸煮器皿等。铝在低温环境中强度与韧性不下降，故常作为低温材料用于航空和航天工程机制造冷冻食品的储运设备等。铝有很好的延展性和塑性，可加工成管材、板材、线材、铝箔（厚度6～25μm）等。由于纯铝的强度与硬度较低［屈服强度为80～100MPa，硬度为17～44(HB)］，故为提高铝的使用价值，常加入合金元素使之强化，成为铝合金。建筑及装饰工程中常使用的即是铝合金。

铝属于活泼的金属元素，它与氧的亲和力很强，暴露在空气中，表面易生成一层致密而坚固的氧化铝薄膜，可阻止铝继续氧化，从而起到保护作用，因此它在大气中的耐腐蚀性较强。但这一层氧化铝膜的厚度仅为0.1μm左右，且呈多孔状，因而它的耐腐蚀性也是

有限的。铝不能与盐酸、浓硫酸、氯、溴、碘及强碱接触，否则将产生化学反应而被腐蚀。另外铝的电位较低，当与电位高的金属接触并有电解质（水、汽等）存在时，会形成微电池而遭受到腐蚀。

2. 铝合金的特性和应用

为了提高铝的强度，在不降低铝的原有特性的基础上，在铝中加入适量的镁、铜、锰、锌、硅等合金元素形成铝合金，以改变铝的某些性能。常用的铝合金有铝锰合金（Al-Mn合金）、铝镁合金（Al-Mg合金）、铝镁硅合金（Al-Mg-Si合金）等。其中Al-Mg-Si系列合金是目前制作铝合金门窗、幕墙等铝合金装饰制品的主要基础材料。

铝合金既保持了铝重量轻的特性，同时力学性能明显提高（屈服强度可达210～500MPa，抗拉强度可达380～550MPa）。铝合金以其所特有的力学性能不仅可用于建筑装饰，还可用于结构方面。如美国用铝合金建造了跨度为66m的飞机库，其全部建筑物的重量仅为钢结构的1/7，大大降低了结构物的自重；日本建造了硕大无比的铝合金异形屋顶，轻盈新颖；山西太原34m悬臂钢结构的屋顶与吊顶采用了铝合金，另加保温层等，都充分显示了铝合金的良好性能。

铝合金以其特有的结构和独特的建筑装饰性，在建筑装饰方面主要用来制作铝合金装饰板、铝合金门窗、铝合金框架幕墙、铝合金屋架、铝合金吊顶、铝合金隔断、铝合金柜台、铝合金栏杆扶手以及其他室内装饰等。如日本的高层建筑98%采用了铝合金门窗；我国首都机场72m大跨度（波音747）飞机库采用彩色压型铝板做两端山墙，外观壮丽美观。我国铝合金门窗发展较快，目前已有平开门窗、推拉门窗、弹簧门等几十种产品。

铝合金与碳素钢相比，强度为钢的几倍，弹性模量约为钢的1/3，线膨胀系数为钢的2倍。铝合金由于弹性模量小，因此刚度和承受弯曲变形能力较小，但由温度变化引起的内应力也较小。但其缺点主要是弹性模量小、热膨胀系数大、耐热性低、焊接需要采用惰性气体保护等焊接新技术。

3. 铝合金的表面处理

在现代建筑装饰中，铝合金的用量与日俱增，为了提高铝合金的性能，常对其进行表面处理。铝合金表面处理的目的有两个，一是为了进一步提高铝合金耐磨、耐腐蚀、耐光和耐气候性，因为铝合金表面自然氧化膜薄（一般为0.1μm）且软，在较强的腐蚀介质作用下，不能起到有效的保护作用；二是在提高氧化膜的基础上可进行着色处理，获得各种颜色的膜层，提高铝合金表面的装饰效果。铝合金表面处理的方法主要有阳极氧化处理和表面着色处理两种。

铝合金的阳极氧化处理就是通过控制氧化条件和工艺参数使铝合金制品表面形成比自然氧化膜厚得多的人工氧化膜层（厚度为5～20μm）。由于这层阳极氧化膜层的结构为多孔状，易吸附有害物质，使铝合金制品的表面被污染或腐蚀，故还需对铝合金制品的表面进行封孔处理，从而提高氧化膜层的防污染性和耐腐蚀性。

铝合金的表面着色是通过控制铝材中不同合金元素的种类、含量及热处理条件来实现。不同铝合金由于所含合金成分及其含量不同，所形成的膜层的颜色也不同。常用的着色方法有自然着色法和电解着色法。自然着色法是指铝材在特定的电解液和电解条件下，被阳极氧化的同时又能着色的方法；电解着色法是对常规硫酸法中生成的氧化膜进一步电解，使电解液所含的金属阳离子沉积到氧化膜孔底后而着色的方法。

二、铝合金装饰板

铝合金装饰板具有重量轻、不燃烧、强度高、刚度好、经久耐用、易加工、表面形状多样（光面、花纹面、波形面及压型等）、色彩丰富、防腐蚀、防潮等优点，适用于公共建筑的内、外墙面和柱面。

1. 铝合金花纹板

铝合金花纹板是采用防锈铝合金胚料，用具有一定花纹的轧辊轧制而成的一种铝合金装饰板。铝合金花纹板具有花纹美观大方，防滑、防腐性能好，不易磨损，便于清洗等特点，且板材平整，剪裁尺寸精确，便于安装，广泛应用于现代建筑的墙面装饰以及楼梯踏步等处。铝合金花纹板见图5-3。

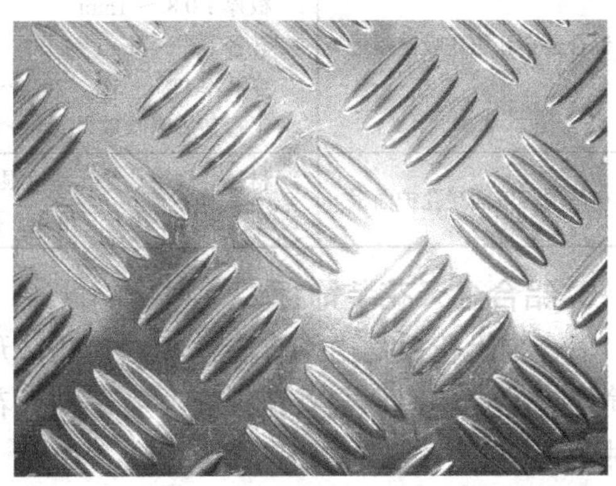

图5-3 铝合金花纹板

另外还有铝合金浅花纹板，也是优良的建筑装饰材料之一，它对白光反射率达75%～90%，热反射率达85%～95%，除具有普通铝合金共有的优点外，刚度提高了20%，抗污垢、抗划伤能力均有所提高。铝合金浅花纹板色泽丰富、花纹精致，是我国特有的建筑装饰产品。

2. 铝合金穿孔板

铝合金穿孔板是采用铝合金板经机械冲孔而成其孔径为6mm，孔距为10～14mm，孔形根据需要做成圆孔、方孔、长圆孔、长方孔、三角孔、大小组合孔等。铝合金穿孔板既突出了板材重量轻、耐高温、耐腐蚀、防火、防潮、防震、化学稳定性好等特点，又可将孔形处理成一定图案，立体感强，装饰效果好。同时，内部放置吸声材料后可以解决建筑中吸声的问题，是一种降噪兼装饰双重功能的理想材料。

铝合金穿孔板的规格、性能见表5-1。铝合金穿孔板可用于影剧院、播音室等公共建筑和高级民用建筑中以改善音质条件，也可用于各类噪声大的车间、厂房和计算机房等的顶棚或墙壁作为降噪材料。

表5-1 铝合金穿孔板的规格、性能

产品名称	性能和特点	规格/mm
穿孔平面式吸声板	材质：防锈铝（LF21） 板厚：1mm 孔径：6mm，孔距：10mm	495×495×（50～100）

续表

产品名称	性能和特点	规格 /mm
穿孔平面式吸声板	降噪系数：1.16 工程使用降噪效果：4 ～ 8dB 吸声系数：（Hz/吸声系数），厚度75mm	495×495×（50 ～ 100）
穿孔块体式吸声板	材质：防锈铝（LF21） 板厚：1mm 孔径：6mm，孔距：10mm 降噪系数：2.17 工程使用降噪效果：4 ～ 8dB 吸声系数：（Hz/吸声系数），厚度75mm	750×500×100
铝合金穿孔压花吸声板	材质：电化铝板 板厚：0.8 ～ 1mm 孔径：6 ～ 8mm 穿孔率1% ～ 5%，20% ～ 28% 工程使用降噪效果：4 ～ 8dB	500×500×0.5 500×500×0.8 可根据用户要求加工
吸声吊顶、墙面穿孔护面板	材质、规格、穿孔率可根据需要任选，孔形有圆孔、方孔、长圆孔、长方孔、三角孔、菱形孔、大小组合孔等	

3. 铝合金天花装饰板

铝合金天花板是由铝合金薄板经冲压成形，具有轻质高强、色泽明快、造型美观、安装简便等优点。铝合金天花板有明架铝质天花板、暗架铝质天花板和插入式铝质扣板天花三种。

明架铝质天花板采用烤漆龙骨（与石膏板和矿棉板的龙骨通用）作骨架，具有防火、防潮、重量轻、易于拆装、维修天花内管线方便、线条清晰、立体感强、简洁明亮等特点。

暗架铝质天花板是一种密闭式天花，龙骨隐藏在面板后，不仅具有整体平面及线条简洁的效果，又具有明架天花拆装方便的结构特点，而且还可根据现场尺寸加工，确保装饰板块及线条分布整体效果相协调。

插入式铝质扣板天花是采用铝合金平板或冲孔板经喷涂或烤漆或阳极化加工而成的一种长条插口式板，具有防火、防潮、重量轻、安装便捷、板面及线条的整齐性及连贯性强的特点，可以通过不同的规格或不同的造型达到不同的视觉效果。

铝合金天花板适用于商场、写字楼、银行、车站、机场等公共场所的顶棚装饰，也适用于家庭装饰中卫生间、厨房的顶棚装饰。铝合金天花装饰板的规格及品种见表5-2。

表5-2 铝合金天花装饰板的规格及品种

品　种	规　格	产品说明
明架铝质天花板	600mm×600mm，300mm×1200mm，400mm×1200mm，400mm×1500mm，800mm×800mm，850mm×850mm的有孔、无孔板	静电喷涂 冲孔板背面贴纸
暗架铝质天花板	600mm×600mm，500mm×500mm，300mm×300mm，300mm×600mm平面、冲孔立体菱形、圆形、方形等	
暗架天花板	各种图样的5600mm×600mm、300mm×300mm，500mm×500mm的有孔或无孔板，厚度0.3 ～ 1.0mm	表面喷塑 冲孔内贴无纺布
明架天花板	各种图样的5600mm×600mm，300mm×300mm，500mm×500mm的有孔或无孔板，厚度0.3 ～ 1.0mm	

续表

品　种	规　格	产品说明
铝质扣板天花	6000mm，4000mm，3000mm，2000mm的平面有孔、无孔挂面板	表面喷塑
铝质长扣板天花	100mm×3000mm，200mm×3000mm，300mm×3000mm的平板、孔板、菱形花板	喷涂 烤漆 阳极化加工

4. 铝合金波纹板

铝合金波纹板是用机械压辊将板材轧成一定的波形后而形成的，其波形见图5-4。

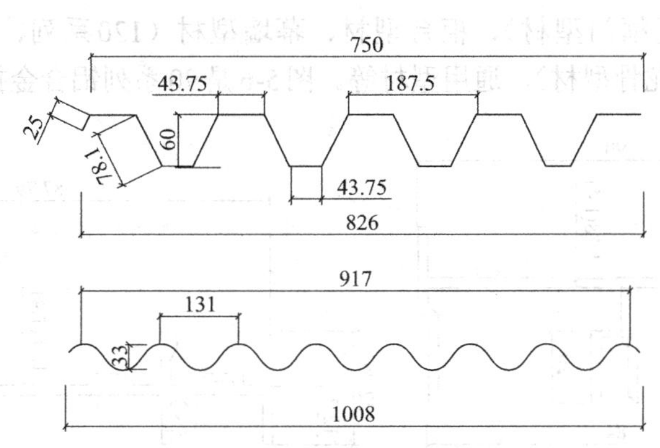

图5-4　铝合金波纹板的波形

铝合金波纹板自重轻，有银白色等多种颜色，既有一定的装饰效果，也有很强的反射阳光的能力。具有防火、防潮、耐腐蚀，耐久性好，可拆卸重复使用。波纹板适用于建筑物墙面和屋面的装饰。屋面装饰一般用强度高、耐腐蚀性好的防锈铝（LF_{21}）制成；墙面板材可以用防锈铝或纯铝制作。

5. 铝合金压型板

铝合金压型板重量轻，美观，耐腐蚀，耐久性好，易安装，施工简单，经表面处理可得到多种颜色，主要用于墙面和屋面。铝合金压型板部分版型的断面形状和尺寸见图5-5。

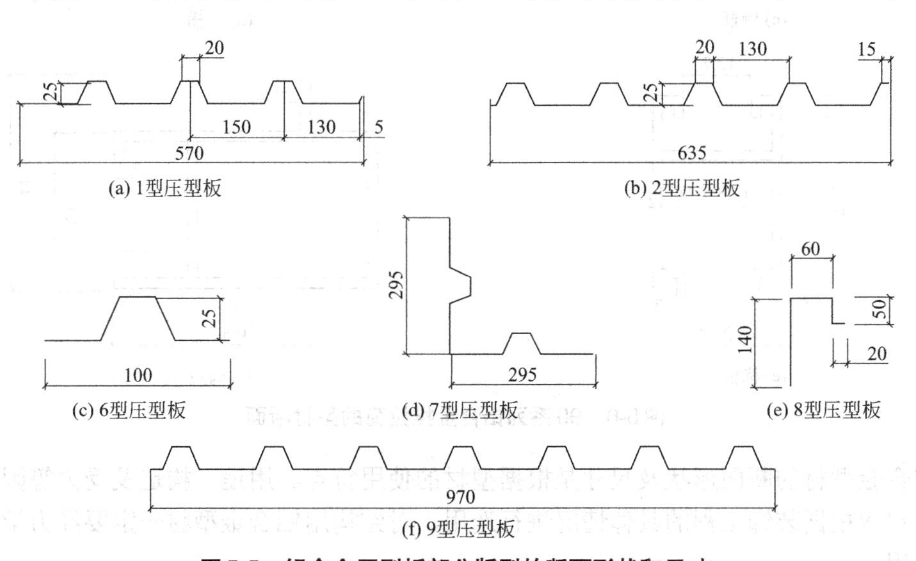

图5-5　铝合金压型板部分版型的断面形状和尺寸

三、铝合金型材

铝合金型材是将铝合金锭按需要长度锯成坯段，加热到400～450℃，送入专门的挤压机中，连续挤出型材。挤出的型材冷却到常温后，在液压牵引整形机上校直矫正，切去两端料头，在时效处理炉内进行人工时效处理，消除内应力，使内部组织趋于稳定，经检验合格后再进行表面氧化和着色处理，最后形成成品。

在装饰工程中常用的铝型材有窗用型材（46系列、50系列、65系列、70系列、90系列推拉窗型材；38系列、50系列平开窗型材；其他系列窗用型材）、门用型材（推拉门型材、地簧门型材、无框门型材）、柜台型材、幕墙型材（120系列、140系列、150系列、180系列隐框或明框龙骨型材）、通用型材等。图5-6是90系列铝合金推拉窗的型材断面。

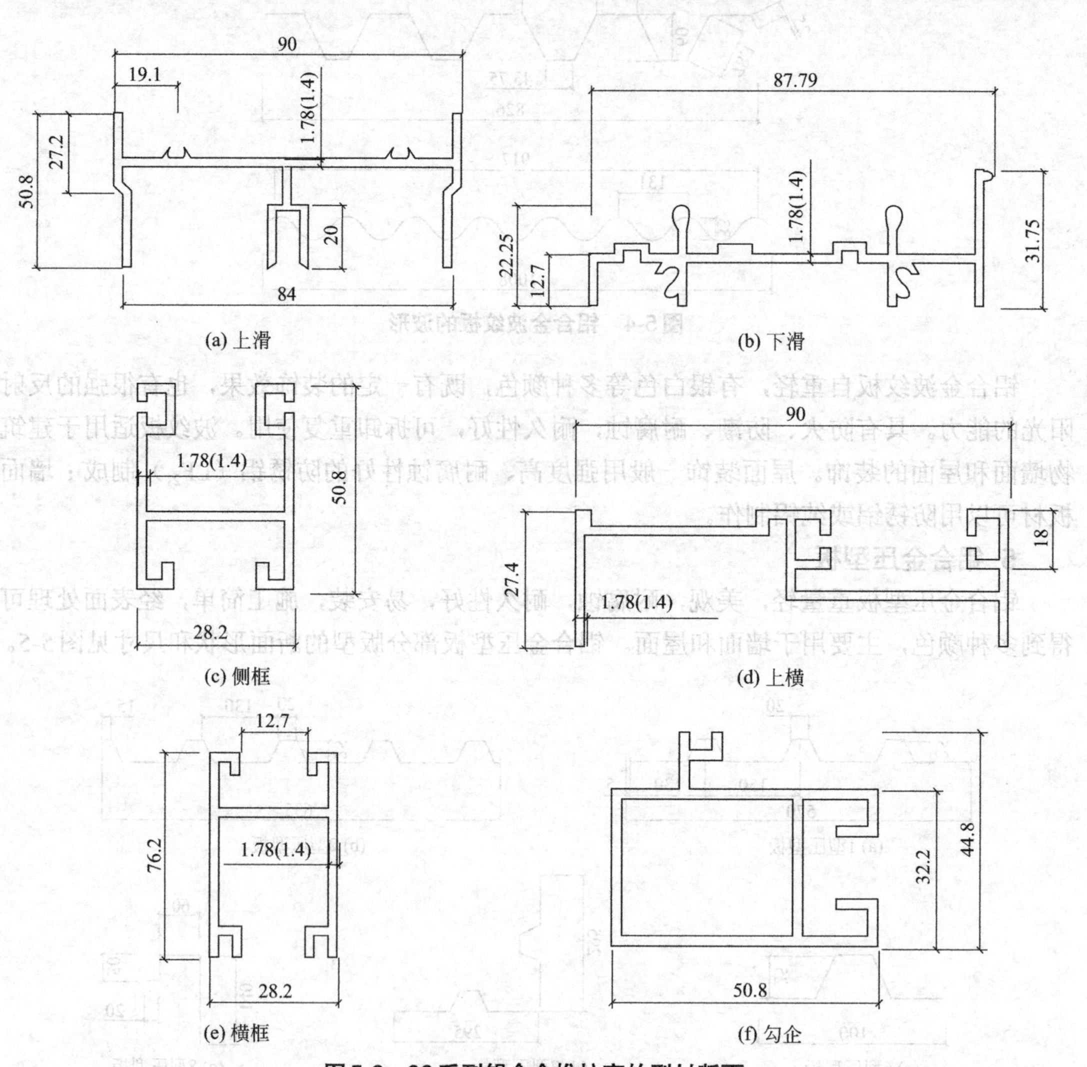

图5-6 90系列铝合金推拉窗的型材断面

铝合金型材的断面形状及尺寸是根据型材的使用特点、用途、构造及受力等因素决定的。用户应根据装饰工程的具体情况进行选用，对结构用铝合金型材一定要经力学计算后才能选用。

四、铝合金门窗

铝合金门窗是将表面处理过的铝合金型材，经下料、打孔、铣槽、攻丝、制作等加工工艺而制成门窗料构件，再用连接件、密封材料和开闭五金配件一起组合装配而成的。

铝合金门窗按其结构与开启方式分为推拉门窗、平开门窗、固定窗、悬挂窗、百叶窗等。其中以推拉门窗和平开门窗用得最多。推拉门窗及平开门窗按其门窗框的宽度分为46系列、50系列、65系列、70系列和90系列推拉窗；70系列、90系列推拉门；38系列、50系列平开窗；70系列、100系列平开门等。图5-7是90系列铝合金推拉窗的结构组成。

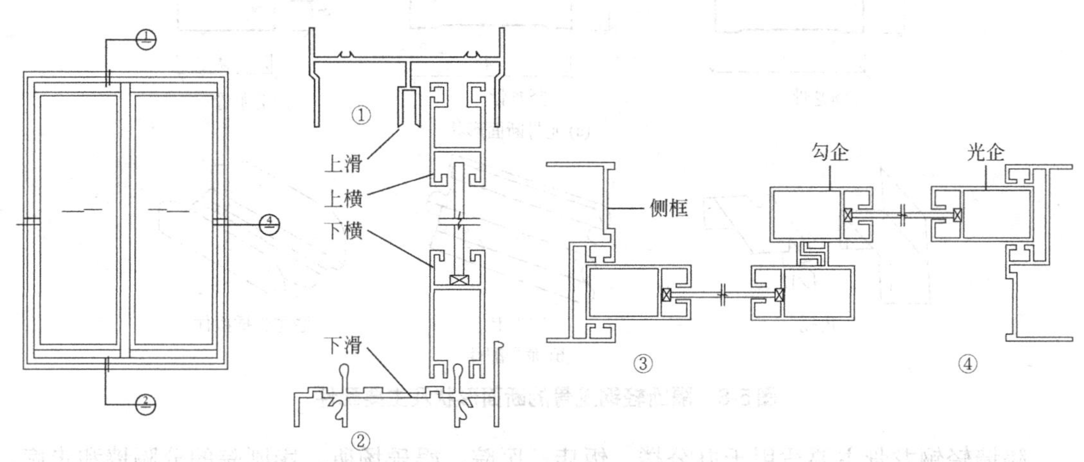

图5-7　90系列铝合金推拉窗的结构组成

铝合金门窗与普通门窗相比，具有重量轻、密闭性能好、色泽美观、装饰性好、耐腐蚀和加工方便等特点。

第四节 金属骨架材料

金属骨架材料只要是指轻钢龙骨和铝合金龙骨。根据其使用位置的不同门，轻钢龙骨分为隔墙轻钢龙骨和吊灯轻钢龙骨；铝合金龙骨分为铝合金隔墙龙骨和铝合金吊顶龙骨。

金属骨架材料具有自重轻、刚度大、防火性好、抗冲击性好、加工和安装方便等特点。

一、轻钢龙骨

轻钢龙骨石以镀锌钢带或薄钢板由特制轧机以多道工艺轧制而成。轻钢龙骨按材质分，有镀锌钢板龙骨和薄壁冷轧退火卷带龙骨；按龙骨断面分，有U形龙骨、C形龙骨、T形龙骨及L形龙骨，但大多做成U形龙骨和C形龙骨；按用途分，有隔墙轻钢龙骨（代号Q）和吊顶轻钢龙骨（代号D）。

1. 隔墙轻钢龙骨

隔墙轻钢龙骨按用途分为沿顶龙骨、沿地龙骨、竖向龙骨、加强龙骨、通贯横撑龙骨和配件。隔墙轻钢龙骨主要有Q50系列、Q75系列、Q100系列和Q150系列。Q50系列用于层高小于3.5m高的隔墙，Q75系列用于层高为3.5 ～ 6.0m高的隔墙，Q100以上系列用于层高在6.0m以上的隔墙及外墙。隔断轻钢龙骨的断面形状及主要配件如图5-8。

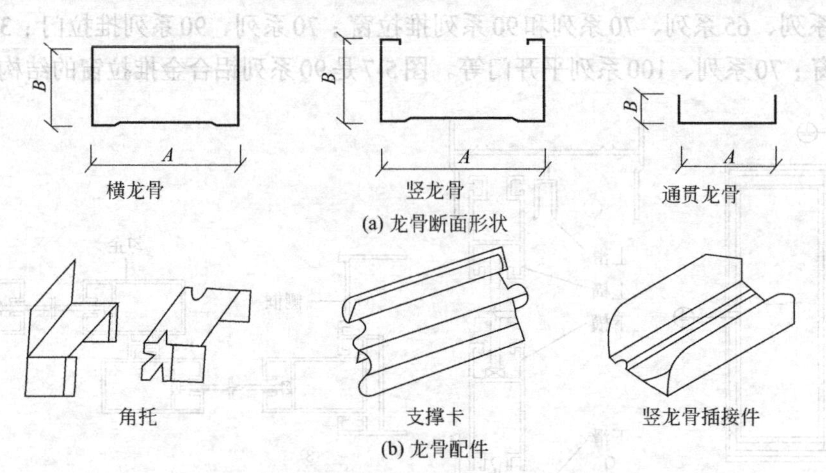

图5-8　隔断轻钢龙骨的断面形状及主要配件

隔墙轻钢龙骨主要适用于办公楼、饭店、医院、娱乐场所、影剧院的分隔墙和走廊，尤其适用于高层建筑、加层工程的分隔墙。

隔墙轻钢龙骨用配套连接件互相连接组成墙体骨架后，在骨架两侧覆以不同的饰面板（如石膏板、石棉水泥板及彩色压型钢板等）和饰面层（如贴塑料壁纸、做微薄木贴面板及涂刷油漆等），则可组成不同性质的隔断墙体。轻钢龙骨石膏板隔墙的构造见图5-9。

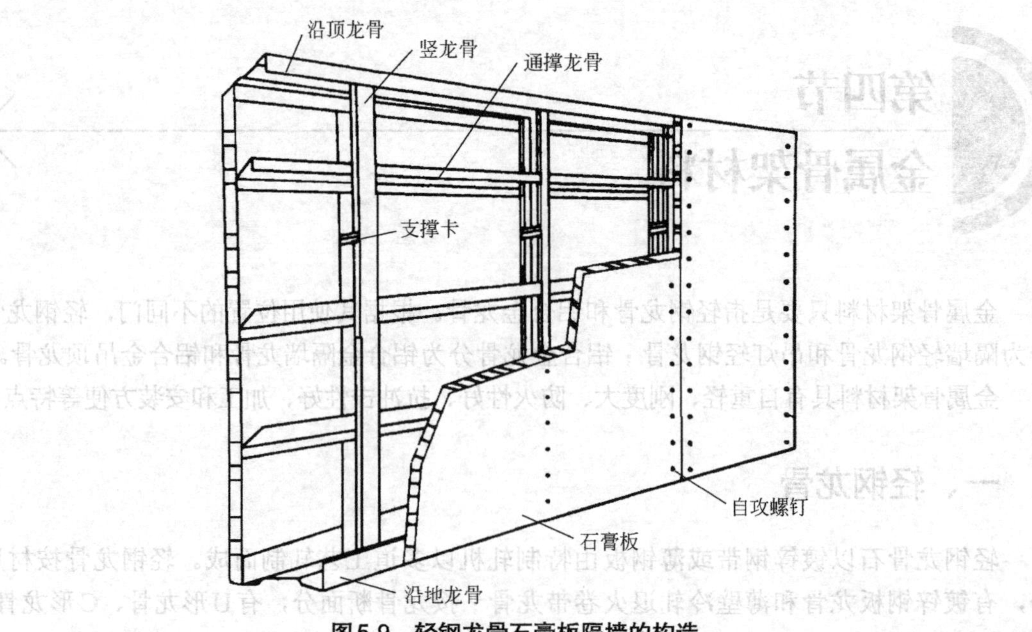

图5-9　轻钢龙骨石膏板隔墙的构造

2. 吊顶轻钢龙骨

吊顶轻钢龙骨按承载能力可分为上人龙骨和不上人龙骨；按用途分为主龙骨（又称承载龙骨）、次龙骨（中、小龙骨）（又称覆面龙骨）及连接件三部分，见图5-10。

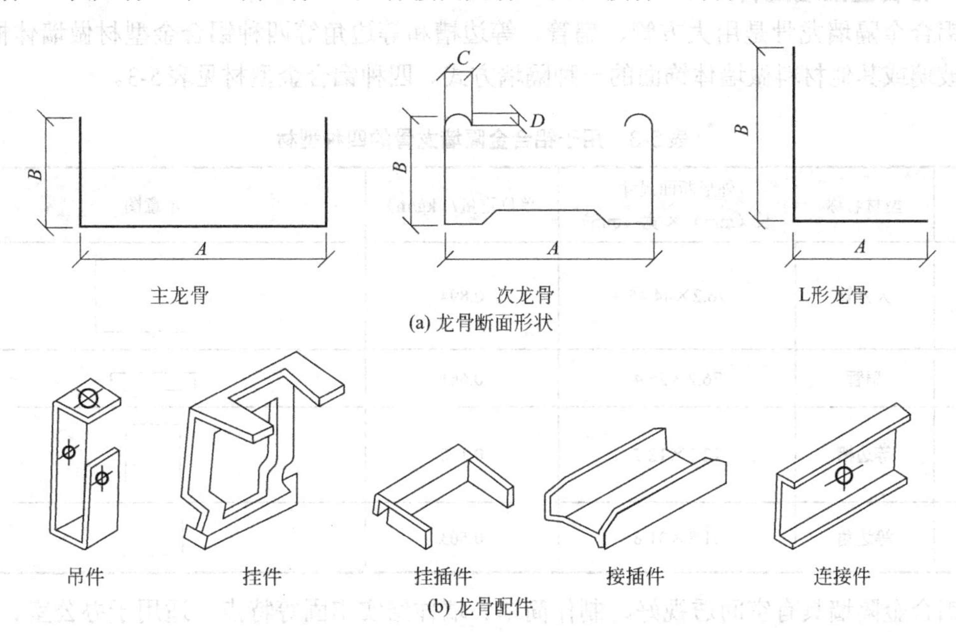

图5-10　吊顶轻钢龙骨的断面形状及主要配件

吊顶轻钢龙骨主要有D38、D45、D50和D60四种系列，主要用于饭店、办公楼、娱乐场所和医院等顶棚装饰工程中。不上人吊顶承受吊顶本身的重量，龙骨断面一般较小。上人吊顶不仅要承受自身的重量，还要承受人员走动的荷载，一般可以承受80～100kg/m²的集中荷载，常用于空间较大的影剧院、音乐厅、会议中心或有中央空调的顶棚工程。其中U形龙骨吊顶构造如图5-11所示。

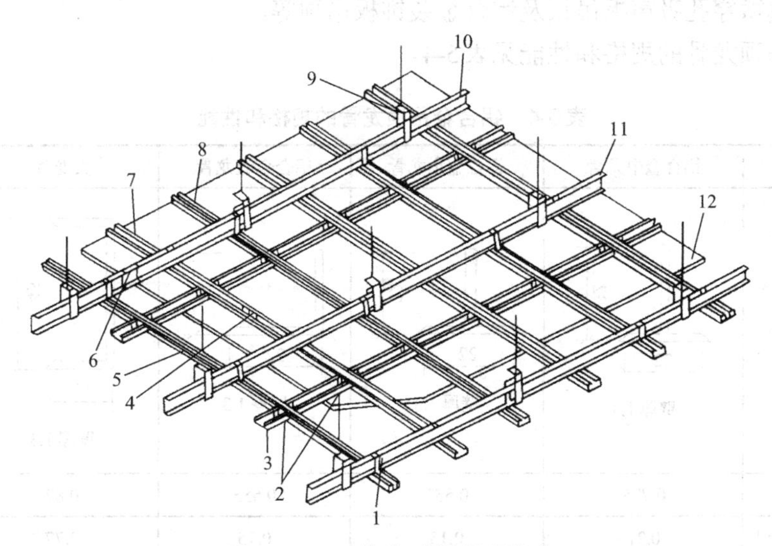

图5-11　U形轻钢龙骨吊顶构造

1, 10, 11—主龙骨；2—龙骨支托连接；3—横撑龙骨；4, 5—次龙骨连接件；6—主龙骨连接件；7, 8—次龙骨；9—主龙骨吊件；12—吊顶板材

二、铝合金龙骨

1. 铝合金隔墙龙骨

铝合金隔墙龙骨是用大方管、扁管、等边槽和等边角等四种铝合金型材做墙体框架，用厚玻璃或其他材料做墙体饰面的一种隔墙方式。四种铝合金型材见表5-3。

表5-3　用于铝合金隔墙龙骨的四种型材

序号	型材名称	外形断面尺寸 长（mm）×宽（mm）	单位重量/（kg/m）	示意图
1	大方管	76.2×44.45	0.894	
2	扁管	76.2×25.4	0.661	
3	等边槽	12.7×12.7	0.100	
4	等边角	31.8×31.8	0.503	

铝合金隔墙具有空间透视好、制作简单、墙体结实牢固等特点。适用于办公室、厂房和其他空间的分隔。

2. 铝合金吊顶龙骨

铝合金吊顶龙骨具有不锈、重量轻、美观、防火、抗震及安装方便等特点。适用于室内吊顶装饰。铝合金吊顶龙骨有主龙骨（大龙骨）、次龙骨、边龙骨及吊挂件。主、次龙骨与板材组成450mm×450mm、500mm×500mm和600mm×600mm的方格。铝合金龙骨通常外露，做成明龙骨吊顶，吊顶材料可选用小规格材料，如装饰石膏板吊顶、吸声石膏板吊顶、金属微穿孔吸声板吊顶及铝合金装饰板吊顶等。

铝合金吊顶龙骨的规格和性能见表5-4。

表5-4　铝合金吊顶龙骨的规格和性能

名　称	铝合金中龙骨	铝合金小龙骨	铝合金边龙骨	大龙骨	配件
断面及规格/mm	32 22 壁厚1.3	22 22 壁厚1.3	22 22 壁厚1.3	45 15 壁厚1.3	龙骨等的连接件
截面面积/cm^2	0.775	0.555	0.555	0.87	
单位质量/（kg/m）	0.21	0.15	0.15	0.77	
长度/m	3或0.6的倍数	0.596	3或0.6的倍数	2	
力学性能	抗拉强度210MPa，伸长率8%				

铝合金吊顶中，主龙骨间距无论上人或不上人都应小于1200mm，吊点为90～1200mm一个，中小龙骨中距小于600mm，中龙骨垂直固定于大龙骨下，小龙骨垂直搭在中龙骨翼缘上，吊杆分别采用Ø6、Ø8或Ø10钢筋，如图5-12所示。

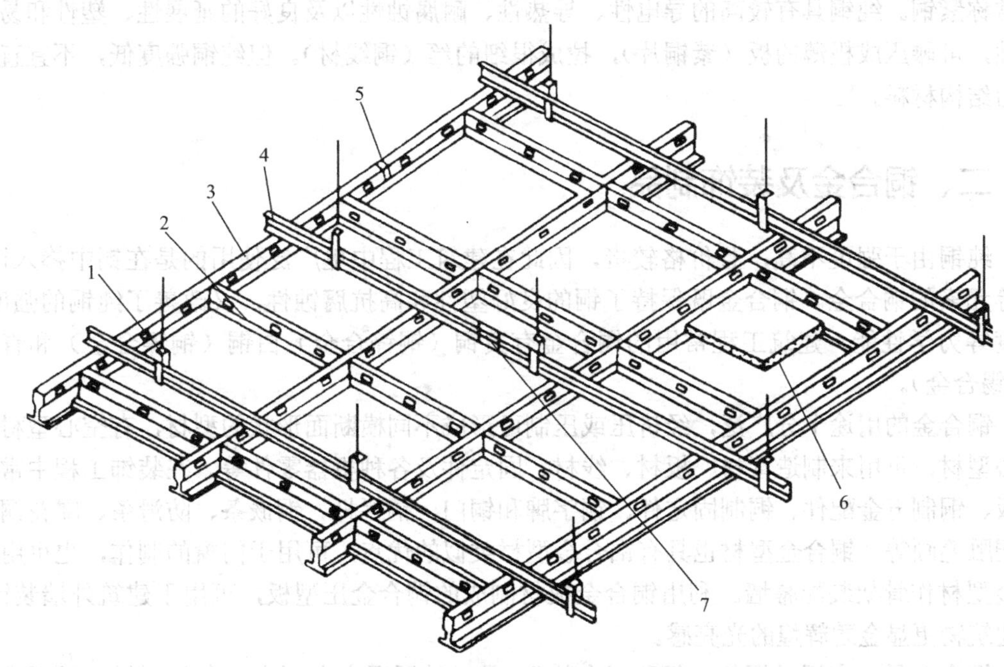

图5-12 T形铝合金龙骨吊顶构造示意

1—主龙骨吊件；2—横撑龙骨；3—次龙骨；4—主龙骨；5—次龙骨连接件；6—吊顶板材；7—主龙骨连接件

第五节 铜及铜合金制品

铜是人类最先冶炼出来的金属，也是我国历史上应用较早、用途较广的一种有色金属。早在商代，我国劳动人民就掌握了冶炼铜的技术，能够制造各种铜制器皿，如铜鼎、铜盘和铜饰构件等。

铜是继石材、木材和黏土等天然材料之后出现的古老的建筑材料，据说在古罗马时代，铜就曾被用作建筑材料，制成铜合金管道用于水道工程。铜材在现代建筑中，也被广泛应用于建筑装饰及各种零部件。在现代建筑装饰中，铜材是一种集古朴和华贵与一身的高级装饰材料，可用于高级宾馆、饭店、写字楼等建筑中的楼梯扶手、栏杆机防滑条。有的西方建筑用铜包柱，光彩照人、美观雅致、光亮持久，体现了华丽、高雅的氛围。除此之外，还可用于外墙板、执手、把手、门锁、纱窗。在卫生器具、五金配件方面，铜材也有着广泛的用途。

一、铜的特性与应用

铜属于有色重金属，密度为8.92g/cm^3。纯铜由于表面氧化生成氧化铜薄膜呈紫红色，故常称紫铜。纯铜具有较高的导电性、导热性、耐腐蚀性以及良好的延展性、塑性和易加工性，可碾压成极薄的板（紫铜片），拉成很细的丝（铜线材）。但纯铜强度低，不宜直接作为结构材料。

二、铜合金及装饰制品

纯铜由于强度不高，且价格较贵，因此在建筑工程中更广泛使用的是在铜中掺入锌、锡等元素的铜合金。铜合金既保持了铜的良好塑性和高抗腐蚀性，又改善了纯铜的强度、硬度等力学性能。建筑工程常用的铜合金有黄铜（铜锌合金）白铜（铜镍合金）和青铜（铜锡合金）。

铜合金的用途十分广泛，经挤压或压制可形成不同横断面形状的型材，有空心型材和实心型材，可用来制造管材、板材、线材、固定件及各种机器零件等。在装饰工程中常用铜板、铜制五金配件、铜制固定件、铜字牌和铜门、铜栏杆、铜嵌条、防滑条、雕花铜柱和铜雕笔画等。铜合金型材也具有铝合金型材类似的优点，可用于门窗的制作，也可用铜合金型材作骨架装配幕墙。利用铜合金板材制成的铜合金压型板，可用于建筑外墙装饰，使建筑物更显金碧辉煌的光亮感。

铜合金另一应用是铜粉，俗称"金粉"，是一种用铜合金制成的金色颜料，只要成分为铜及少量的锌、铝、锡等金属，常用于调制装饰涂料，代替"贴金"。

用铜合金制成的产品表面往往光亮如镜，气度非凡，有高雅华贵的感觉。在古代，人们认为以铜或金来装饰的建筑是高贵和权势的象征，我国盛唐时期的宫殿建筑多以金、铜来装饰。在现代建筑装饰中，铜制产品主要用于高档场所的装修。如显耀的厅门配以铜质的把手、门锁；浴缸龙头、沐浴器配件、灯具、家具采用制作精致、色泽光亮的铜合金等，无疑会增添华贵的环境氛围和空间艺术性。

由于铜制品的表面易受空气中的有害物质的腐蚀作用（SO_2），为提高其抗腐蚀能力和耐久性，可在铜制品的表面用镀钛合金等方法进行处理，从而能极大地提高其光泽度，增加铜制品的使用寿命。

第六节 装饰五金材料

随着建筑装饰材料和室内配套产品不断地提高和完善，装饰五金配件已进入一个既追求功能完善，又要考虑美观舒适的新阶段。装饰五金配件的种类较多，按其用途不用大致可分为门窗五金配件和固定用五金配件类等。

一、门窗五金配件

门窗五金件主要包括铰链（合页）、插销、拉手、窗钩、门碰及吸门器、闭门器、门锁等。门窗类五金件主要用于门窗在开启、关闭及锁定等正常使用过程中框与扇、扇与扇之间的连接与固定。

1. 铰链

铰链又称“合页”，主要装置与门窗及橱柜等家具上，一面固定在框上，另一面固定在门窗扇上，使门、窗、柜门等能够以铰链为轴自由启闭。传统的铰链多为铁制品，随着装饰材料的发展，又出现了以塑料、铜、不锈钢为材料的铰链，在功能及装饰效果上都是传统铰链无法比拟的。新型铰链通过在转轴处加装尼龙垫圈、轴承、油压装置等，可降低磨损并消除传统铰链转动时发出的噪声，故又称“无声合页”。合页的种类有普通型、轻型、T形、抽芯型、双袖性等。常用铰链见图5-13。

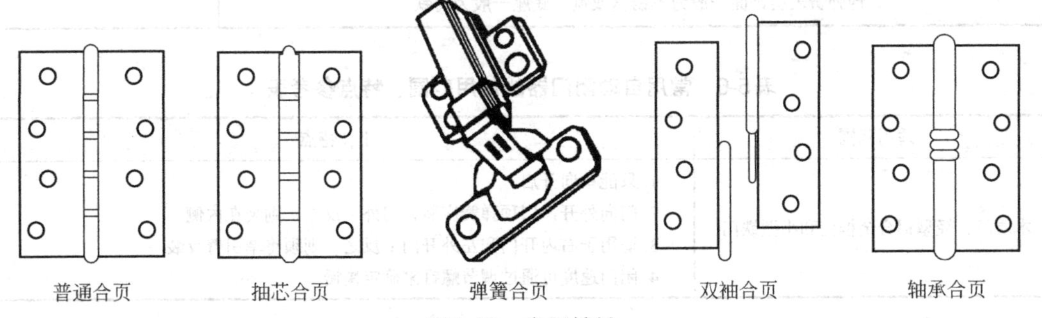

图5-13　常用铰链

2. 插销

插销主要用于门窗关闭后将门窗锁定之用。插销主要有普通插销、暗插销、翻窗插销和防爆插销等。传统插销多为铁制品，目前以铜、不锈钢等为材料的插销在室内装饰工程中较为普遍，造型也十分丰富。常用插销见图5-14。

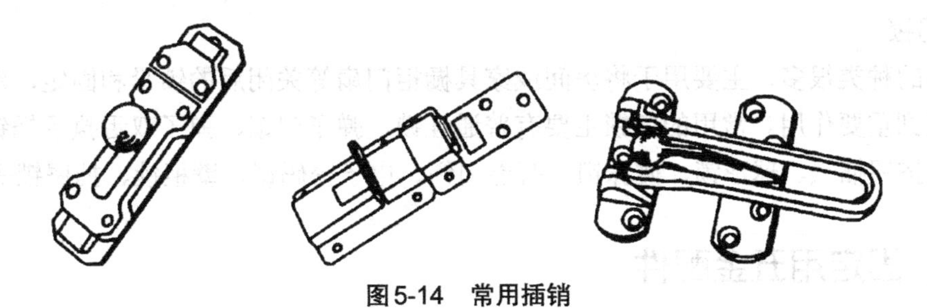

图5-14　常用插销

3. 拉手

拉手是用以关闭或开启门扇的一类五金配件。市场上有售的各种拉手花色繁多，同时款式也不断更新，常见的款式有普通式、封闭式、单头式、双头式、管式、条式、球式、几何形式以及仿古式、镂空式等多种。其质地有木质、塑料、有机玻璃、电镀、铜质、不锈钢和铝合金等。按照结构分为普通拉手、底板拉手等。按照安装方式可分为外露式和暗拉式拉手等。

4. 窗钩、门碰及吸门器

窗钩、门碰及吸门器主要用于门窗关闭或开启后将门窗扇固定之用。常用的门碰及吸门器有弹力和磁力两种，多为塑料或金属制品。

5. 闭门器

常用的闭门器有地弹簧、门顶弹簧、自动闭门器和弹簧铰链等。闭门器的主要作用是使门扇在开启后能自动关闭。常用闭门器的使用范围、特点详见表5-5～表5-7。

表5-5　常用地弹簧的使用范围、特点参考表

<table>
<tr><th>品种类别</th><th>门的适用规格/mm</th><th>门的种类</th><th>构造区别</th><th colspan="2">工作特点</th></tr>
<tr><td>轻型</td><td>700×2100～800×2100</td><td rowspan="3">铝合金门
全玻璃门</td><td>弹簧式</td><td>闭门迅速，无调速装置</td><td rowspan="4">当开启角度＜90°时，门能自动关闭，开启角度＝90°时，门扇停留在此开启位置</td></tr>
<tr><td>中型</td><td>800×2100～1000×2200</td><td rowspan="2">油压式</td><td rowspan="2">闭门速度较缓，可调速，有闭门缓冲作用</td></tr>
<tr><td>重型</td><td>1000×2200～1200×2300</td></tr>
<tr><td colspan="5">地弹簧表层饰面一般为不锈钢或铜，底座一般为铸铁</td></tr>
</table>

表5-6　常用自动闭门器的使用范围、特点参考表

适用范围	工作特点
木质门、轻型铝合金框门和小型铁门	1. 只能单向开启 2. 门向外开，门顶弹簧应装在门外；反之，则装在内侧 3. 适用于右内开门和左外开门；反之，则须将牵引臂反装 4. 闭门速度可通过调节螺钉来确定快慢

表5-7　常用弹簧铰链的使用范围、特点参考表

<table>
<tr><th>分　类</th><th>工作特征</th><th>规格/mm</th><th>适用范围</th></tr>
<tr><td>单管式</td><td>单向开启门扇</td><td rowspan="2">75～250</td><td rowspan="2">浴室门、卫生间门等</td></tr>
<tr><td>双管式</td><td>双向里外开启门扇</td></tr>
</table>

6. 门锁

门锁的种类很多，主要用于将房间或家具橱柜门扇等关闭后的锁紧和固定，对于门扇的防盗起到重要作用。常用的门锁主要有普通挂锁、弹子门锁、弹子双舌执手插锁、弹子单舌执手按钮插锁、球形锁、碰珠锁、智能门锁、电子密码锁、壁柜锁、抽屉锁等。

二、固定用五金配件

在装饰工程中常用的固定用五金件主要包括圆钉类、木螺钉、自攻螺钉、膨锚螺栓、抽芯铝铆钉及气钉等。

1. 圆钉类

常见圆钉类有圆钉、麻花钉和拼钉子。圆钉主要用于木质结构的连接，分有帽顶和无帽钉两种；麻花钉钉着力强于普通圆钉，用于抽屉、木质天花板吊杆及地板等承受力较大的部位；拼钉又称榄形钉、枣形钉，适用于木板拼合作销钉用。

2. 木螺钉

木螺钉按用途又有沉头木螺钉、半沉头木螺钉和半圆头木螺钉之分，用于将各种材质固定在木质品上。

3. 自攻螺钉

自攻螺钉螺牙齿深，螺距宽，硬度高，施工中对于铝合金、铜、塑料等材料可以减免一道攻丝工序，提高工效。按用途可分为圆头自攻螺钉、沉头自攻螺钉两种。

4. 抽芯铝铆钉

抽芯铝铆钉又称抽芯钉、拉钉。它的装配强度、紧固速度远胜于自攻螺钉。适用于大批量紧固作业，施工需使用专用的拉钉枪。

5. 水泥（钢）钉

水泥钉又称钢钉，坚硬、抗弯，可直接钉入低标号的混凝土和砖墙上。随着装修工具的发展，又出现了可以利用气动枪将钢钉射入基材的气钢钉（钢钉排列成排）。

6. 螺栓

装饰工程中使用的螺栓分为塑料胀锚螺栓和金属胀锚螺栓两种，可代替预埋螺栓使用。塑料胀锚螺栓可用木螺钉旋入已被打入锚固基材的塑料螺栓内，其膨胀压紧基材孔壁而连接锚固定物体，适用各种受拉力不大的锚固定位置；金属胀锚螺栓由膨胀套管、平垫圈、弹簧垫圈及螺母组成，锚固力强，常用于各种受力构件的安装。

7. 气钉

采用电动或气动打钉枪将U形或直形气钉（气钉如订书针一样排列成排）打射入木构件、木质或石膏板材及线材中，以取代锤击敲钉。优点是施工速度快，效率高，饰面无钉帽外露。

复习思考题

1. 金属材料的主要性能有哪些?
2. 装饰工程中的钢材制品有哪些？其特性及用途有哪些?
3. 铝合金有什么特性，装饰工程中铝合金有哪些品类并说明其用途。
4. 轻钢龙骨的特点及用途是什么?
5. 铜合金及装饰制品的特性及用途有哪些?
6. 装饰五金材料有哪些品类?

实训练习

1. 材料应用认识分析

对当地商场、酒店、车站等公共建筑装饰中的出现的金属材料进行识别分析其材质属性及特点，了解其用途。

2. 市场调查

对当地建材市场中的金属材料进行调查，了解市场主流金属材料的品类其规格、品牌及市场价格。

本章推荐阅读书目

1. 张书梅主编. 建筑装饰材料. 北京：机械工业出版社，2007.

2. 李栋主编. 室内装饰材料与应用. 南京：东南大学出版社，2005.

3. 刘峰主编. 室内装饰材料. 上海：上海科学出版社，2003.

4. 李永盛主编. 建筑装饰工程材料. 上海：同济大学出版社，2000.

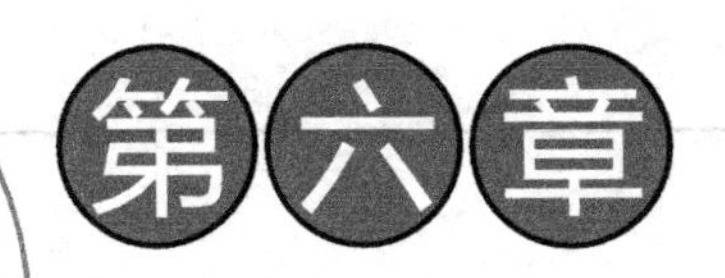

玻璃材料

知识目标

1. 了解玻璃材料的概念、组成及其基本性质。
2. 了解玻璃的种类及特点。
3. 了解平板玻璃的生产工艺。
4. 了解安全玻璃的种类、规格及应用。
5. 了解节能玻璃的种类、规格及应用。
6. 熟悉装饰玻璃的种类及应用。

技能目标

1. 能够掌握玻璃的组成、性质和特点，明确不同种类玻璃的生产工艺。
2. 能够根据装饰要求或实际情况合理选择不同种类的玻璃。
3. 能够鉴定玻璃的品质。
4. 能够对不同种类的玻璃进行应用。

本章重点

掌握玻璃材料的特性、生产工艺，掌握不同种类玻璃的加工方法及特点，能够根据装饰要求或 实际情况合理进行选择和应用。

第一节 玻璃的组成及性质

随着现代科技的发展和人民生活水准的提高，玻璃作为一种重要的装饰材料，也在不断地发展，从过去单纯的采光功能，逐渐发展为具有功能性、装饰性的室内外装饰材料。

玻璃是以石英砂（SiO_2）、纯碱（Na_2CO_3）、石灰石（$CaCO_3$）、长石等为主要原料，经熔融、成型、退火而制成的非结晶无机材料。它具有一般材料难于具备的透明性，具有优良的物理性能和化学性能。

一、玻璃的性质

1. 物理性质

玻璃内几乎无孔隙，属于致密材料。玻璃的密度与其化学组成关系密切，此外还与温度有一定的关系。在各种实用玻璃中，密度的差别是很大的，例如石英玻璃的密度最小，仅为2.2g/cm^3，而含大量氧化铅的重火石玻璃可达6.5g/cm^3，普通玻璃的密度为2.5～2.6g/cm^3。

2. 光学性质

当光线入射玻璃时可发生透射、吸收和反射三种现象，其能力大小分别用透射比、反射比、吸收比表示。

3. 热工性质

（1）导热性　玻璃的导热性较差，常温时与陶瓷制品相当，远低于各种金属材料。但随着温度的升高导热性会有所提高。另外，导热性还受玻璃的颜色和化学成分的影响。

（2）热膨胀性　玻璃的热膨胀性能比较明显。热膨胀系数的大小取决于组成玻璃的化学成分及其纯度，玻璃的纯度越高热膨胀系数越小，不同成分的玻璃热膨胀性差别很大。

（3）热稳定性　玻璃的热稳定性是指抵抗温度变化而不破坏的能力。玻璃抗急热的破坏能力比抗急冷破坏的能力强。玻璃的热稳定性主要受热膨胀系数影响。玻璃热膨胀系数越小，热稳定性越高。玻璃越厚、体积越大，热稳定性越差；带有缺陷的玻璃，特别是带结石、条纹的玻璃，热稳定性也差。

4. 玻璃的力学性质

（1）抗压强度　玻璃的抗压强度较高，超过一般的金属和天然石材，一般为600～1200MPa。其抗压强度值会随着化学组成的不同而变化。

（2）抗拉、抗弯强度　玻璃的抗拉强度很小，一般为40～80MPa，因此，玻璃在冲击力的作用下极易破碎。抗弯强度也取决于抗拉强度，通常为40～80MPa。

（3）其他力学性质　常温下玻璃具有很好的弹性。常温下普通玻璃的弹性模量为60000～75000MPa，约为钢材的1/3，与铝相近。玻璃具有较高的硬度，莫氏硬度一般在4～7之间，接近长石的硬度。玻璃的硬度也因其工艺、结构不同而不同。

5. 玻璃的化学性质

一般的建筑玻璃具有较高的化学稳定性，在通常情况下，对酸、碱、盐以及化学试剂或气体等具有较强的抵抗能力，能抵抗氢氟酸以外的各种酸类的侵蚀。但是长期遭受侵蚀性介质的腐蚀，也能导致变质和破坏，如玻璃的风化、发霉都会导致玻璃外观的破坏和透光能力的降低。在形成的过程中，加入某些辅助原料，如助熔剂、着色剂等可以改善玻璃的某些性能，见表6-1。

表6-1　玻璃中主要氧化物的作用

氧化物名称	所起作用	
	增　加	降　低
二氧化硅（SiO_2）	熔融温度、化学稳定性、热稳定性、机械强度	密度、热膨胀系数
氧化钠（Na_2O）	热膨胀系数	化学稳定性、耐热性、熔融温度、析晶倾向、退火温度、韧性
氧化钙（CaO）	硬度、机械强度、化稳定性、析晶倾向、退火温度	耐热性
三氧化二铝（Al_2O_3）	熔融温度、机械强度、化学稳定性	析晶倾向
氧化镁（MgO）	耐热性、化学稳定性、机械强度、退火温度	析晶倾向、韧性

二、玻璃的加工方式

玻璃的生产工艺包括配料、熔制、成型、退火等工序。有些装饰玻璃、安全玻璃、玻璃构件的还需要深加工或铸造等加工方式，这里主要介绍普通平板玻璃的加工方式，如图6-1。

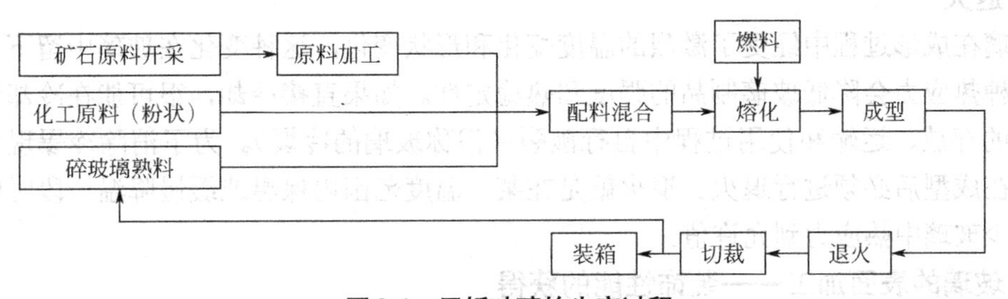

图6-1　平板玻璃的生产过程

1. 配料

按照设计好的料方单，将各种原料称量后在一混料机内混合均匀。玻璃的主要原料有石英砂、石灰石、长石、纯碱、硼酸等。

2. 熔制

将配好的原料经过高温加热，形成均匀的无气泡的玻璃液。这是一个很复杂的物理、化学反应过程。玻璃的熔制在熔窑内进行。熔窑主要有两种类型：一种是坩埚窑，玻璃料盛在坩埚内，在坩埚外面加热。小的坩埚窑只放一个坩埚，大的可多到20个坩埚。坩埚窑是间隙式生产的，现在仅有光学玻璃和颜色玻璃采用坩埚窑生产。另一种是池窑，玻璃料在窑池内熔制，明火在玻璃液面上部加热。玻璃的熔制温度大多为1300～1600℃。大多数用火焰加热，也有少量用电流加热的，称为电熔窑。现在，池窑都是连续生产的，小的池窑可以是几平方米，大的可以大到400多平方米。

3. 成型

成型是将熔制好的玻璃液转变成具有固定形状的固体制品。成型必须在一定温度范围内才能进行，这是一个冷却过程，玻璃首先由黏性液态转变为可塑态，再转变成脆性固态。成型方法可分为人工成型和机械成型两大类。

（1）人工成型

① 吹制，用一根镍铬合金吹管，挑一团玻璃在模具中边转边吹。主要用来成形玻璃泡、瓶、球（划眼镜片用）等。

② 拉制，在吹成小泡后，另一工人用顶盘粘住，二人边吹边拉主要用来制造玻璃管或棒。

③ 压制，挑一团玻璃，用剪刀剪下使它掉入凹模中，再用凸模一压。主要用来成型杯、盘等。

④ 自由成型，挑料后用钳子、剪刀、镊子等工具直接制成工艺品。

（2）机械成型　因为人工成形劳动强度大，温度高，条件差，所以，除自由成型外，大部分已被机械成型所取代。机械成型除了压制、吹制、拉制外，还有以下几种。

① 浇铸法，生产光学玻璃。

② 离心浇铸法，用于制造大直径的玻璃管、器皿和大容量的反应锅。这是将玻璃熔体注入高速旋转的模子中，由于离心力使玻璃紧贴到模子壁上，旋转继续进行直到玻璃硬化为止。

③ 烧结法，用于生产泡沫玻璃。它是在玻璃粉末中加入发泡剂，在有盖的金属模具中加热，玻璃在加热过程中形成很多闭口气泡这是一种很好的绝热、隔声材料。

4. 退火

玻璃在成形过程中经受了激烈的温度变化和形状变化，这种变化在玻璃中留下了热应力。这种热应力会降低玻璃制品的强度和热稳定性。如果直接冷却，很可能在冷却过程中或以后的存放、运输和使用过程中自行破裂（俗称玻璃的冷爆）。为了消除冷爆现象，玻璃制品在成型后必须进行退火。退火就是在某一温度范围内保温或缓慢降温一段时间以消除或减少玻璃中热应力到允许值。

5. 玻璃的表面加工——装饰性能的获得

（1）冷加工　研磨抛光，喷砂，切割，钻孔。

（2）热加工　烧口，火焰切割，火抛光。

（3）表面处理　化学刻蚀，表面着色，表面镀膜。

此外，某些玻璃制品为了增加其强度，可进行钢化处理。包括：物理钢化（淬火），用于较厚的玻璃杯、桌面玻璃、汽车挡风玻璃等；和化学钢化（离子交换），用于手表表蒙玻璃、航空玻璃等。刚化的原理是在玻璃表面层产生压应力，以增加其强度。

三、玻璃的分类

随着现代建筑发展的需要，玻璃不断向多功能、多装饰效果方向发展。玻璃的深加工制品能具有控制光线、调节温度、防止噪声和提高建筑艺术装饰等功能。玻璃已不再只是采光材料，而且是现代建筑的一种结构材料和装饰材料。根据情况，可对玻璃进行如下分类。

1. 按玻璃材料的化学成分分类

（1）钠玻璃　建筑窗用玻璃、器皿。

（2）钾玻璃　硬玻璃。高级玻璃制品、化学仪器。

（3）铝镁玻璃　高级建筑玻璃。

（4）铅玻璃　重玻璃。光学仪器、高级器皿、装饰品。

（5）硼硅玻璃　耐热玻璃。光学仪器、绝缘材料。

（6）石英玻璃　耐高温仪器、特种仪器和设备，能透紫外线。

2. 按玻璃材料的用途分类

建筑玻璃、化学玻璃、光学玻璃、电子玻璃、工艺玻璃、玻璃纤维和泡沫玻璃。

3. 按玻璃的功能分类

（1）普通平板玻璃　建筑装饰工程中应用量比较大的建筑材料之一，主要包括透明窗玻璃、不透明玻璃、镜面玻璃等。

（2）安全玻璃　指经过钢化或在玻璃中夹金属丝、网而成的玻璃，主要包括钢化玻璃、夹丝玻璃和夹层玻璃。

（3）节能玻璃　能起到保温、隔热作用，帮助节约能源的玻璃称为节能玻璃。常见的节能玻璃包括吸热玻璃、热反射玻璃、低辐射膜玻璃、中空玻璃。

（4）装饰玻璃　采用磨、喷、蚀花、压花、着色等方法制成的具有较强装饰性的玻璃。如磨砂玻璃、喷砂玻璃、钛化玻璃、变色玻璃、压花玻璃、热熔玻璃、微晶玻璃、镭射玻璃等。

（5）其他功能玻璃　砌筑用玻璃砖、屏蔽玻璃、电加热玻璃、液晶玻璃、泡沫玻璃等。

第二节 普通平板玻璃

普通平板玻璃是建筑玻璃中生产量最大、使用最多的一种，也是指未经加工的平板玻璃制品，也称单片玻璃或净片玻璃，简称玻璃。主要用于一般的建筑门窗，起透光、遮挡风雨、保温、隔声等作用，同时也是深加工为特殊功能玻璃的基础材料。

一、平板玻璃的生产工艺

普通平板玻璃的成型均用机械拉制，通常采用垂直引上法（图6-2、图6-3）和浮法。垂直引上法是我国生产玻璃的传统工艺做法，将红热的玻璃液通过槽砖向上拉制成玻璃板带，再经急速降温而成。主要缺点就是产品易产生波纹和波筋。

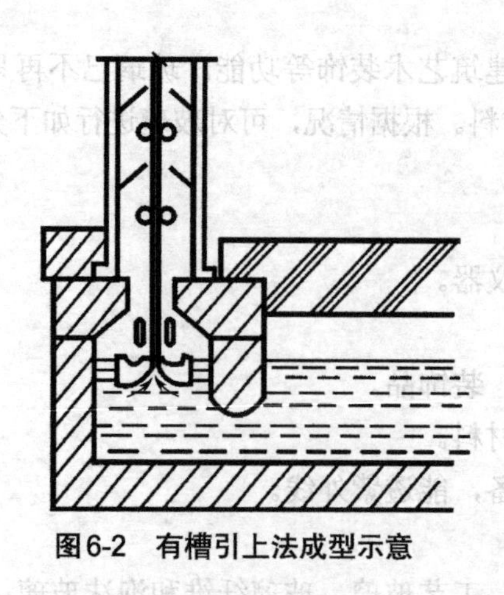

图6-2　有槽引上法成型示意

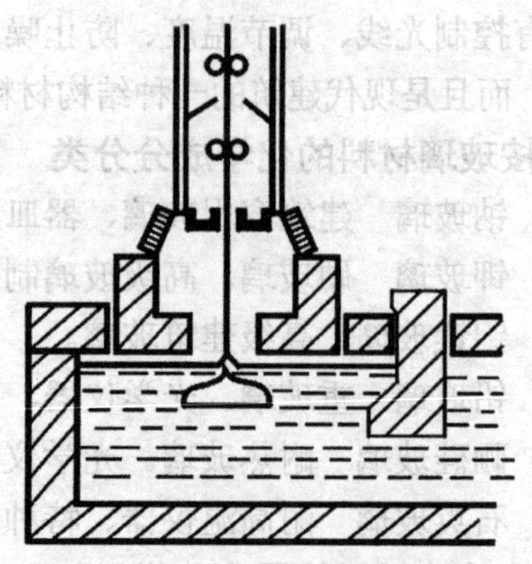

图6-3　无槽引上法成型示意

浮法玻璃是平板玻璃的主要品种，产量占平板玻璃总产量的70%以上，其优点是产品质量好、产量高、品种多、规格大、生产效率高而且表面平整（图6-4）。

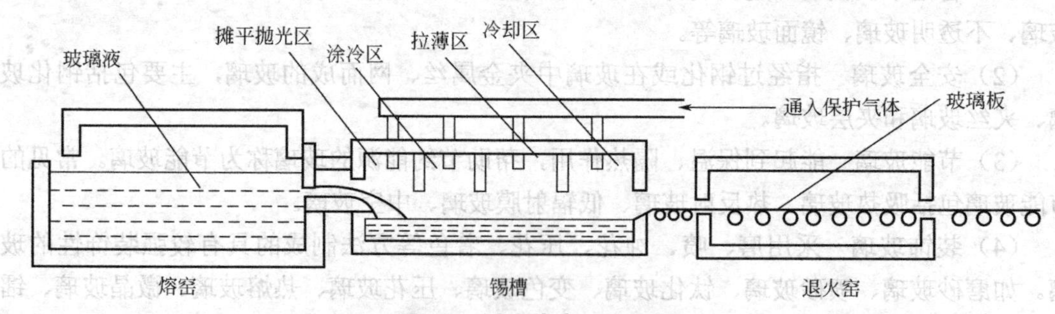

图6-4　浮法玻璃工艺示意

二、平板玻璃的分类及其规格

按照国家标准《普通平板玻璃》（GB 11614—2009）规定，对平板玻璃分类如下。

① 按色彩属性分为无色透明平板玻璃和本体着色平板玻璃。

② 按外观质量分为合格品、一等品和优等品。

③ 按公称厚度分为2mm、3mm、4mm、5mm、6mm、8mm、10mm、12mm、15mm、19mm、22mm、25mm。

三、平板玻璃的性能要求

平板玻璃主要用于建筑物采光同时可起到一定的装饰作用，其最重要的技术衡量标准是透射比和外观质量。

1. 透射比

光在透过平板玻璃时，一部分被玻璃表面反射，一部分被玻璃吸收，从而使透过光线的强度降低。普通平板玻璃的可见透射比见表6-2；浮法玻璃的可见透射比见表6-3。

影响平板玻璃透射比的主要因素为原料成分及熔制工艺。其中原料中的氧化铁的含量对平板玻璃的影响最大，它可使玻璃呈黄绿色。

表6-2 普通平板玻璃的可见光透射比

玻璃厚度/mm	2	3	4	5
可见透射比/%	88	87	86	84

表6-3 浮法玻璃的可见光透射比

玻璃厚度/mm	3	4	5	6	8	10	12
可见透射比/%	87	86	84	83	80	78	75

2. 外观质量

平板玻璃在生产过程中，由于受到各种因素影响，可能产生各种不同的外观缺陷，直接影响产品的质量和使用效果。影响平板玻璃外观质量的缺陷有以下几种。

（1）波筋　波筋是平板玻璃在生产过程中，由于受到各种因素的影响，可能产生的外观缺陷，其对使用的影响是产生光学畸变现象，当光线穿过玻璃板时，会产生不同的折射。人用肉眼与玻璃呈一定角度观察时会看到玻璃板面上有一条条波浪似的条纹，通过这种玻璃看到的物象会发生扭曲、变形。

（2）气泡　生产玻璃的原料（如纯碱、石灰石等）在高温时分解出的气体，如不能很好地从熔融的玻璃液体中排出，就会在玻璃成型时形成气泡。气泡过多会影响玻璃的透光度，大的气泡还会降低玻璃的机械强度，影响视觉效果，产生物像变形。

（3）线道　线道是玻璃原片上出现的很细很亮的连续不断的条纹，像线一样，可降低玻璃的外观质量。

（4）疙瘩与砂粒　指平板玻璃表面上异状的突出点，不但影响玻璃的光学性能、不易裁切，还会因玻璃表面欠光滑而影响使用或破坏装饰效果。

3. 平板玻璃的等级

按照国家标准《普通平板玻璃》（GB 11614—2009）规定，平板玻璃根据其外观质量进行等级划分，分别为合格品、一等品和优等品三个等级，见表6-4～表6-6。

表6-4 平板玻璃合格品外观质量

缺陷种类	质量要求	
点状缺陷	尺寸（L）/mm	允许个数限度
	$0.5 \leqslant L \leqslant 1.0$	$2 \times S$
	$1.0 < L \leqslant 2.0$	$1 \times S$
	$2.0 < L \leqslant 3.0$	$0.5 \times S$
	$L > 3.0$	0
点状缺陷密集度	尺寸≥0.5mm的点状缺陷最小间距不小于300mm；直径100mm圆内尺寸≥0.3mm的点状缺陷不超过3个	
线道	不允许	
裂纹	不允许	
划伤	允许范围	允许条数限度
	宽≤0.5mm，长≤60mm	$3 \times S$

续表

缺陷种类	质量要求		
光学变形	公称厚度	无色透明平板玻璃	本体着色平板玻璃
	2mm	≥40°	≥40°
	3mm	≥45°	≥40°
	≥4mm	≥50°	≥45°
断面缺陷	公称厚度不超过8mm时，不超过玻璃板的厚度；8mm以上时，不超过8mm		

注：1. S是以平方米为单位的玻璃板面积数值，按GB/T 8170修约，保留小数点后两位。点状缺陷的允许个数限度及划伤的允许条数限度为各系数与S相乘所得的数值，按GB/T 8170修约至整数。

2. 光畸变点视为0.5～1.0mm的点状缺陷。

表6-5　平板玻璃一等品外观质量

缺陷种类	质量要求		
点状缺陷	尺寸（L）/mm		允许个数限度
	$0.3 \leq L \leq 0.5$		$2 \times S$
	$0.5 < L \leq 1.0$		$0.5 \times S$
	$1.0 < L \leq 1.5$		$0.2 \times S$
	$L > 1.5$		0
点状缺陷密集度	尺寸≥0.3mm的点状缺陷最小间距不小于300mm；直径100mm圆内尺寸≥0.2mm的点状缺陷不超过3个		
线道	不允许		
裂纹	不允许		
划伤	允许范围		允许条数限度
	宽≤0.2mm，长≤40mm		$2 \times S$
光学变形	公称厚度	无色透明平板玻璃	本体着色平板玻璃
	2mm	≥50°	≥45°
	3mm	≥55°	≥50°
	4～12mm	≥60°	≥55°
	≥15mm	≥55°	≥50°
断面缺陷	公称厚度不超过8mm时，不超过玻璃板的厚度；8mm以上时，不超过8mm		

注：1. S是以平方米为单位的玻璃板面积数值，按GB/T 8170修约，保留小数点后两位。点状缺陷的允许个数限度及划伤的允许条数限度为各系数与S相乘所得的数值，按GB/T 8170修约至整数。

2. 点状缺陷中不允许有光畸变点。

表6-6　平板玻璃优等品外观质量

缺陷种类	质量要求	
点状缺陷	尺寸（L）/mm	允许个数限度
	$0.3 \leq L \leq 0.5$	$1 \times S$
	$0.5 < L \leq 1.0$	$0.2 \times S$
	$L > 1.0$	0

续表

缺陷种类	质量要求		
点状缺陷密集度	尺寸≥0.3mm的点状缺陷最小间距不小于300mm；直径100mm圆内尺寸≥0.1mm的点状缺陷不超过3个		
线道	不允许		
裂纹	不允许		
划伤	允许范围	允许条数限度	
	宽≤0.1mm，长≤30mm	2×*S*	
光学变形	公称厚度	无色透明平板玻璃	本体着色平板玻璃
	2mm	≥50°	≥50°
	3mm	≥55°	≥50°
	4～12mm	≥60°	≥55°
	≥15mm	≥55°	≥50°
断面缺陷	公称厚度不超过8mm时，不超过玻璃板的厚度；8mm以上时，不超过8mm		

注：1. *S*是以平方米为单位的玻璃板面积数值，按GB/T 8170修约，保留小数点后两位。点状缺陷的允许个数限度及划伤的允许条数限度为各系数与*S*相乘所得的数值，按GB/T 8170修约至整数。

2. 点状缺陷中不允许有光畸变点。

四、平板玻璃的标志、包装、运输和贮存

1. 标志

玻璃包装上应有标志或标签，标明产品名称、生产厂、注册商标、厂址、质量等级、颜色、尺寸、厚度、数量、生产日期、拉引方向和本标准号，并印有“轻搬轻放、易碎品、防水防湿”字样或标志。

2. 包装

玻璃包装应便于装卸运输，应采取防护和防霉措施，包装数量应与包装方式相适应。

3. 运输

运输时应防止包装剧烈晃动、碰撞、滑动和倾倒。在运输和装卸过程中应有防雨措施。

4. 贮存

玻璃应贮存在通风、防潮、有防雨设施的地方，以免玻璃发霉。

五、平板玻璃的应用

平板玻璃的用途有以下几个方面：3mm的玻璃主要用于画框裱面；5～6mm玻璃主要用于外墙窗户、门扇等小面积透光造型等；7～9mm玻璃，主要用于室内屏风等较大面积但又有框架保护的造型之中；9～10mm玻璃可用于室内大面积隔断、栏杆等装修项目；12mm玻璃可用于地面弹簧玻璃门和一些活动人流较大的隔断之中；15mm以上玻璃，一般市面上销售较少，往往需要订货，主要用于较大面积的地面弹簧玻璃门外墙整块玻璃墙面。另外的一个重要用途是作为钢化、夹层、镀膜、中空等玻璃的原片。

第三节 安全玻璃

随着高层建筑越来越多，玻璃的脆性及玻璃碎片的尖锐棱角越来越威胁着人类的生命财产安全，安全玻璃由此应运而生。为减小玻璃的脆性、提高使用强度，通常可采用的方法有以下几种。

① 用退火法消除玻璃的内应力；

② 消除平板玻璃的表面缺陷；

③ 通过物理钢化（淬火）和化学钢化而在玻璃中形成可缓解外力作用的均匀预应力；

④ 采用夹丝或夹层处理。采用上述方法改性后的玻璃统称为“安全玻璃”。

安全玻璃力学强度高、抗冲击性能好，即使被击碎也不会脱落，或者碎片不会出现尖锐的棱角。同时，安全玻璃还具有防盗、防火等性能。

安全玻璃主要包括钢化玻璃、夹层玻璃、夹丝玻璃。

一、钢化玻璃

钢化玻璃又称强化玻璃。它是采用物理或化学的方法，在普通平板玻璃的表面上形成一个压应力层，提高玻璃的抗压强度，在受到外力作用时，这个压应力层将部分拉应力抵消，避免玻璃的破裂，从而达到了提供玻璃强度的目的。

1. 钢化玻璃的工艺及原理

钢化玻璃是普通平板玻璃的二次加工产品，钢化玻璃的加工可分为物理钢化法和化学钢化法。

（1）物理钢化玻璃　物理钢化又称淬火钢化，是将普通平板玻璃在加热炉中加热到接近软化点温度（650℃左右），使之通过本身的形变来消除内部应力，然后移出加热炉，立即用多头喷嘴向玻璃两面喷吹冷空气，使之迅速且均匀地冷却。由于在冷却过程中玻璃的两个表面首先冷却硬化，带内部逐渐冷却并伴随着体积收缩时，外部的硬化层势必会阻止内部的收缩，使玻璃内部受拉，外部受压的应力状态，即玻璃已被钢化。

（2）化学钢化玻璃　化学钢化玻璃采用离子交换法进行钢化，其方法是将含碱金属离子钠（Na^+）或钾（K^+）的硅酸盐玻璃浸入熔融状态的锂（Li^+）盐中，使钠或钾离子在表面层发生离子交换，使表面层形成锂离子的交换层。由于Li^+的膨胀系数小于Na^+、K^+，从而在冷却过程中造成外层收缩较小而内层收缩较大，当冷却到常温后，玻璃便处于内层受拉应力、外层受压应力的状态，其效果与物理钢化相似，因此提高了应用强度。

2. 钢化玻璃的性能

钢化玻璃的抗折强度可达到125MPa以上，比普通玻璃大4～5倍，抗冲击强度也很高；弹性较普通玻璃大得多，如一块1200mm×3500mm×6mm的钢化玻璃，受力后可发生

100mm的弯曲挠度，当外力撤销后，能恢复原状。而普通玻璃弯曲变形只能有几毫米，否则容易发生折断破坏。钢化玻璃表层的压应力可抵消一部分因急冷急热产生的拉应力，最大安全工作温度为288℃，能承受204℃的温差变化；钢化玻璃处于应力状态下，即使发生碎裂，也会受应力释放影响，碎裂成没有尖锐棱角的小的碎块，不易伤人，见图6-5。

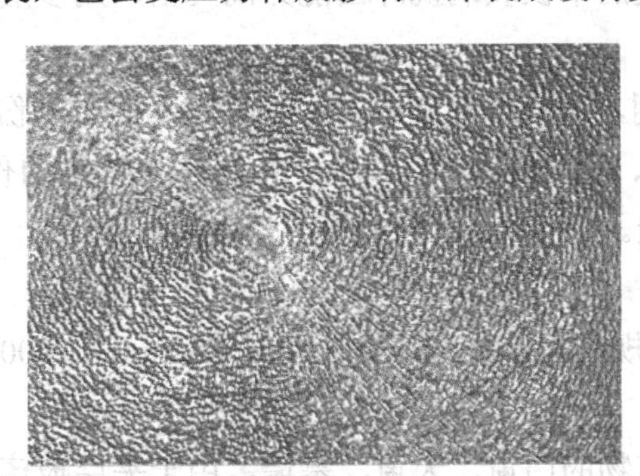

图6-5　钢化玻璃（左图）与普通玻璃（右图）的碎片状态

3. 钢化玻璃的常见规格

见表6-7。

表6-7　钢化玻璃的常见规格　　单位：mm

钢化玻璃分类	平板钢化玻璃	弯钢化玻璃
厚度	4～19	5～19
最大尺寸	2440×5480	2440×5000
最小尺寸	250×100	600×400
最小曲率半径	—	1500
质量	符合GB 15763.2—2005中国国家标准	

4. 钢化玻璃的应用及注意事项

由于钢化玻璃具有较好的力学性能和热稳定性，所以在建筑工程、交通工具及其他领域内得到广泛的应用。平钢化玻璃常用作建筑物的门窗、隔墙、幕墙及橱窗、家具等，曲面玻璃常用于汽车、火车及飞机等方面。根据所用的玻璃原片不同，可制成普通钢化玻璃、吸热钢化玻璃、彩色钢化玻璃、钢化中空玻璃等。

使用时应注意的是钢化玻璃不能切割、磨削，边角不能碰击挤压，需按现成的尺寸规格选用或提出具体设计图纸进行加工定制。用于大面积的玻璃幕墙的玻璃在钢化上要给予控制，选择半钢化玻璃，即其应力不能过大，以避免受风荷载引起震动而自爆。

二、夹层玻璃

夹层玻璃是在两片或多片原片之间，用PVB（聚乙烯醇缩丁醛）树脂胶片，经过加热，加压黏合而成的平面或曲面的复合玻璃制品，属于安全玻璃的一种。夹层玻璃的结构如图6-6。

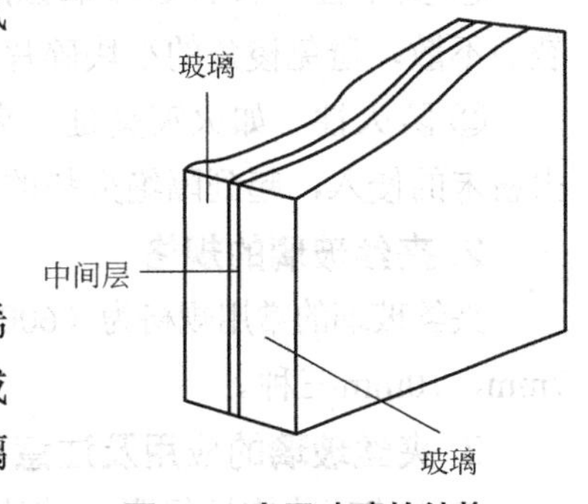

图6-6　夹层玻璃的结构

1. 夹层玻璃的性能特点

（1）装饰性好　夹层玻璃透明度高，中间层如使用各种色彩的PVB胶片，还可制成色彩丰富多样的彩色夹层玻璃。

（2）抗冲击能力好　夹层玻璃比同等厚度的平板玻璃抗冲击能力高几倍，用多层普通玻璃或钢化玻璃复合可制成防弹玻璃。

（3）安全性好　由于PVB胶片的黏合作用，玻璃即使破碎时，碎片也不会飞溅伤人。

（4）功能性强　具有耐热、耐寒、耐湿、耐久等特点，另外由于PVB胶片的作用，夹层玻璃还具有节能、隔声、防紫外线等功能。

2. 夹层玻璃的规格

夹层玻璃的常用厚度为8～25mm，成品规格为800mm×1000mm、850mm×1800mm。

3. 夹层玻璃的应用及注意事项

夹层玻璃安全性较高，一般用于高层建筑物的门窗、天窗、幕墙，由于夹层玻璃有防爆、防盗、防弹的特点，可应用于银行、商场、珠宝店的橱窗、隔断等。除此之外汽车、飞机的挡风玻璃及有特殊要求陈列柜、展览厅、水族馆、动物园、观赏性玻璃隔断等也可以使用。

夹层玻璃的使用要注意避免被水浸透导致水分子进入玻璃夹层中，使玻璃表面模糊。

三、夹丝玻璃

夹丝玻璃也称防碎玻璃或钢丝玻璃。它是由压延法生产的，即在玻璃熔融状态下将经预热处理的钢丝或钢丝网（钢丝直径一般为0.4mm左右）压入玻璃中间，经退火、切割而成。夹丝玻璃表面可以是压花的或磨光的，颜色可以制成无色透明或彩色的。夹丝玻璃是安全玻璃的一种。

1. 夹丝玻璃的性能特点

（1）分类　产品分为夹丝压花玻璃和夹丝磨光玻璃两类；按厚度分为6mm、7mm、10mm；按等级分为优等品、一等品和合格品。产品尺寸一般小于600mm×400 mm，不大于2000mm×1200mm。钢丝网的图案也有多种形式。我国生产的夹丝玻璃产品分为夹丝压花玻璃和夹丝磨光玻璃两类。

（2）夹丝玻璃的使用性能

① 安全性　较普通玻璃强度高，夹丝玻璃遭受冲击或温度剧变时，使其破而不缺，裂而不散，避免棱角的小块碎片飞出伤人，同时起到防盗作用。

② 防火性　如火灾蔓延，夹丝玻璃受热炸裂时，仍能保持固定状态，可遮挡火焰和火粉末的侵入，起到隔绝火势的作用，故又称为防火玻璃。

2. 夹丝玻璃的规格

夹丝玻璃的常用规格为（600mm×400mm）～（2000mm×1200mm），常用厚度有6mm、7mm、10mm三种。

3. 夹丝玻璃的应用及注意事项

夹丝玻璃装饰性很强，普遍应用于工程家装，如背景、隔断、玄关、屏风、门窗等。

同时，夹丝玻璃可用于建筑的防火门窗、天窗、采光屋顶、阳台等部位。

夹丝玻璃安装前应避免高温曝晒、高温雨淋等气候环境，施工现场的玻璃要贮存在通风、干燥的地方，遇到天气突变、大雨时施工人员应及时检查现场，防止玻璃包装箱浸水而造成夹丝玻璃边部渗水变色。采用四面装框的方式，在设计时要考虑易于迅速排除雨水和结露水，保持玻璃干燥。

金属框架不能直接与玻璃接触，玻璃与框架间应选用优质的密封材料充填，并注意密封材料与PVB膜的相容性。建议采用有机硅橡胶或聚硫橡胶类密封材料。避免将玻璃用于温差较大的环境中，玻璃的安装框架必须合适，避免玻璃受到挤压。

第四节 节能玻璃

随着建筑物门窗尺寸的逐渐加大，人们对门窗的保温隔热要求也相应地提高了，节能玻璃就是能够满足这种要求，同时也提高了装饰性，既美化了空间，又起到对光和热的吸收、透射和反射能力，用作建筑物的外墙窗玻璃或制作玻璃幕墙，可以起到节能效果。常见的节能玻璃有吸热玻璃、热反射玻璃和中空玻璃等。

一、吸热玻璃

吸热玻璃是一种能控制阳光中热能透过的玻璃，它可以显著地吸收阳光中热作用较强的红外线、近红外线，而又能保持良好的透明度。吸热玻璃通常带有一定颜色，如蓝色、茶色、灰色、绿色、古铜色等，所以也可称为着色吸热玻璃。吸热玻璃的制造一般有两种方法：一种方法是在普通玻璃中加入一定量的着色剂；另一种方法是在玻璃的表面喷涂具有吸热和着色能力的氧化物薄膜（如氧化锡、氧化锑等）。

1. 吸热玻璃的性能特点

① 吸收太阳的辐射热。吸热玻璃主要是屏蔽辐射热，其颜色和厚度不同，对太阳的辐射吸收程度也不同，一般来说，吸热玻璃只能通过大约60%的太阳辐射热。

② 吸收太阳的可见光。6mm厚古铜色吸热玻璃吸收太阳的可见光是同样厚度普通玻璃的3倍。能使透过的阳光变得柔和，有效改善室内光环境。

③ 能吸收太阳的紫外线。吸热玻璃能有效防止紫外线对室内家具、日用器具、商品、档案资料与书籍等的伤害，防止退色和变质。

④ 具有一定的透明度，能清晰地观察室外景物。

⑤ 色泽经久不变，能增加建筑物的外形美观。

图6-7为吸热玻璃与同厚度的浮法玻璃吸收太阳辐射热性能比较。

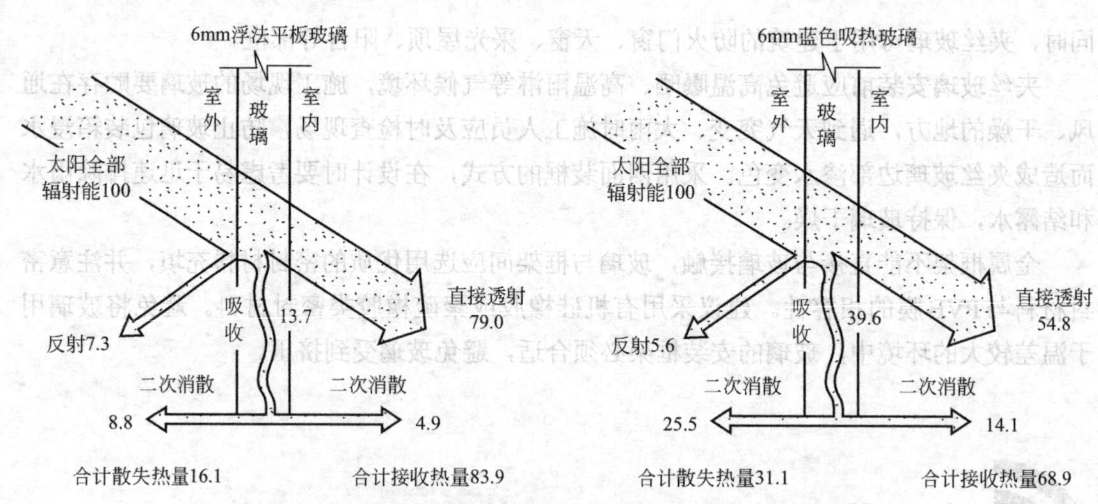

图6-7　吸热玻璃与同厚度的浮法玻璃吸收太阳辐射热性能比较

凡是既有采光要求又有隔热要求的场所均可使用。采用不同颜色的吸热玻璃能合理利用太阳光，调节室内温度，节省空调费用，而且对建筑物的外表有很好的装饰效果。一般多用作高档建筑物的门窗或玻璃幕墙。此外，它还可以按不同的用途进行加工，制成磨光、夹层、中空玻璃等。

2. 吸热玻璃的规格

夹丝玻璃常用规格厚度一般为8～25mm。

3. 吸热玻璃的应用及注意事项

吸热玻璃在建筑装修工程中应用比较广泛，所有兼顾采光与隔热需求处均可使用，不同颜色的吸热玻璃能合理利用太阳光，调节室内温度，节省空调费用。而且对建筑物的外表有很好的装饰效果。一般多用作高档建筑物的门窗或幕墙。

阳光经玻璃射到室内，光线会发生变化，要根据实际使用需求选择玻璃的颜色。

二、热反射玻璃

热反射玻璃是由无色透明的平板玻璃镀覆金属膜或金属氧化物膜而制得，又称镀膜玻璃或阳光控制膜玻璃。

生产这种镀膜玻璃的方法有热分解法、喷涂法、浸涂法、金属离子迁移法、真空镀膜、真空磁控溅射法、化学浸渍法等。

1. 热反射玻璃的性能特点

（1）对光线的反射和遮蔽作用，亦称为阳光控制能力　热反射玻璃对可见光的透过率在20%～65%的范围内，它对阳光中热作用强的红外线和近红外线的反射率高达30%以上，而普通玻璃只有7%～8%。所以它可在保证室内采光柔和的前提下，有效地屏蔽进入室内的太阳光辐射量。客服暖房效应，减少因缓解室内降温过高造成的能源消耗。

（2）单向透视性　热反射玻璃的镀膜层具有单向透视。在装有热反射玻璃幕墙的建筑里，人们从光线较强的一面向光线较暗的一面看去，由于热反射玻璃的镜面反射特性，只能看到反射的景象而看不到玻璃内侧的物体；相反光线较暗的一面却可以看到光线较亮的一边。单向透视性可给人以不受干扰的舒适感，但夜间需要借助窗帘对室内进行遮蔽。

（3）镜面效应 热反射玻璃具有强烈的镜面效应，因此也成为镜面玻璃。运用这种玻璃做建筑物的幕墙，可将周围的景观映射于幕墙之上，增强建筑的装饰性，使建筑物与自然环境和谐一致。

2. 热反射玻璃的颜色及规格

热反射玻璃也常带有颜色，常见的有灰色、青铜色、茶色、金色、浅蓝色和古铜色等。它的常用厚度为4mm、5mm、6mm、8mm、10mm、12mm，尺寸规格为2100mm×3300mm。

3. 热反射玻璃的应用及注意事项

热反射玻璃可用作建筑门窗玻璃、幕墙玻璃，还可以用于制作高性能中空玻璃、夹层玻璃等复合玻璃制品。热反射玻璃是一种较新的材料，具有良好的节能和装饰效果，很多现代高档建筑都采用热反射玻璃做幕墙。但热反射玻璃幕墙使用不恰当或使用面积过大会造成光污染和建筑物周围温度升高，影响环境的和谐。

安装施工中药注意防止镀膜损伤，电焊火花不得落到薄膜表面。要防止玻璃变形，以免引起影像“畸变”，此外，还要注意消除玻璃反光可能造成的不良后果。

三、中空玻璃

中空玻璃是由两片或多片平板玻璃用边框隔开，中间充以干燥的空气或惰性气体，四周边缘部分用胶结或焊接方法密封而成的，其中以胶结方法应用最为普遍。中空玻璃按玻璃层数，有双层和多层之分，一般是双层结构，构造如图6-8所示。

制作中空玻璃的原片可以是普通玻璃、浮法玻璃、钢化玻璃、夹丝玻璃、着色玻璃和热反射玻璃、低辐射膜玻璃等，厚度通常是3mm、4mm、5mm和6mm。高性能中空玻璃的外侧玻璃原片应为低辐射玻璃。中空玻璃的中间空气层厚度为6～12mm。

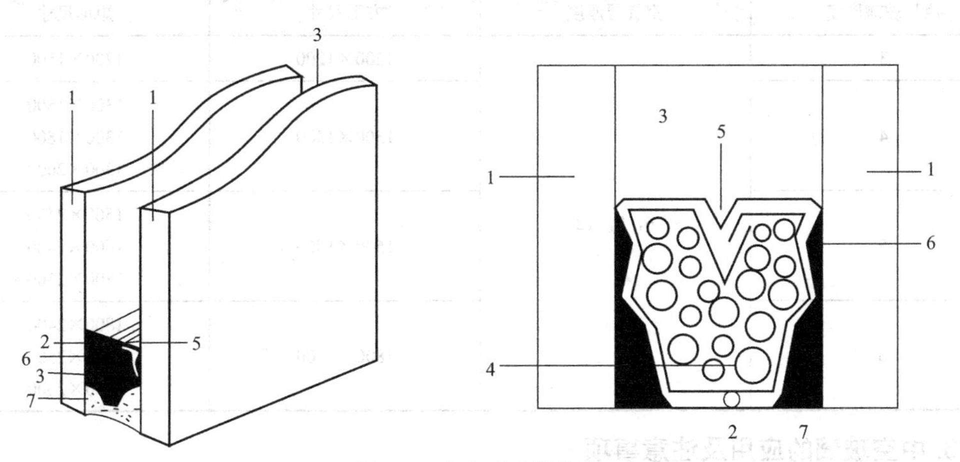

图6-8 中空玻璃的构造

1—玻璃；2—聚硫胶或结构胶；3—空气层；4—干燥剂（分子筛）；5—间隙框；6—密封胶；7—玻璃胶

1. 中空玻璃的性能特点

中空玻璃可以有不同颜色，如无色、绿色、茶色、蓝色、灰色、金色、棕色等。

（1）光学性能　中空玻璃的光学性能取决于所用的玻璃原片，可根据建筑设计和装饰工程的不同需求选择不同可见光透射率、太阳能反射率、吸收率及色彩的原片制成的中空玻璃产品。通常中空玻璃的可见光透视范围在10%～80%，光反射率25%～80%，总透过率25%～50%。

（2）热工性能　中空玻璃比单层玻璃具有更好的隔热性能。厚度3～12mm的无色透明玻璃，其传热系数为6.5～5.9W/（m^2·K），而以6mm厚玻璃为原片，玻璃间隔为6～9mm的普通中空玻璃，其传热系数为3.4～3.1W/（m^2·K），大体相当于100mm厚普通混凝土的保温效果。

由双层热反射玻璃或低辐射玻璃制成的高性能中空玻璃，隔热保温性能更好，尤其适于寒冷地区的建筑物，可起到保温隔热，降低采暖耗能的作用。

（3）防结露

① 结露原因　建筑物外维护结构结露的原因一般是在室内一定的湿度环境下，物体表面温度降到某一数值时，湿空气使其表面结露、直至结霜（表面温度在0℃以下）。

② 防结露原理　中空玻璃露点很低，通常中空玻璃接触室内高湿度空气的时候，玻璃表面温度较高，而外层玻璃温度虽然较低，但接触的空气湿度也低，从而大大提高防结露能力。

（4）隔声性能　中空玻璃具有较好的隔声性能，一般可使噪声下降30～40dB，即能将街道汽车噪声降低到学校教室的安静程度。

（5）装饰性能　中空玻璃的装饰性主要取决于所采用的原片，不同的原片玻璃使制得的中空玻璃具有不同的装饰效果。

2. 中空玻璃的常用规格

中空玻璃的常用规格见表6-8。

表6-8　中空玻璃的常见规格　　单位：mm

原片玻璃厚度	空气层厚度	方形尺寸	矩形尺寸
3	6，9，12	1200×1200	1200×1500
4		1300×1300	1300×1500 1300×1800 1300×2000
5		1500×1500	1500×2400 1600×2400 1800×2500
6		1800×1800	1800×2400 2000×2500 2200×2600

3. 中空玻璃的应用及注意事项

中空玻璃主要用于需要采暖、空调、防噪声、控制结露、调节光照等建筑物上，或要求较高的建筑场所，也可用于需要空调的车、船的门窗等处。

中空玻璃是在工厂按尺寸生产的，现场不能切割加工，所以使用前必须先选好尺寸。

中空玻璃失效的直接原因主要有两种：一是间隔层内露点上升；二是中空玻璃的炸裂。

第五节 装饰玻璃

随着建筑装饰材料的发展和生产工艺的进步，玻璃作为采光、隔热、保温和维护结构材料除了在功能性上有所发展，在装饰性上也有很大的进步。目前市场是不断涌现的装饰玻璃材料色彩丰富、花样繁多，除能满足玻璃原本的功能需求外，也日益成为室内隔断、背景墙等装饰部位的主要装饰材料。装饰玻璃种类繁多，本节选择市场上较为常见的，工艺和装饰效果比较有代表性的几种装饰玻璃加以介绍。

一、彩色玻璃

彩色玻璃又称为有色玻璃或饰面玻璃，分为透明和不透明两种。透明的彩色玻璃是在平板玻璃中加入一定量的着色金属氧化物，按一般的平板玻璃的生产工艺生产而成；彩色平板玻璃通常采用着色金属氧化物，见表6-9。

表6-9　彩色平板玻璃常用的金属氧化物着色剂

颜色	黑色	深蓝色	浅蓝色	绿色	红色	乳白色	桃红色	黄色
氧化物	过量的锰、铁或铬	三氧化二钴	氧化铜	氧化铬或氧化铁	硒或镉	氟化钙或氟化钠	二氧化锰	硫化镉

不透明的彩色玻璃又称为饰面玻璃，经过退火的饰面玻璃可以切割，但经过钢化处理的不能再进行切割加工。

彩色玻璃也可以采用在无色玻璃表面上喷涂高分子涂料或粘贴有机膜制得。

彩色玻璃可拼成各种图案，并有耐腐蚀、抗冲刷、易清洗等特点，可用来制造灯罩和花瓶等装饰品，也可应用于建筑门窗、隔断以及其他对光线有特殊要求的部位，如图6-9所示。

图6-9　彩色玻璃

二、磨砂、喷砂玻璃

磨砂玻璃又称毛玻璃，如图6-10所示，是将平板玻璃的表面机械喷砂或手工研磨或氢氟酸溶蚀等方法处理均匀的毛面。其特点是透光不透视，而且光线不刺眼，用于有图光要求但又需要遮挡视线的部位，安装时应将毛面朝向室内。

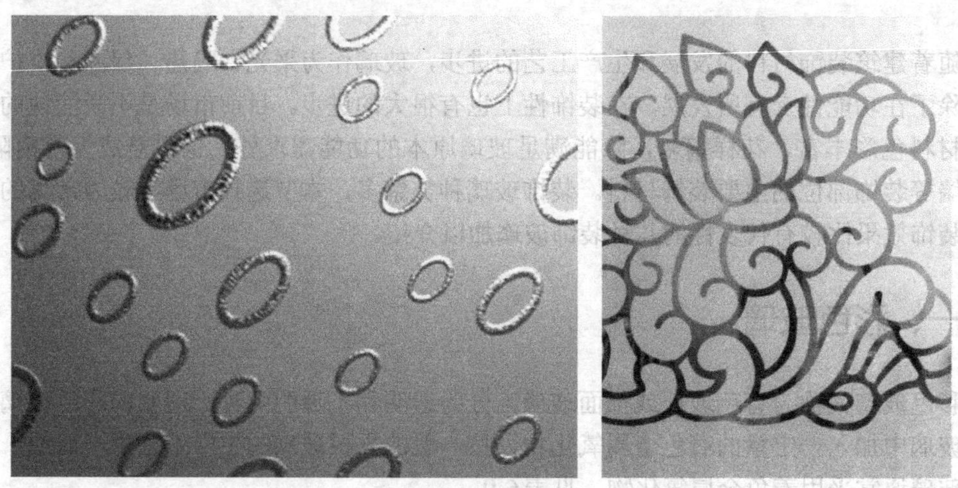

图6-10　磨砂玻璃

磨砂玻璃是生产出来就成型的沙感，质感强但是图案有限。喷砂玻璃是按照要求先用纸刻好模再喷出图案。这样就想要什么图形都可以现刻了。

磨砂玻璃的最大规格为6800mm×2400mm，可以根据室内使用环境做现场加工，厚度与平板玻璃一致。

磨砂玻璃主要应用于玻璃屏风、梭拉门、柜门、卫生间门窗、办公室隔断，还可做黑板使用等。

三、花纹玻璃

花纹玻璃是将玻璃依设计图案加以雕刻、印刻或局部喷砂等无彩色处理，使表面有各式图案、花样及不同质感。

1. 压花玻璃

压花玻璃又称花纹玻璃或滚花玻璃。压花玻璃有一般压花玻璃、真空镀膜压花玻璃、彩色压花玻璃等。一般压花玻璃是在玻璃成型过程中，使塑性状态的玻璃带通过一侧或一对刻有图案花纹的辊子，对玻璃的单面或双面连续压延而成。再在压有花纹的表面用气溶胶进行喷涂处理，玻璃可呈浅黄色、浅蓝色、橄榄色等。经过喷涂处理的压花玻璃立体感强，且强度可提高50% ～ 70%，如图6-11所示。

压花玻璃由于表面凹凸不平，当光线通过时产生不规则的折射，因而压花玻璃具有透光而不透视的特点，同时也可使光线更加柔和，透光率为60% ～ 70%。

真空镀膜压花玻璃是经真空镀膜加工而成，给人一种素雅清新美观的感觉，花纹立体感强，并具有一定反光性，是一种良好的室内装饰材料。

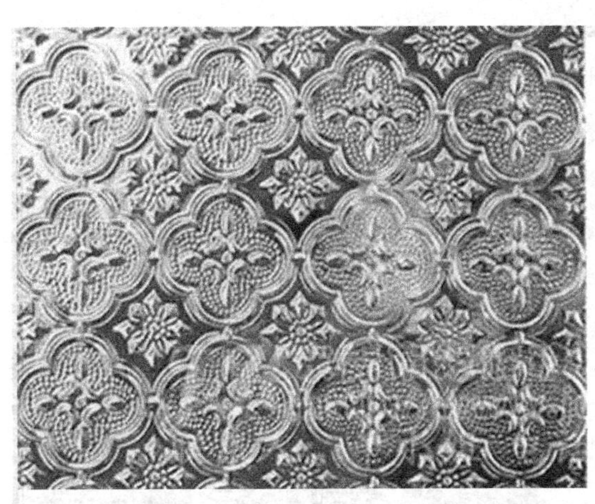

图6-11　压花玻璃

彩色膜压花玻璃采用有机金属化合物或无机金属化合物进行热喷涂而成。彩色膜的色泽、坚固性、稳定性均较好。这种玻璃具有良好的热反射能力，而且花纹图案的立体感比一般压花玻璃和彩色玻璃更强，给人一种富丽华贵的艺术气息，如图6-12所示，适用于宾馆、酒店、餐厅、浴室、游泳池、卫生间以及办公室、会议室的门窗和隔断等。也可用来加工屏风、灯具等工艺品和日用品。

图6-12　彩色膜压花玻璃

2. 喷花玻璃

喷花玻璃又称胶花玻璃，是在平面玻璃表面贴以图案，涂保护层，经喷砂处理形成透明与不透明相间的图案而成，如图6-13所示。喷花玻璃给人以高雅美观的感觉，适用于室内门窗、隔断装饰。

喷花玻璃的厚度一般为6mm，最大加工尺寸为2200mm×1000mm。

3. 刻花玻璃

刻花玻璃是由平板玻璃经涂漆、雕刻、围蜡与酸蚀、研磨而成。图案立体感强，如浮雕一般，在室内灯光的照耀下，流光溢彩，如图6-14所示。刻花玻璃主要用于高档场所室内的隔断或屏风。

刻花玻璃一般是按照客户要求定制加工的，最大规格为2400mm×2000mm。

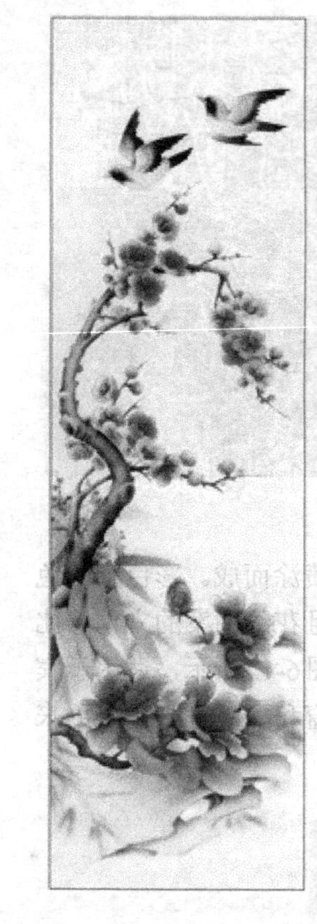

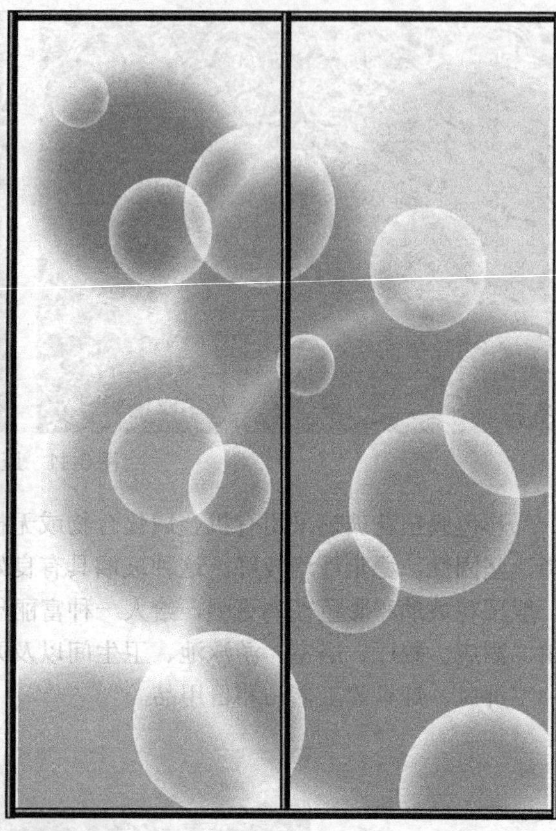

图6-13　喷花玻璃

图6-14　刻花玻璃

4. 乳花玻璃

乳花玻璃是最新出现的装饰玻璃，它的外观与胶花玻璃相似，乳花玻璃是在平面玻璃表面贴以图案，涂保护层，经经化学蚀刻而成，它的花纹柔和、清晰、美丽，富有装饰性，如图6-15所示。乳花玻璃一般厚度为3～5mm，最大加工尺寸为2000mm×1500mm。

乳花玻璃用途与胶花玻璃相同。

图6-15　乳花玻璃

5. 热熔玻璃

热熔玻璃是一种新兴装饰玻璃品种，是近几年在市场上兴起的，热熔玻璃采用特质热熔炉，以平板玻璃和无机色料等为主要原料，加热到玻璃软化点以上，经特制成型模模压成型后退火而成。

热熔玻璃的最大特点是图案复杂精美、色彩多样、艺术性较强，同时外观晶莹夺目，所以市场上也称为水晶立体艺术玻璃，如图6-16所示。热熔玻璃以其独特的造型和艺术性日渐受到市场的青睐。

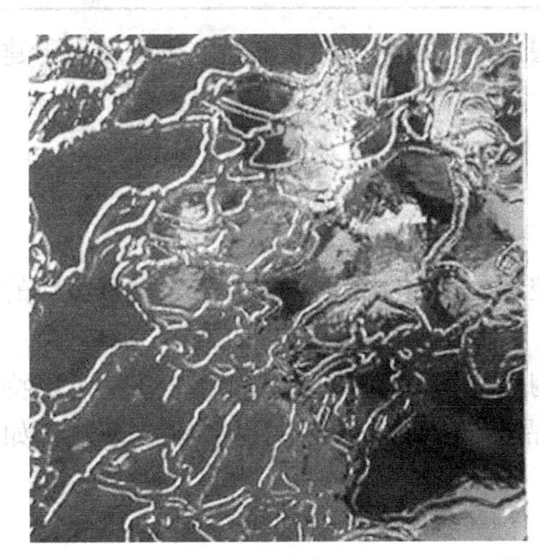
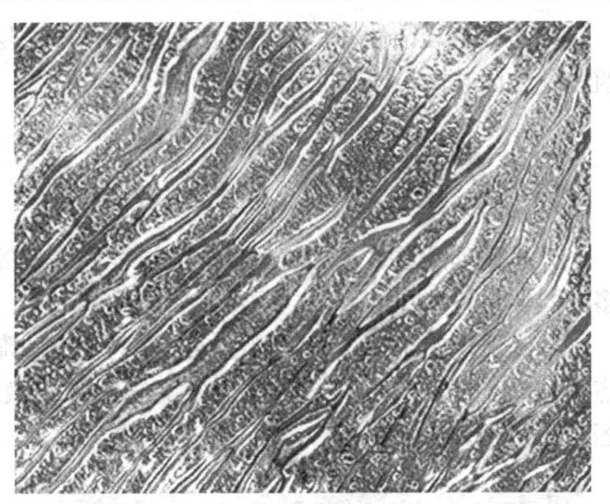

图6-16　热熔玻璃

四、釉面玻璃

釉面玻璃是指在按一定尺寸裁切好的玻璃表面上涂覆一层彩色易熔的釉料，经烧结、退火或钢化等热处理，使釉层与玻璃牢固结合，制成具有美丽的色彩或图案的玻璃饰面材料。

釉面玻璃一般以平板玻璃为基材，图案精美、色泽稳定、易于打理，可按设计要求制作，如图6-17所示。

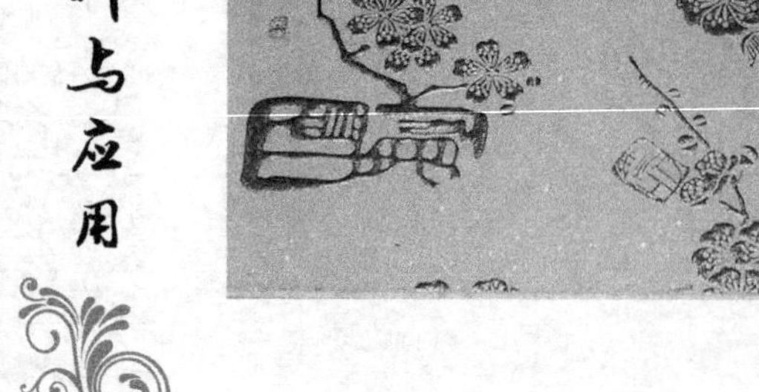

图6-17 釉面玻璃

釉面玻璃的规格范围见表6-10。

表6-10 釉面玻璃的规格范围

型　号	规格/mm			颜　色
	长	宽	厚	
普通型 异　型 特异型	150～1000	150～800	5～6	红、绿、黄、蓝、灰、黑等

釉面玻璃装饰性好，被广泛应用于室内饰面层，如门厅、楼梯间饰面；也可应用于建筑物外立面装饰。

五、微晶玻璃

微晶玻璃是通过基础玻璃在加热过程中进行控制晶化而制得的一种含有大量微晶体的多晶固体材料。

微晶玻璃的结构、性能及生产方法同玻璃和陶瓷都有所不同，其性能集中了两者的特点，成为一类独特的材料，所以在美国被称为微晶陶瓷，在日本被称为结晶化玻璃，如图6-18所示。

图6-18 微晶玻璃

1. 各种微晶玻璃的生产工艺流程

配合料配制→玻璃熔融→成型→加工→结晶化处理→再加工

（1）原料　一般都使用矿物原料和化工原料。使用的矿物原料有硅砂、石灰石、白云石、长石、毒重石。使用的化工原料有锌白、纯碱、钾碱、锑粉、硼砂、硼酸以及各种着色剂。

（2）玻璃熔融　红色与黄色的微晶玻璃因使用硒粉其挥发量可达90%，所以常使用密封性好的坩埚炉熔化。其他色彩的微晶玻璃都使用池窑熔化。

建筑微晶玻璃的熔化温度为1450 ～ 1500℃。

（3）成型　可采用吹制、压制、拉制、压延、离心浇注、重力浇注等各种成型方法，但生产板状微晶玻璃，目前以压延法和烧结法为主。

（4）结晶化前的加工　对微晶玻璃的热加工和冷加工，尽可能都在结晶化之前完成。

（5）晶化热处理　玻璃经晶化热处理后，才能形成含有大量微小晶相的微晶玻璃。

2. 微晶玻璃的性能特点

微晶玻璃装饰板主要作为高级建筑装饰新材料替代天然石材，与天然石材相比它有以下特点。

① 自然柔和的质地和色泽；

② 强度大、耐磨性好、重量轻；

③ 吸水性小、污染性小；

④ 颜色丰富、加工容易；

⑤ 优良的耐候性和耐久性；

⑥ 原料来源广泛。

3. 微晶玻璃的规格

目前主要规格有500mm×500mm、600mm×600mm、600mm×900mm、900mm×1800mm、1000mm×2000mm和1500mm×3000mm。

4. 微晶玻璃的应用及注意事项

微晶玻璃装饰板类似于天然石材，用作内外墙装饰材料，厅堂的地面和微晶玻璃幕墙等建筑装饰。低膨胀微晶玻璃也用作餐具、炊具等。

用于幕墙的微晶玻璃装饰板要注意以下几点。

① 弯曲强度标准值不低于40MPa；

② 抗急冷、急热无裂缝；

③ 长度公差在0.5mm内，厚度公差±1mm，平面度1/1000；

④ 无缺棱、缺角现象，表面无目视可观察到的杂质和气孔；

⑤ 镜面板材的光泽度大于85光泽单位；

⑥ 同一颜色、同一批号的板材色差不大于2.0CIEIAB色差单位。

六、镭射玻璃

镭射玻璃是以玻璃为基材的新一代建筑装饰材料，其特征在于经特种工艺处理，玻璃背面出现全息或其他光栅。在光源的照射下，形成物理衍射分光而出现艳丽的七色光彩，且在同一感光面上会因光线入射角的不同而出现色彩变化，使被装饰物显得华丽高雅，如图6-19所示。

镭射玻璃的颜色有银白色、蓝色、灰色、紫色、黑色、红色等。镭射玻璃按其结构有单层和普通夹层和钢化夹层之分，按外形有花型、圆柱形和图案产品等。

镭射玻璃适用于酒店、宾馆，各种商业、文化、娱乐设施的装饰。

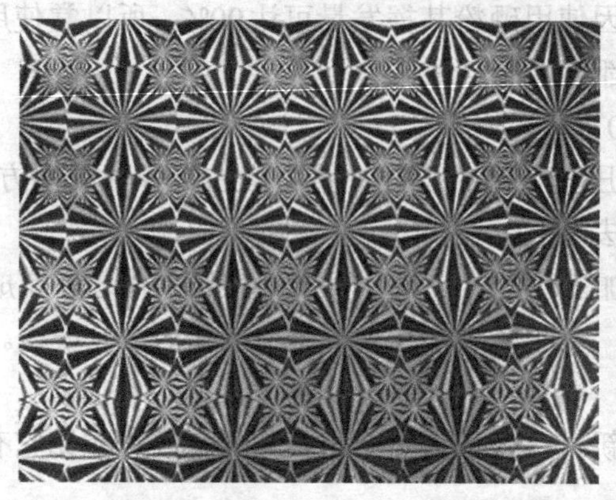

图6-19　镭射玻璃

七、仿石玻璃

仿石玻璃是采用玻璃原料制成的玻璃制品，主要有仿大理石玻璃和仿花岗岩玻璃两种。仿大理石比例在色泽、耐酸和抗压强度等方面均已超过天然大理石，可以代替天然大理石做装饰材料和地坪；仿花岗岩玻璃是将废玻璃经过一定的加工后，烧成具有花岗岩般花纹和性质的板材。产品的表面花纹、光泽、硬度和耐酸、耐碱等指标均与天然花岗岩相近，与水泥浆的黏结力超过天然花岗岩，如图6-20所示。

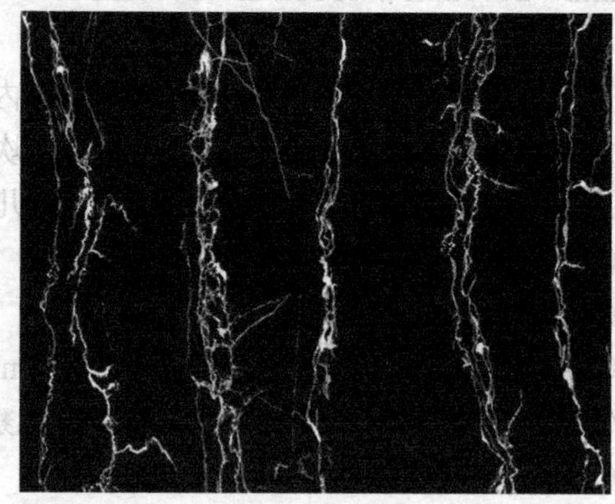

图6-20　仿石玻璃

八、玻璃锦砖

玻璃锦砖又称玻璃马赛克，是一种小规格的用于内、外墙贴面的方形彩色饰面玻璃，如图6-21所示。

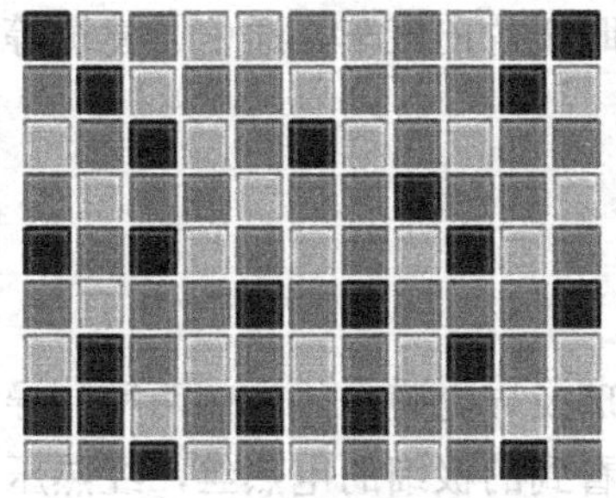

图6-21 玻璃马赛克

单块玻璃马赛克的规格一般为20～50mm见方、厚度4～6mm，四周侧面呈斜面，正面光滑，背面略带凹状沟槽，以利于铺贴时黏结。

玻璃马赛克的生产方法有熔融压延法和烧结法两种。

1. 玻璃马赛克的性能特点

玻璃马赛克是以玻璃为基料并含有未熔化的微小晶体（主要是石英砂）的乳浊制品，其内部为含有大量的玻璃相、少量的结晶相和部分气泡的非均匀质结构。

玻璃马赛克具有较高的强度和优良的热稳定性、化学稳定性；表观密度低于普通玻璃；具有柔和的光泽。

① 玻璃马赛克的颜色丰富，可拼装成各种图案，美观大方，且耐腐蚀、不退色。

② 由于玻璃具有光滑表面，所以具有不吸水、不吸尘、抗污性好的特点。

③ 玻璃锦砖具有体积小、重量轻、黏结牢固的特点，特别适合于高层建筑的外墙面装饰。

2. 玻璃马赛克的规格

单块马赛克的边长有20mm×20mm、25mm×25mm和30mm×30mm三种，相应的厚度为4.0mm、4.2mm和4.3mm。

每联马赛克的边长为327mm，允许有其他尺寸的联长。联上每行（列）马赛克的距离（线路）为2.0mm、3.0mm或其他尺寸。

3. 玻璃马赛克的应用及注意事项

玻璃马赛克抗污性好，不吸水，表面光滑容易打理，色彩鲜艳可拼成各种图案，是一种很好的饰面材料，主要用于外墙装饰，也可做室内厨房、卫生间墙面装饰。

一般将单块的玻璃马赛克按设计要求的图案及尺寸，用以糊精为主要成分的胶黏剂粘贴到牛皮纸上成为一联（正面贴纸）。铺贴时，将水泥浆抹入一联马赛克的非贴纸面，使之填满块与块之间的缝隙及每块的沟槽，成联铺于墙面上，然后将贴面纸洒水润湿，将牛皮纸揭去。

九、变色玻璃

变色玻璃在受太阳光或其他光线照射时，玻璃颜色随着光线的增强而逐渐变暗；当照射停止时又恢复原来色彩。

该玻璃是在玻璃中加入卤化银，或直接在玻璃或有机夹层中加入钼和钨等感光化合物，使之获得光致变色功能。人们把这种玻璃叫做“自动窗帘”。

光致变色玻璃的应用已从眼镜片向汽车、通信、建筑等需要调节光的强度、避免眩光的领域发展。

十、电热玻璃

电热玻璃有导电网电热玻璃及导电膜电热玻璃两种。导电网电热玻璃是将两块浇注的型材，中间夹以肉眼几乎难以看到的极细的电热丝，经热压而成；导电膜电热玻璃是由喷有导电膜溶液的薄玻璃与未喷导电膜的厚玻璃经热压而成。

电热玻璃在建筑上多用于陈列窗、橱窗、卫生间、洗澡间，严寒地区的建筑门窗、瞭望塔窗，工业建筑的特殊门窗、挡风玻璃等。

十一、自洁玻璃

自洁净玻璃表面涂镀了一层透明的二氧化钛（TiO_2）光催化剂涂层。当这层光催化剂的薄膜层遇到太阳光或紫外线灯光照射后，附着在玻璃表面的有机污染物会很快被氧化，变成CO_2和H_2O自动挥发消除，从而实现自洁净功能。

自洁净玻璃已被广泛应用于医院门窗、器具的玻璃盖板，高档建筑物室内浴镜、卫生间整容镜，汽车玻璃及高层建筑物的装饰装潢和幕墙玻璃等场所。

十二、异形玻璃

异形玻璃是近20年来新发展起来的一种新型建筑材料，它是采用硅酸盐玻璃，通过压延法、浇铸法和辊压法等生产工艺制成的大型长条玻璃构件，如图6-22所示。

异形玻璃有无色的和有色的，配筋的和不配筋的，带花纹的和不带花纹的，夹丝和不夹丝的以及涂层等多种；其外形有槽形、波浪形、箱形、肋形、三角形、Z形和V形等多种。异形玻璃的透光、隔热、隔声和机械强度等性能优良，主要做建筑物外部竖向非承重围护结构，也可做室内隔墙、天窗、透光材料、阳台和走廊的围护屏蔽以及月台、遮雨棚等。

图6-22 异形玻璃

第六节 其他玻璃制品

一、空心玻璃砖

心玻璃砖是由两个凹型玻璃砖坯（如同烟灰缸）熔接而成的玻璃制品。砖坯扣合、周边密封后中间形成空腔，空腔内有干燥并微带负压的空气，如图6-23所示。玻璃壁厚度8～10mm。

图6-23　空心玻璃砖

空心玻璃砖按空腔的不同分为单腔和双腔两种。

空心砖按形状分有正方形、矩形和各种异型产品。

空心玻璃砖具有耐压、抗冲击、耐酸、隔声、隔热、防火、防爆、透明度高和装饰性好等特点。具体介绍如下。

（1）透光性　空心玻璃砖具有较高的透光性能，在垂直光源照射下，有花纹玻璃砖透光性能为60%～75%；透明无花纹和普通双层玻璃相近，在75%左右；茶色玻璃砖在50%～60%。透光性优于镀膜玻璃和其他有色玻璃。同时，通过玻璃砖的花纹形成漫反射，使房间光线柔和、室内光环境得到改善。

（2）不透视性　空心玻璃砖透光而不透视，能保证室内的私密性。

（3）隔热保温性　空心玻璃砖因密封空腔是准真空，增加了热阻值，其导热性能可以和普通双层中空玻璃相近，热导率为2.9～3.2W/（m·K）。用隔热砂浆砌筑的空心玻璃砖外墙，能满足对室内隔热节能的规定要求。夏季可隔绝阳光中的一部分热辐射，冬季能组织室内一部分热量传出。室内外温差达40℃仍不结露，是较为理想的节能装饰材料。

（4）隔绝噪声　空心玻璃砖由于有空腔，所以隔声性能比普通玻璃好，隔声量约为50dB。

（5）防火性　空心玻璃砖不可燃，空心玻璃砖一般用来砌筑非承重的透光墙壁，建筑物的内外隔墙、淋浴隔断、门厅、通道及建筑物的地面等处，特别适用于体育馆、图书馆等，用于控制透光、眩光和日光的场合。

二、泡沫玻璃

泡沫玻璃是由碎玻璃、发泡剂、改性添加剂和发泡促进剂等，经过细粉碎和均匀混合后，再经过高温熔化、发泡、退火而成的无机非金属材料，如图6-24所示。

泡沫玻璃由大量直径为1～2mm的均匀气泡结构组成。其中吸声泡沫玻璃为50%以上开孔气泡，绝热泡沫玻璃为75%以上的闭孔气泡，制品密度为泡沫玻璃保温产品160～220kg/m^3，可以根据使用的要求，通过生产技术参数的变更进行调整。

由于这种新材料具有防潮、防火、防腐的作用，加之玻璃材料具有长期使用性能不劣化的优点，使其在绝热、深冷、地下、露天、易燃、易潮以及有化学侵蚀等苛刻环境下备受用户青睐。被广泛用于墙体保温、石油、化工、机房降噪、高速公路吸声隔离墙、电力、军工产品等，被用户称为绿色环保型绝热材料。泡沫玻璃粉和碎料还可以作为装饰轻混凝土的填充料及其他用途。根据用途的不同，采用相应的工艺生产的泡沫玻璃产品可分为四大类，即绝热泡沫玻璃、吸声装饰泡沫玻璃、饰面泡沫玻璃和粒状泡沫玻璃。

图6-24　泡沫玻璃

复习思考题

1. 玻璃按其功能分类可分为哪些种类？
2. 普通平板玻璃的生产工艺有哪几种？
3. 普通平板玻璃怎样鉴别质量等级？
4. 安全玻璃的种类有哪些？它们的生产原理是什么？
5. 节能玻璃的种类有哪些？它们的节能原理是什么？
6. 装饰玻璃有哪些种类？它们的生产工艺是什么？
7. 空心玻璃砖的特点有哪些？它应如何应用？
8. 泡沫玻璃的特点有哪些？它应如何应用？

实训练习

1. 请指出哪些种类玻璃适合用于建筑物外立面装饰、哪些种类玻璃只能用于室内装饰。
2. 请指出银行柜台、高层建筑幕墙、异形茶几、玻璃浴室分别是使用什么种类玻璃制成的。
3. 请根据装饰玻璃的饰面效果说出每种装饰玻璃的装饰部位。

无机胶凝材料

知识目标

1. 了解建筑石膏的基本性质，掌握纸面石膏板、石膏吸声板等装饰材料的性能特点及其应用。

2. 了解普通硅酸盐水泥的特性与分类，掌握普通硅酸盐水泥的使用特性与要求。

3. 了解装饰水泥的分类与特定，掌握白水泥的使用特性与要求。

4. 了解石灰、水玻璃的基本性质，掌握石灰、水玻璃在建筑装饰工程中的应用。

技能目标

1. 具有正确选择、使用纸面石膏板、石膏吸声板的专业技能。

2. 具有合理选择和正确使用普通硅酸盐水泥的能力。

本章重点

1. 石膏及其装饰制品的性能特点及其应用。

2. 普通硅酸盐水泥的性能特点及其应用。

第一节
无机胶凝材料简介

1. 概念

建筑材料中，凡是自身经过一系列物理、化学作用，或与其他物质（如水等）混合后一起经过一系列物理、化学作用，能由浆体变成坚硬的固体，并能将散粒材料（如砂、石等）或块、片状材料（如砖、石块等）胶结成整体的物质，称为胶凝材料。

2. 分类

根据化学组成的不同，胶凝材料可分为无机与有机两大类。

以天然有机树脂、人工合成有机树脂为主要成分的材料，称为有机胶凝材料，如橡胶、沥青、树脂等。而以无机氧化物和矿物质为主要成分的材料，如石灰、石膏、水泥等，工地上俗称为“灰”的建筑材料属于无机胶凝材料。

无机胶凝材料按其硬化条件的不同又可分为气硬性和水硬性两类。只能在空气中硬化，也只能在空气中保持和发展其强度的称为气硬性胶凝材料，如石灰、石膏和水玻璃等；既能在空气中，还能更好地在水中硬化、保持和继续发展其强度的称为水硬性胶凝材料，如各种水泥。气硬性胶凝材料一般只适用于干燥环境中，而不宜用于潮湿环境，更不可用于水中。

常用的气硬性胶凝材料包括石膏、石灰和水玻璃三种。

一、石膏装饰材料

石膏是主要化学成分为硫酸钙（$CaSO_4$）的水合物，属于气硬性无机胶凝材料，它只能在空气中硬化。石膏是一种用途广泛的工业材料和建筑材料。可用于水泥缓凝剂、石膏建筑制品、模型制作、医用食品添加剂、硫酸生产、纸张填料、油漆填料等。石膏及其制品的微孔结构和加热脱水性，使之具备优良的隔声、隔热和防火等性能。

图7-1　天然石膏

（1）石膏的基本知识

① 石膏的分类　石膏的主要化学成分是硫酸钙（$CaSO_4$），按照产源不同，分为以下几类。

a. 天然石膏（图7-1）　由天然石膏矿开采出来，分为生石膏和硬石膏，天然二水石膏称为生石膏（$CaSO_4 \cdot 2H_2O$），无水石膏（$CaSO_4$）称为硬石膏。

b. 建筑石膏　白色粉末，由天然二水石膏（$CaSO_4 \cdot 2H_2O$）经107～170℃高温煅烧成半水石膏（$CaSO_4\cdot\frac{1}{2}H_2O$），称为建筑石膏。

根据煅烧条件的不同，分为普通建筑石膏（β-$CaSO_4\cdot\frac{1}{2}H_2O$）和高强建筑石膏（$\alpha$-$CaSO_4\cdot\frac{1}{2}H_2O$）。建筑石膏是生产石膏装饰制品的主要原材料。

c. 化工石膏　由化工厂生产排出的含有硫酸钙成分的废渣废液，经提炼处理后制得二水硫酸钙（$CaSO_4\cdot 2H_2O$），再经煅烧、脱水制成半水石膏（$CaSO_4\cdot\frac{1}{2}H_2O$），它也可用于生产石膏装饰制品。

② 建筑石膏的性质　建筑石膏作为生产石膏装饰制品的原料，具有以下性质。

a. 凝结硬化快　建筑石膏加水后，很快发生水化反应，生成水化产物$CaSO_4\cdot 2H_2O$，建筑石膏初凝只需5min，终凝为20～30min，形成多孔的结晶网状结构。建筑石膏凝结硬化快，给石膏装饰制品的生产带来困难，生产中需加入一定量的缓凝剂。

b. 建筑石膏硬化后孔隙率较大，强度较低　半水石膏水化转变成二水石膏时，理论需水量仅为石膏质量的18.6%，而实际生产石膏制品时，为满足必要的可塑性，通常加水60%～80%，硬化后多余的水分蒸发，在石膏硬化体内留下大量孔隙，从而导致强度降低。

c. 建筑石膏硬化后具有保温隔热和吸声性能　建筑石膏硬化体的孔隙率较大，孔隙内部具有较多的密闭的干燥的空气，而密闭干燥的空气热导率为0.023W/（m·K），可视为绝热材料，所以石膏材料具有较好的保温绝热性。石膏体内开口的孔隙，能把声音吸收，从而具有吸声的功效。

d. 建筑石膏硬化时体积膨胀率小　建筑石膏硬化时，体积膨胀率约为1%，所以石膏制品硬化时不会产生收缩裂缝，制品尺寸精确，造型棱角清晰。

e. 建筑石膏具有良好的防火性　建筑石膏水化后形成二水石膏，由于含有两个分子的结晶水，当遇到火灾时，结晶水将变成水蒸气而挥发，形成一层水蒸气幕，阻止火灾蔓延。

f. 石膏制品耐水性差　这是建筑石膏的致命弱点，建筑石膏硬化体遇水后强度下降70%，石膏制品吸湿受潮后，还会产生翘曲变形。

g. 石膏制品具有优异的可加工型　可锯、可刨、可钉，安装施工非常方便。

h. 石膏制品装饰性好　石膏制品成型时，可制成各种花纹和立体造型图案，颜色洁白、质感细腻。石膏制品表面涂饰性优异，亦可装饰涂色。

（2）石膏装饰制品　利用建筑石膏生产的建筑制品主要有以下几种。

① 纸面石膏板　纸面石膏板是以建筑石膏为主要原料，加入少量胶黏剂、纤维、泡沫剂等与水拌和后连续浇注，以特制的板纸为护面，经辊压、凝固、切割、干燥而成的装饰板材，如图7-2所示。

a. 构成　纸面石膏板为三层结构，上下面为护面纸面，中间位石膏纤维层，纤维起增强作用，石膏内部空隙多。

b. 分类与规格　纸面石膏板可分普通纸面石膏板、耐水纸面石膏板、耐火纸面石膏板和防潮纸面石膏板四大类。

纸面石膏板长度规格为1800mm、2100mm、2400mm、3000mm、3300mm、3600mm，宽度规格为900mm、1200mm，厚度规格为9.5mm、12mm、15mm、18mm。常用规格为1200mm×2400mm×9.5mm。

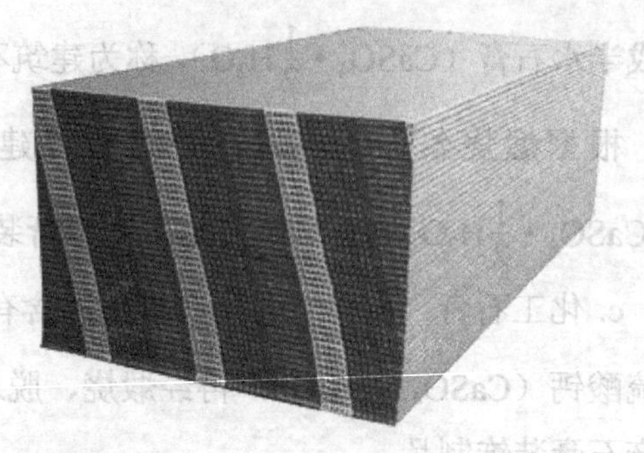

图7-2 纸面石膏板

c. 性能特点

ⓐ 轻质 纸面石膏板干容重750～850kg/m^3（中等硬度木材干500～800kg/m^3），具有重量轻高强的特点，用纸面石膏板作隔墙，重量仅为同等厚度砖墙的1/15、砌块墙体的1/10，有利于结构抗震，并可有效减少基础及结构主体造价。

ⓑ 保温隔热 纸面石膏板板芯具有60%左右是微小气孔，因空气的热导率很小，所以纸面石膏板具有良好的保温性能。

ⓒ 防火阻燃 由于石膏芯本身不燃，且遇火时在释放化合水的过程中会吸收大量的热，延迟周围环境温度的升高，因此，纸面石膏板具有良好的防火阻燃性能。经国家防火检测中心检测，纸面石膏板隔墙耐火极限可达4h。

ⓓ 隔声 石膏板内部孔隙多，具有很好的吸声效果。采用纸面石膏板隔墙时，墙体具有独特的空腔结构，内部填充石棉等轻质多孔材料，也具有很好的吸声隔声性能。

ⓔ 装饰功能好 纸面石膏板表面平整，板与板之间通过接缝处理形成无缝表面，板面为牛皮纸，胶合性能、装饰性能优异，表面经批灰整平，既可以涂饰乳胶漆装饰，也可以裱糊墙纸、墙布装饰。

ⓕ 加工方便，可施工性好 纸面石膏板具有可钉、可刨、可锯、可粘的性能，用于室内装饰，可取得理想的装饰效果，仅需裁制刀便可随意对纸面石膏板进行裁切，施工非常方便，用它做装饰材料可极大地提高施工效率。

ⓖ 调湿 由于石膏板的孔隙率较大，并且孔结构分布适当，所以具有较高的透气性能。当室内湿度较高时，可吸湿，而当空气干燥时，又可解吸而放出一部分水分，因而对室内湿度起到一定的调节作用。国外将纸面石膏板的这种功能称为“呼吸”功能，正是由于石膏板具有这种独特的“呼吸”性能，可在一定范围内调节室内湿度，使居住条件更舒适。

ⓗ 绿色环保 纸面石膏板采用天然石膏及纸面作为原材料，不含挥发性有害物质和放射性物质。

ⓘ 节省空间 采用纸面石膏板作墙体，墙体厚度最小可达70mm（轻钢龙骨宽50mm，双面纸面石膏板9.5mm×2mm），且可保证墙体的隔声、防火性能。

ⓙ 生产能耗低，效率高 生产同等单位的纸面石膏板的能耗比水泥节省78%。且投资少生产能力大，工序简单，便于大规模生产。

d. 应用

ⓐ 隔墙 轻钢龙骨或木龙骨构成骨架，表面采用纸面石膏板覆面，内腔填充石棉等无机材料。表面批灰处理后适合于乳胶漆、墙纸、墙布等表面装饰，如图7-3所示。

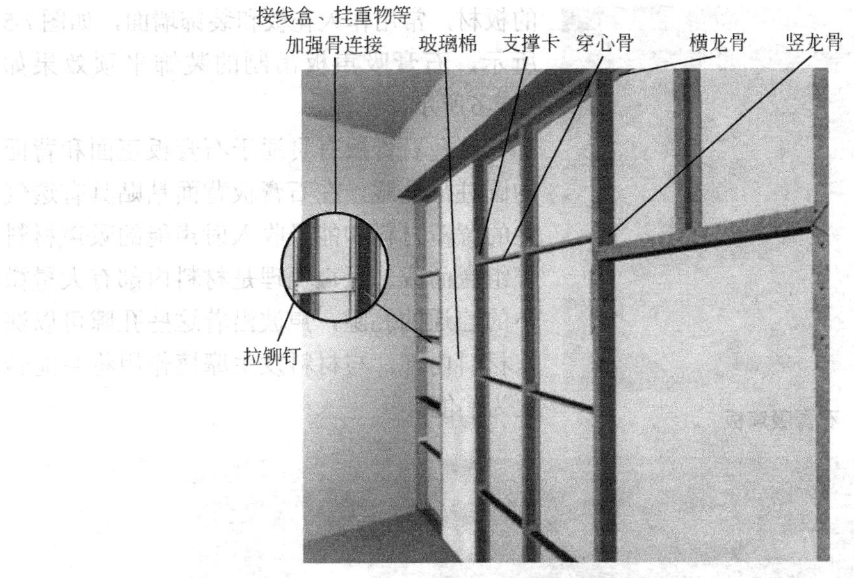

图7-3　纸面石膏板隔墙

ⓑ 吊顶　龙骨构成骨架，表面覆贴纸面石膏板。由于纸面石膏板加工性能好，尺寸稳定，板面平整、防火阻燃，既可用于吊装平顶，也可以用于造型顶棚，表面批灰处理后适合于乳胶漆、墙纸、墙布等表面装饰。如图7-4所示，圆形的造型都是采用龙骨、板材和纸面石膏板完成的。

图7-4　纸面石膏板用于吊顶造型

ⓒ 特殊环境可以采用专用纸面石膏板吊顶或隔墙。如防水纸面石膏板用于公共卫生间吊顶。

② 石膏吸声板　将配制的建筑石膏料浆浇注在底模带有花纹的模框中，经抹平、凝固、脱模、干燥而成，板厚为10mm左右。为了提高其吸声效果，还可制成带穿孔和盲孔

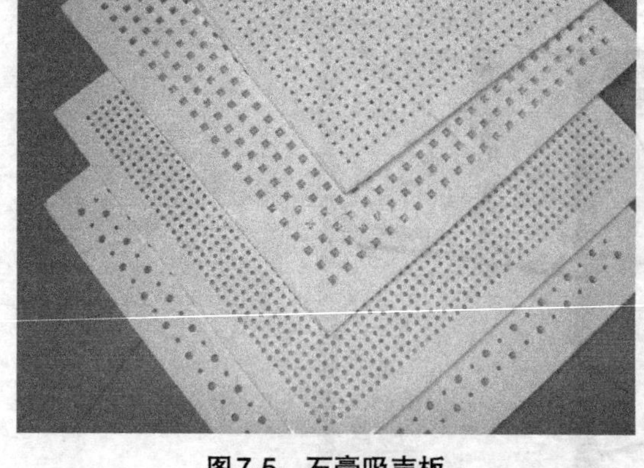

图7-5 石膏吸声板

的板材，常用作天花板和装饰墙面，如图7-5所示，石膏吸声板吊制的装饰平顶效果如图7-6所示。

穿孔石膏板有贯通于石膏板正面和背面的圆柱形孔眼，在石膏板背面粘贴具有透气性的背覆材料和能吸收入射声能的吸声材料等组台而成。吸声机理是材料内部有大量微小的连通的孔隙，声波沿着这些孔隙可以深入材料内部，与材料发生摩擦作用将声能转化为热能。

图7-6 石膏吸声板吊制的装饰平顶效果

③ 石膏空心条板和石膏砌块（图7-7） 将建筑石膏料浆浇注入模，经振动成型和凝固后脱模、干燥而成。空心条板的厚度一般为60～100mm，孔洞率30%～40%；砌块尺寸一般为600mm×600mm，厚度60～100mm，周边有企口，有时也可做成带圆孔的空心砌块。空心条板和砌块均用作非承重墙的砌筑，施工方便，效率高。

④ 矿棉吸声板 矿棉吸声板是以天然矿渣棉为主要原材料，加入适量的胶、防潮剂、防腐剂，经加压、烘干、饰面制成的一种高级顶棚装饰块材。常用规格500mm×500mm、600mm× 600mm，表面处理方式有滚花、冲孔、覆膜、撒砂等，也可经过铣削成形的立体形矿棉板，表面制作成大小方块、不同宽窄条纹等形式。还可以制成浮雕型矿棉板，经过压模成形，表面图案精美，有中心花、十字花、核桃纹等造型，是一种很好的装饰用吊顶材料。如图7-8所示。

矿棉板最大的优点是吸声效果好，防火性能突出，质量小。是高效节能的建筑材料。重量一般控制在180～450kg/m^{3}之间，使用中没有沉重感，给人安全、放心的感觉，能减轻建筑物自重。

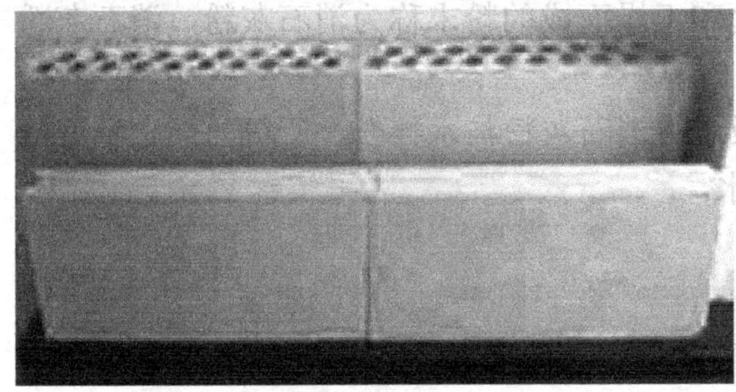

图7-7 石膏空心条板和石膏砌块

图7-8 矿棉吸声板

矿棉板具有良好的保温阻燃性能，矿棉板平均热导率小，易保温，而且矿棉板的主要原料是矿棉，熔点高达1300℃，并具有较高的防火性能。

矿棉板的吸声和隔声效果往往需要降低密度，使其中空，或者冲孔，这些方法会显著降低矿棉板的强度，导致吊装时候容易损坏。

矿棉板表面呈白色，容易受到其他挥发性溶剂的影响（如油漆稀释剂）而发生黄变，所以应最后吊装。由于喷涂工艺可能导致板面存在色差，购买时要自己对照颜色。另外，撒砂板和浮雕板常常掉粉尘，不宜在潮湿环境中使用。

⑤ 珍珠岩吸声板　珍珠岩吸声板是由珍珠岩、无机胶黏剂、钢丝网等原材料加工而成的半穿孔新型吊顶装饰块材，常用规格500mm×500mm、600mm×600mm，珍珠岩吸声板具有吸声、保温、防尘、防火、防潮、防静电、板面吸水不变形、不吸粘花毛、不吸尘等功能。具有长期使用不变形、不下垂、使用寿命长等特点，主要应用于纺织企业、会议室、办公室、礼堂、影剧院、高档住宅等顶棚装饰，如图7-9所示。

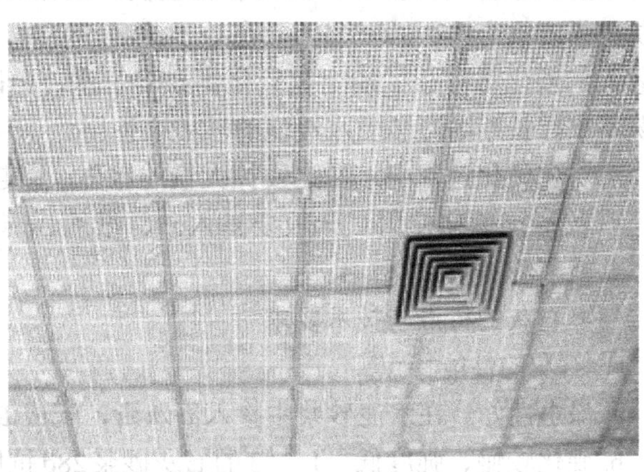

图7-9 珍珠岩吸声板

图7-10 块状生石灰

二、石灰

（1）石灰的生产与分类　将主要成分为碳酸钙（$CaCO_3$）的石灰石、白云石在900～1200℃的温度下煅烧，所得的以氧化钙（CaO）为主要成分的产品即为石灰，又称生石灰，如图7-10所示。

① 块灰　煅烧出来的生石灰呈块状，称为块灰。

② 生石灰粉　块灰经磨细后称为生石灰粉。

③ 消石灰粉　生石灰用适量的水经消化和干燥而成的粉末称为消石灰粉，消石灰粉的主要成分是氢氧化钙$Ca(OH)_2$。

④ 石灰膏　生石灰用过量的水消化，或者将消石灰粉与水拌合，所得的一定稠度的膏状物称为石灰膏，主要成分是氢氧化钙和水。

（2）石灰的熟化与硬化

① 石灰的熟化

生石灰（块灰）不能直接用于工程，使用前需要进行熟化。生石灰（CaO）与水反应生成氢氧化钙$Ca(OH)_2$（熟石灰，又称消石灰）的过程，称为石灰的熟化或消解（消化）。

石灰熟化过程中呈现的特点。

a. 速度快：一般只需要几秒钟，生石灰与水反应即可生成氢氧化钙。

b. 放出大量的热：生石灰的水化反应是放热反应。

$$CaO+H_2O=Ca(OH)_2+64.9kJ\text{（热量）}$$

c. 体积膨大：生石灰水化反应，体积膨大1～2.5倍。

d. 根据加水量的不同，石灰可熟化成消石灰粉或石灰膏。

② 石灰的硬化　石灰依靠干燥结晶以及碳化作用而硬化，即：石灰浆中多余的水分蒸发或被墙体吸收，使氢氧化钙$Ca(OH)_2$以晶体形式析出；空气中的二氧化碳与水生成碳酸，再与强氧化钙发生化学反应，生成碳酸钙晶体。

$$Ca(OH)_2+CO_2=CaCO_3+H_2O$$

石灰硬化过程呈现速度慢、体积收缩大两大特点。

由于空气中的二氧化碳含量低，且碳化后形成的碳酸钙硬壳阻止二氧化碳向内部渗透，也妨碍水分向外蒸发，因而硬化缓慢，硬化后的强度也不高，1∶3的石灰砂浆28d的抗压强度只有0.2～0.5MPa。在处于潮湿环境时，石灰中的水分不蒸发，二氧化碳也无法渗入，硬化将停止；加上氢氧化钙易溶于水，已硬化的石灰遇水还会溶解溃散。因此，石灰不宜在长期潮湿和受水浸泡的环境中使用。

石灰在硬化过程中，要蒸发掉大量的水分，引起体积显着收缩，易出现干缩裂缝。所以，石灰不宜单独使用，一般要掺入砂、纸筋、麻刀等材料，以减少收缩，增加抗拉强度，并能节约石灰。

（3）石灰的特点与技术要求

① 石灰的性能特点

a. 保水性好　在水泥砂浆中掺入石灰膏，配成混合砂浆，可显著提高砂浆的和易性。

b. 硬化较慢、强度低　1∶3的石灰砂浆28d抗压强度通常只有0.2～0.5MPa。

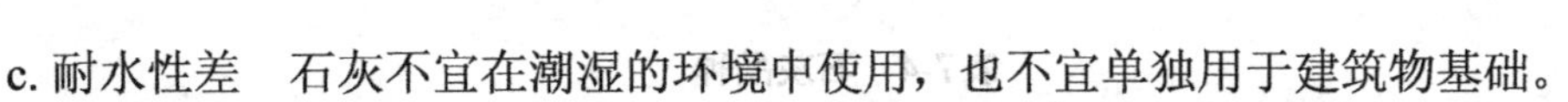

c. 耐水性差　石灰不宜在潮湿的环境中使用，也不宜单独用于建筑物基础。

d. 硬化时体积收缩大　除调成石灰乳作粉刷外，不宜单独使用，工程上通常要掺入砂、纸筋、麻刀等材料以减小收缩，并节约石灰。

e. 生石灰吸湿性强　储存生石灰不仅要防止受潮，而且也不宜储存过久。

② 石灰的技术要求　石灰中产生胶结性的成分是有效氧化钙和氧化镁，其含量是评价石灰质量的主要指标。

钙质石灰和镁质石灰的划分见表7-1。

表7-1　钙质石灰和镁质石灰的划分

类别 / 氧化镁含量 / 品种	钙质石灰	镁质石灰
生石灰	≤5	＞5
消白石灰	≤4	＞4

石灰中的有效氧化钙和氧化镁的含量可以直接测定，也可以通过氧化钙与氧化镁的总量和二氧化碳的含量反映，生石灰还有未消化残渣含量的要求；生石灰粉有细度的要求；消石灰粉则还有体积安定性、细度和游离水含量的要求。

a. 生石灰的等级按表7-2指标确定。

表7-2　生石灰的技术指标　单位：%

类别 / 等级指标 / 项目		钙质石灰			镁质石灰		
		一等	二等	三等	一等	二等	三等
有效钙加氧化镁含量	≥	85	80	70	85	75	65
未消化残遗含量（5mm圆孔磷的含量）	≤	7	11	17	10	14	20

b. 消石灰粉的等级按表7-3指标确定。

表7-3　消石灰粉的技术指标　单位：%

类别 / 等级指标 / 项目			钙质消石灰			镁质消石灰		
			一等	二等	三等	一等	二等	三等
有效钙加氧化镁含量		≥	65	60	55			50
含水率		≤	4	4	44	4	4	4
细度	0.17mm方孔筛余	≤	0	1	1	0	1	1
	0.125mm方孔筛的累计筛余	≤	13	20	—	13	20	—

c. 凡达不到三等品中任一项指标者为等外品。

（4）石灰的应用

① 常用石灰品种的应用　石灰品种的应用见表7-4。

表7-4　石灰品种

品种名称	适用范围
生石灰	配制石灰膏，磨细成生石灰粉
石灰膏	调制石灰砌筑砂浆、抹灰砂浆 稀释成石灰乳涂料（石灰水），用于墙面、顶棚刷白
消石灰粉	调制石灰砌筑砂浆、抹面砂浆 配制无熟料水泥：石灰矿渣水泥、石灰粉煤灰水泥等制作硅酸盐制品：如灰砂砖等 制作碳化制品：碳化石灰空心板 配制石灰土（石灰+黏土）和三合土（石灰+粉煤灰+石子）
生石灰粉	制作硅酸盐制品 配制石灰土（石灰+黏土）和三合土（石灰+粉煤灰+石子）

② 石灰在建筑、土木工程中的应用

a. 石灰乳和石灰砂浆　消石灰粉或石灰膏掺加大量水，可用于室内墙面、顶棚的粉刷。用石灰膏或消石灰粉可配制石灰砂浆，用于砌筑或抹灰工程。

b. 石灰混合砂浆　石灰、水泥和沙拌和成混合砂浆，可用于墙体砌筑、抹灰。

c. 石灰土和三合土　将消石灰粉或生石灰粉掺入各种粉碎或原来松散的土中，经拌和、压实及养护后得到的混合料，称为石灰稳定土。它包括石灰土、石灰稳定砂砾土、石灰碎石土等。石灰稳定土具有一定的强度和耐水性。广泛用作建筑物的基础、地面的垫层及道路的路面基层。

d. 硅酸盐制品　以石灰（消石灰粉或生石灰粉）与硅质材料（砂、粉煤灰、火山灰、矿渣等）为主要原料，经过配料、拌和、成型和养护后可制得砖、砌块等各种制品。因内部的胶凝物质主要是水化硅酸钙，所以称为硅酸盐制品，常用的有灰砂砖、粉煤灰砖等。

e. 建材原材料　石灰具有较强的碱性，在常温下，能与玻璃态的活性氧化硅或活性氧化铝反应，生成有水硬性的产物，产生胶结。因此，石灰还是建筑材料工业中重要的原材料。

三、水玻璃

（1）概述　常用的水玻璃分为钠水玻璃和钾水玻璃两类，俗称泡花碱。钠水玻璃为硅酸钠水溶液，化学式为$Na_2O \cdot nSiO_2$。钾水玻璃为硅酸钾水溶液，化学式为$K_2O \cdot nSiO_2$。土木工程中主要使用钠水玻璃。当工程技术要求较高时也可采用钾水玻璃。优质纯净的水玻璃溶于水为无色透明的黏稠液体，当含有杂质时呈淡黄色或青灰色。液体水玻璃可以与水按任意比例配合。使用时仍然可以加水稀释。如图7-11所示。

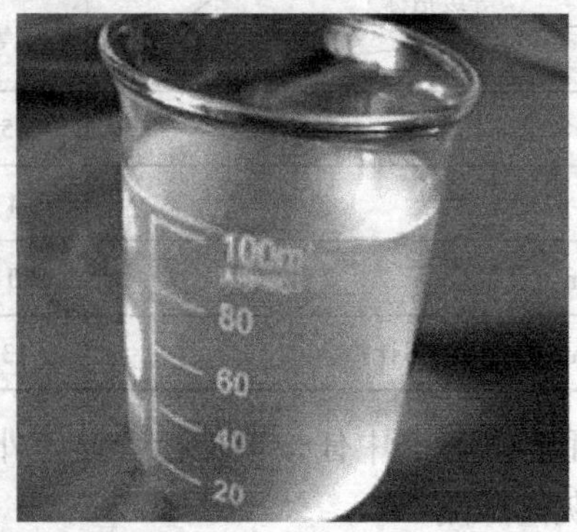

图7-11　无色透明的水玻璃

水玻璃通常采用石英粉（SiO_2）加上纯碱（Na_2CO_3），在1300～1400℃的高温下煅烧生成液体硅酸钠，从炉出料口流出、制块或水淬成颗粒。再在高温或高温高压水中溶解，制得溶液状水玻璃产品。

建筑工程中常用的水玻璃是硅酸钠的水溶液。其化学式为$Na_2O \cdot nSiO_2$。

（2）水玻璃的凝固　水玻璃在空气中的凝结固化与石灰的凝结固化非常相似，主要通过碳化和脱水结晶固结两个过程来实现。随着碳化反应的进行，硅胶含量增加，接着自由水分蒸发和硅胶脱水成固体而凝结硬化。

水玻璃的硬化具有以下特点。

① 速度慢　由于空气中CO_2浓度低，故碳化反应及整个凝结固化过程十分缓慢。

② 强度低　为加速水玻璃的凝结固化速度和提高强度，水玻璃使用时一般要求加入固化剂氟硅酸钠，化学式为Na_2SiF_6。氟硅酸钠的掺量一般为12%～15%。掺量少，凝结固化慢，且强度低；掺量太多，则凝结硬化过快，不便施工操作，而且硬化后的早期强度虽高，但后期强度明显降低。因此，使用时应严格控制固化剂掺量，并根据气温、湿度、水玻璃的模数、密度在上述范围内适当调整，即气温高、模数大、密度小时选下限；反之亦然。

（3）水玻璃的特点

① 黏结力和强度较高　水玻璃有良好的黏结能力，水玻璃硬化后的主要成分为硅凝胶和固体，有堵塞毛细孔隙而防止水渗透的作用。比表面积大，因而具有较高的黏结力。

② 耐酸性好　可以抵抗除氢氟酸（HF）、热磷酸和高级脂肪酸以外的几乎所有无机和有机酸。用于配置水玻璃耐酸混凝土、耐酸砂浆、耐酸胶泥等。

③ 耐热性好　硬化后形成的二氧化硅网状骨架，在高温下强度下降很小，当采用耐热耐火骨料配制水玻璃砂浆和混凝土时，耐热度可达1000℃。因此水玻璃混凝土的耐热度，也可以理解为主要取决于骨料的耐热度。用于配置水玻璃耐热混凝土、耐热砂浆、耐热胶泥等。

④ 耐碱性和耐水性差　水玻璃不能在碱性环境中使用，不耐水，但可采用中等浓度的酸对已硬化水玻璃进行酸洗处理，提高耐水性。

（4）水玻璃的应用

① 配制耐酸砂浆和混凝土　水玻璃具有很高的耐酸性，以水玻璃为胶结材，加入促进剂和耐酸粗、细骨料，可配制成耐酸砂浆和耐酸混凝土。用于耐腐蚀工程，如铺砌的耐酸块材，浇筑地面、整体面层、设备基础等。

② 配置耐热砂浆和混凝土　水玻璃耐热性能好，能长期承受一定的高温作用，用它与促进剂及耐热骨料等可配制耐热砂浆或耐热混凝土，用于高温环境中的非承重结构及构件。

③ 加固地基　将模数为2.5～3的液体水玻璃和氯化钙溶液交替压入地下，由于两种溶液发生化学反应，析出硅酸胶体，将土壤颗粒包裹并填实其孔隙。由于硅酸胶体膨胀挤压可阻止水分的渗透，使土壤固结，因而提高地基的承载力。

④ 涂刷或浸渍材料　将液体水玻璃直接涂刷在建筑物表面，可提高其抗风化能力和耐久性。而以水玻璃浸渍多孔材料，可使它的密实度、强度、抗渗性均得到提高。这是因为水玻璃在硬化过程中所形成的凝胶物质封堵和填充材料表面及内部孔隙的结果。但不能

用水玻璃涂刷或浸渍石膏制品，因为水玻璃与硫酸钙反应生成体积膨胀的硫酸钠晶体会导致石膏制品的开裂以至破坏。

⑤ 修补裂缝、堵漏　将液体水玻璃、粒化矿渣粉、砂和氟硅酸钠按一定比例配合成砂浆，直接压入砖墙裂缝内，可起到黏结和增强的作用。在水玻璃中加入各种矾类的溶液，可配制成防水剂，能快速凝结硬化，适用于堵漏填缝等局部抢修工程。

水玻璃不耐氢氟酸、热磷酸及碱的腐蚀。而水玻璃的凝胶体在大孔隙中会有脱水干燥收缩现象，降低使用效果。水玻璃的包装容器应注意密封，以免水玻璃和空气中的二氧化碳反应而分解，并避免落进灰尘、杂质。

第二节 水硬性胶凝材料

水硬性胶凝材料不仅能在空气中，而且能更好地在水中硬化，保持并继续发展其强度，如各种水泥。

一、硅酸盐水泥

1. 概述与分类

硅酸盐水泥以石灰石、黏土及少量铁矿石粉为原料，经高温煅烧、磨细而制成的水硬性无机胶凝材料，即“两磨一烧”工艺，如图7-12所示。

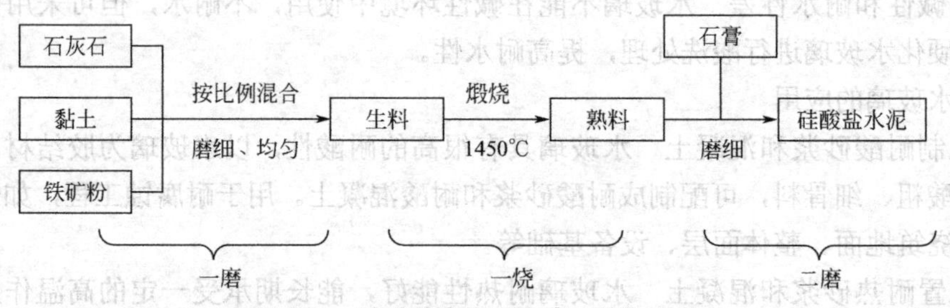

图7-12　硅酸盐水泥“两磨一烧”工艺

硅酸盐水泥的代号P·O。其中水泥熟料的主要成分是硅酸二钙、硅酸三钙，占熟料的70%～85%，是决定水泥性质的主要成分。

硅酸盐水泥分两种类型，不掺混合材料的称为Ⅰ类硅酸盐水泥，代号P·Ⅰ。在硅酸盐水泥粉磨时掺加不超过水泥质量5%石灰石或粒化高炉矿渣混合材料的称为Ⅱ类硅酸盐水泥，代号P·Ⅱ。

根据国家标准《硅酸盐水泥、普通硅酸盐水泥》（GB 175—99）规定，硅酸盐水泥分为42.5、42.5R、52.5、52.5R、62.5、62.5R六个强度等级。

2. 水泥的凝结与硬化

（1）初凝　水泥加水拌和后，水泥颗粒表面开始与水发生化学反应，逐渐形成水化物膜层，此时的水泥浆既有可塑性又有流动性。随着水化反应的持续进行，水化物增多、膜层增厚，并互相接触连接，形成疏松的空间网络。此时，水泥浆体就失去流动性和部分可塑性，但未具有强度。

（2）终凝　当水化作用不断深入并加速进行，生成较多的凝胶和晶体水化物，并互相贯穿而使网络结构不断加强，终至浆体完全失去可塑性，并具有一定的强度。

（3）硬化　水化反应进一步进行，水化物也随时间的延续而增加，且不断填充于毛细孔中，水泥浆体网络结构更趋致密，强度大为提高并逐渐变成坚硬岩石状固体——水泥石，这一过程称为“硬化”。

实际上，水泥的凝结与硬化是一个连续而复杂的物理化学变化过程，而且初凝与终凝也是对水泥水化阶段的人为规定。

3. 硅酸盐水泥的主要特性

① 凝结硬化速度较慢，早期强度低，后期强度高。

② 硅酸盐水泥水化时，放出的热量大，不适宜用于大体积混凝土工程。

③ 抗浸蚀、抗腐蚀能力强。

④ 硅酸盐水泥耐高温性差，不能用于配置耐热混凝土。

⑤ 抗渗性较好、抗冻性好，抗碳化能力强。

4. 水泥石的特性

① 水泥浆硬化后形成的固体称为水泥石，它是固相、液相、气相所形成的多孔体系。

② 提高水泥石的强度和耐久性，应尽可能减少水泥石中的孔隙含量。为此，降低水灰比，提高水泥浆或混凝土成型时的密实度，以及加强养护等是非常重要。

③ 混凝土工程在浇灌后2～3周内必须加强洒水养护，以保证水化时所必需的水分，使水泥得到充分水化。

④ 温度对水泥凝结硬化的影响也很大，温度越高，凝结硬化的速度越快。因此，采用蒸汽养护是加速凝结硬化的方法之一。当温度较低时，凝结速度比较缓慢，当温度为0℃以下时，硬化将完全停止，并可能遭受冰冻破坏。因此，冬季施工时，需要采取保温等措施。

5. 硅酸盐水泥的储存与应用

（1）硅酸盐水泥的储存

① 水泥在运输和保管期间，不得受潮和混入杂质。

② 不同品种和等级的水泥应分别贮、运，不得混杂。

③ 散装水泥应有专用运输车，直接卸入现场特制的贮仓，分别存放。袋装水泥堆放高度一般不应超过10层。

④ 存放期一般不应超过3个月，超过6个月的水泥必须经过试验才能使用。

（2）硅酸盐水泥的应用

① 硅酸盐水泥强度较高，常用于重要结构的高等级混凝土和预应力混凝土工程中。

② 由于硅酸盐水泥凝结硬化较快，抗冻和耐磨性好，因此也适用于要求凝结快、早期强度高、冬季施工及严寒地区遭受反复冻融的工程。

③ 硅酸盐水泥水化后含有较多的氢氧化钙，因此其水泥石抵抗软水侵蚀和抗化学腐蚀的能力差，不宜用于受流动的软水和有水压作用的工程，也不宜用于受海水和矿物水作用的工程。

④ 由于硅酸盐水泥水化时放出的热量大，因此不宜用于大体积混凝土工程中。不能用硅酸盐水泥配制耐热混凝土，也不宜用于耐热要求高的工程。

二、掺混合料的硅酸盐水泥

在硅酸盐水泥熟料中，掺入一定量的混合材料以及适量的石膏共同磨细制成的水凝性胶凝材料，称为掺混合料的硅酸盐水泥。掺混合料的硅酸盐水泥可分为普通硅酸盐水泥、矿渣硅酸盐水泥、火山灰质硅酸盐水泥、粉煤灰硅酸盐水泥、复合硅酸盐水泥等。

1. 品种

（1）矿渣硅酸盐水泥　矿渣硅酸盐水泥简称矿渣水泥，其代号为P·S。是由硅酸盐水泥熟料和粒化高炉矿渣、适量石膏，经磨细制成的水硬性胶凝材料。水泥中粒化高炉矿渣掺加量按质量百分比计为20%～70%。允许用石灰石、窑灰、粉煤灰和火山灰质混合材料中的一种材料代替矿渣，代替数量不得超过水泥质量的8%，替代后水泥中粒化高炉矿渣不得少于20%。

（2）火山灰质硅酸盐水泥　火山灰质硅酸盐水泥简称火山灰水泥，其代号为P·P。是由硅酸盐水泥熟料和火山灰质混合材料、适量石膏，经磨细制成的水硬性胶凝材料。水泥中火山灰质混合材料掺加量按质量百分比计为20%～50%。

（3）粉煤灰硅酸盐水泥　粉煤灰硅酸盐水泥简称粉煤灰水泥，其代号为P·F，是由硅酸盐水泥熟料和粉煤灰、适量石膏，经磨细制成的水硬性胶凝材料。水泥中粉煤灰掺量按质量百分比计为20%～40%。

矿渣水泥、火山灰水泥、粉煤灰水泥分为32.5、32.5R、42.5、42.5R、52.5、52.5R六个强度等级。

2. 特性与应用

掺混合料的硅酸盐水泥与硅酸盐水泥或普通硅酸盐水泥相比，具有以下特点。

水化放热速度慢，放热量低，凝结硬化速度较慢。

早期强度较低，但后期强度增长较多，甚至可超过同等级的硅酸盐水泥。

这三种水泥对温度灵敏性较高，温度低时硬化较慢，当温度达到70℃以上时，硬化速度大大加快，甚至可超过硅酸盐水泥的硬化速度。

由于混合材料水化时消耗了一部分氢氧化钙，水泥石中氢氧化钙含量减少，故这三种水泥抗软水及硫酸盐腐蚀的能力较硅酸盐水泥强，但它们的抗冻性较差。

矿渣水泥和火山灰水泥的干缩值大，矿渣水泥的耐热性较好，粉煤灰水泥干缩值较小，抗裂性较好。

矿渣水泥耐热性好，火山灰水泥抗渗性好，粉煤灰水泥干缩性小，抗裂性能好。

这些水泥除适用于地面工程外，特别适用于地下和水中的一般混凝土和大体积混凝土结构以及蒸汽养护的混凝土构件，也适用于一般抗硫酸盐侵蚀的工程。

三、复合硅酸盐水泥

复合硅酸盐水泥（简称复合水泥），代号P·C，是由硅酸盐水泥熟料、两种或两种以上规定的混合材料、适量石膏，经磨细制成的水硬性胶凝材料。

水泥中混合材总掺量，按质量百分比计应大于15%，而不超过50%。允许用不超过8%的窑灰代替部分混合材；掺矿渣时，混合材料掺量不得与矿渣硅酸盐水泥重复。复合水泥熟料中氧化镁的含量不得超过5.0%。如蒸压安定性合格，则含量允许放宽到6.0%。水泥中三氧化硫含量不得超过3.5%。水泥细度以80μm方孔筛筛余不得超过10%。初凝时间不得早于45min，终凝时间不得迟于10h。安定性用沸煮法检验必须合格。

复合水泥由于在水泥熟料中掺入了两种或两种以上规定的混合材料，因此较掺单一混合材料的水泥具有更好的使用效果，它适用于一般混凝土工程。复合水泥的性能一般受所用各混合材的种类、掺量及比例的影响，大体上其性能与矿渣水泥、火山灰水泥及粉煤灰水泥相似。

第三节 装饰水泥

在建筑装饰工程中，白水泥可用于陶瓷材料铺贴后的勾缝处理，彩色水泥可以制成水泥色浆，可用于墙面的饰面刷浆。也可以用白水泥、彩色水泥配以各种大理石、花岗石碎料，制成水刷石、水磨石、人造大理石等，作为建筑空间墙面、地面的表面装饰。白水泥、彩色水泥作为无机胶凝材料，也广泛用于制作城市雕塑、园林小品。白水泥、彩色水泥由于具有较好的装饰性能，故称为装饰水泥。

一、白水泥

1. 概述

白水泥是白色硅酸盐水泥的简称，是以适当成分的生料烧至部分熔融，得到以硅酸钙为主要成分、含氧化铁很少的白色硅酸盐水泥熟料，再加入白色石膏磨细而制成的无机水硬性胶凝材料，这就是白色硅酸盐水泥，即白水泥。

白水泥的生产与硅酸盐水泥基本相同，只是生产过程中要严格控制水泥原料中的铁的含量（氧化铁是使水泥带颜色的主要成分），并严防生产工艺过程中混入铁质。白水泥中氧化铁的含量只有普通水泥的1/10左右，此外，金属锰、铬的氧化物也会降低水泥的白度，所以也需控制其含量。水泥中氧化铁的含量与水泥颜色的关系见表7-5。

表7-5　水泥中氧化铁的含量与水泥颜色的关系

项　目	指　标		
氧化铁的含量/%	3～4	0.45～0.7	0.35～0.4
水泥的颜色	暗灰色	淡绿色	白色

2. 白水泥的技术要求

① 氧化镁熟料中氧化镁的含量不得超过4.5%。

② 三氧化硫水泥中三氧化硫的含量不得超过3.5%。

③ 细度0.080mm方孔筛筛余不得超过10%。

④ 凝结时间初凝不得早于45min，终凝不得迟于12h。

⑤ 安定性用沸煮法检验必须合格。

⑥ 强度各标号各龄期强度不得低于表7-6的数值。

表7-6　白水泥标号强度要求

标　号	抗压强度			抗折强度		
	3d	7d	28d	3d	7d	28d
32.5	14.0	20.5	32.5	2.5	3.5	5.5
42.5	18.0	26.5	42.5	3.5	4.5	6.5
52.5	23.0	33.5	52.5	4.0	5.5	7.0
62.5	28.0	42.0	62.5	5.0	6.0	8.0

⑦ 白度　白水泥白度分为特级、一级、二级、三级，各等级白度不得低于表7-7数值。

表7-7　白水泥白度等级

等　级	特级	一级	二级	三级
白度/%	86	84	80	75

3. 白水泥的产品等级

白水泥按其白度的不同，分为优等品、一等品和合格品三个等级，如表7-8所示。

表7-8　白水泥的产品等级

白水泥等级	白　度	标　号
	级　别	
优等品	特级	62.5
		52.5
一等品	一级	52.5
		42.5
	二级	52.5
		42.5
合格品	二级	32.5
	三级	42.5
		32.5

二、彩色水泥

由硅酸盐水泥热料及适量石膏（或白色硅酸盐水泥）、混合材及着色剂磨细或混合制成的带有色彩的水硬性胶凝材料称为彩色硅酸盐水泥。

彩色硅酸盐水泥，简称彩色水泥，按生产方法可分为两大类。一类是在白水泥的生料中加入少量金属氧化物，直接烧成彩色水泥熟料，然后再加适量石膏磨细而成。另一类为白水泥熟料、适量石膏和碱性颜料，共同磨细而成。后者所有颜料，要求不溶于水且分散性好，耐碱性强，抗大气稳定性好，掺入水泥中不显著降低其强度，且不含有可溶盐类。通常采用的颜料有：氧化铁（红色、黄色、褐色、黑色），二氧化锰（黑色、褐色），氧化铬（绿色），赭石（赭色），群青蓝（蓝色）等，但配制红、褐、黑色等深色水泥时，可用普通硅酸盐水泥熟料。

1. 分类

（1）按颜色分　基本色有红色、黄色、蓝色、绿色、棕色和黑色等。其他颜色的彩色硅酸盐水泥的生产，可由供需双方协商。

（2）按强度等级分　彩色硅酸盐水泥强度等级分为27.5、32.5、42.5。

2. 原材料

（1）硅酸盐水泥热料和硅酸盐水泥　硅酸盐水泥熟料应符合GB/T 21372的要求，白色硅酸盐水泥应符合GB/T 2015的要求，普通硅酸盐水泥、矿渣硅酸盐水泥和复合硅酸盐水泥应符合GB 175的要求。

（2）石膏　天然石膏应符合GB/T 5483中规定的品位等级为二级（含）以上的G类石膏或者M类混合石膏。工业副产石膏应符合CB/T 21371的规定。

（3）混合材　当生产中需使用混合材时应选用已有相应标准的混合材，并应符合相应标准要求，掺量不超过水泥质量的50%。

（4）着色剂　应符合相应颜料国家标准的要求，对人体无害，且对水泥性能无害。

（5）助磨剂　水泥粉磨时允许加入助磨剂，其加入量应不大于水泥质量的0.5%，助磨剂应符合JC/T 667的规定。

3. 技术要求

（1）三氧化硫　水泥中三氧化硫的含量（质量分数）不大于4.0%。

（2）细度　80μm的方孔筛筛余不大于6.0%。

（3）凝结时间　初凝不得早于1h，终凝不得迟于10h。

（4）安定性　沸煮法检验合格。

（5）强度　各强度等级水泥的各龄期强度应符合表7-9的规定。

表7-9　水泥强度等级要求　　单位：MPa

强度等级	抗压强度		抗折强度	
	3d	28d	3d	28d
27.5	≥7.5	≥27.5	≥2.0	≥5.0
32.5	≥10.0	≥32.5	≥2.5	≥5.5
42.5	≥15.0	≥42.5	≥3.5	≥6.5

（6）色差

① 颜色对比样　生产者应自行制备并妥善保存代表各种彩色硅酸盐水泥颜色的颜色对比样，以控制彩色硅酸盐水泥颜色均匀性。同一种颜色，可根据其色调、彩度或明度的不同，制备多个颜色对比样。

② 同一颜色同一编号彩色硅酸盐水泥的色差　同一颜色同一编号彩色硅酸盐水泥每一分割样或每磨取样与该水泥颜色对比样的色差ΔEab不应超过3.0 CIELAB色差单位。用目测对比法参考时，颜色不应有明显差异。

③ 同一颜色不同编号彩色硅酸盐水泥的色差　同一种颜色的各编号彩色硅酸盐水泥的混合样与该水泥颜色的对比样之间的色差ΔEab不应超过4.0 CIELAB色差单位。用目测对比法参考时，颜色不应有明显差异。

（7）颜色耐久性　500h人工加速老化试验，老化前后的色差ΔEab不应超过6.0 CIELAB色差单位。

复习思考题

1. 简述纸面石膏板的性能特点？

2. 墙面装饰处理时，墙面大的裂缝、纸面石膏板的拼缝等都必须先采用膏灰补平，干燥后砂光，再批墙面腻子灰，说明这样做的道理？

3. 简述石灰在建筑装饰中的应用。

4. 简述水玻璃的用途。

5. 建筑楼面、梁、柱的浇筑，混凝土中必须配置钢筋，这是为什么？

6. 水泥配制混凝土、砂、鹅卵石等集料应该大小搭配使用，这是为什么？

实训练习

1. 墙面瓷砖铺贴水泥砂浆的选材与配置。

（1）选择材料：标号为42.5的普通硅酸盐水泥、建筑108胶水、中砂（过筛并除去泥土等杂质）、水。

（2）确定比例和用量。

（3）配制合适的水泥砂浆。

2. 纸面石膏板吊顶造型：参考图7-4，完成该顶棚的造型选材与施工。

（1）选择材料：25×25的木龙骨、9mm胶合板、纸面石膏板、干壁墙板螺钉、钢排射钉、直钉、U形钉、白乳胶等。

（2）造型骨架的制作与安装：龙骨、9mm胶合板等。

（3）纸面石膏板的套裁与锯切。

（4）纸面石膏板的安装。

本章推荐阅读书目

1. 符芳主编. 建筑装饰材料. 南京：东南大学出版社，2003.

2. 高琼英主编. 建筑材料. 武汉：武汉理工大学出版社，2006.

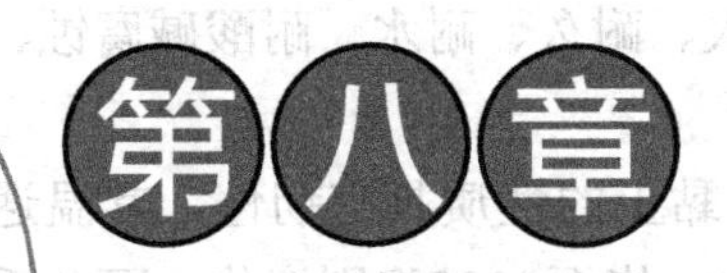

第八章 陶瓷装饰材料

知识目标

1. 掌握釉面墙砖、墙地砖的性能特点及应用。
2. 掌握仿古砖、艺术砖及玻化砖的种类、性能特点及应用。

技能目标

1. 具有合理选择和使用釉面墙砖、墙地砖的专业技能。
2. 具有合理选择和使用仿古砖、艺术砖及玻化砖的专业技能。

本章重点

陶瓷装饰材料的识别与选购。

陶瓷是指用可塑性制瓷黏土和瓷石矿做坯体，用长石和石英等原料制釉，并且通过成型、干燥、烧制而成的制品。陶瓷强度高、耐磨、耐火、耐久、耐水、耐酸碱腐蚀、易于清洗，加之生产简单，故而用途极为广泛。

常见的陶瓷材料有黏土、氧化铝、高岭土等。而黏土的性质具有韧性，常温遇水可塑，微干可雕，全干可磨；烧至700℃可成陶器能装水；烧至1230℃则瓷化，可几乎完全不吸水且耐高温耐腐蚀。陶瓷材料大多是氧化物、氮化物、硼化物和碳化物等。

第一节 陶瓷的分类与性质

按陶瓷孔隙结构划分为陶质、瓷质和炻质（半瓷质，也称半瓷）三大类。

1. 陶质制品

陶质制品（陶器）为多孔结构，通常吸水率较大（＞7%），断面粗糙无光，不透明，敲击时声音粗哑，有无釉和施釉的两种制品。

陶器根据其原料土杂质含量的不同，又可分为粗陶和精陶两种。

粗陶不施釉，建筑上常用的烧结黏土砖、瓦，就是最普通的粗陶制品。精陶一般经素烧和釉烧两次烧成，通常呈白色或象牙色，吸水率为9%～12%，高的可达18%～22%，建筑饰面用的釉面砖以及卫生陶瓷和彩陶等均属此类。精陶因其用途不同，又可分别称为建筑精陶、日用精陶和美术精陶。

2. 瓷质制品

瓷质制品（瓷器）结构致密，基本上不吸水（吸水率$E \leqslant 3\%$），色洁白，半透明，强度高，耐磨，其表面通常均施有釉层。

瓷器按其原料土化学成分与工艺制作的不同，又分为粗瓷和细瓷两种。瓷器多为日用餐茶具、陈设瓷、电瓷、美术用品及建筑装饰材料等。

3. 炻质制品

炻质制品（炻器，多呈棕色、黄褐色或灰蓝色，质地跟瓷器相似，致密坚硬，如水缸、砂锅等）是介于陶质和瓷质之间的一类陶瓷制品，也称半瓷。炻器与陶器的区别在于陶器坯体是多孔的，而炻器坯体孔隙率很低，即构造比陶器致密，一般吸水率较小；而它与瓷器的主要区别是不如瓷器那么洁白，其坯体多带有颜色，且无半透明性。炻器的机械强度和热稳定性均优于瓷器，且成本较低。

炻器按其坯体的细密均匀程度不同，又分为粗炻器和细炻器两大类。

实际上，陶器、炻器、瓷器的原料和制品性能的变化是连续和相互交错的，很难有明确的区分界限。从陶器、炻器至瓷器，其原料是从粗到精，烧成温度及烧结程度是由低到高，坯体结构是从多孔到致密。

建筑装饰工程中所用的陶瓷制品，一般都为精陶至瓷质范畴的产品。

第二节 釉面墙砖

一、釉面砖构成与特点

1. 釉面砖的构成

釉面墙砖，俗称瓷砖，一般属于精陶质地，由坯体层、表面装饰层组成，表面层包括图案装饰层和釉面保护层，非对称结构，如图8-1所示。

（1）基体材料　黏土烧制而成的薄板状精陶制品。厚度8～12mm，背面压制成沟槽纹。提高铺贴时的粘接面积，增加表面粗糙度，提高粘贴强度。

（2）表面装饰层　一般位于表面光亮层（即釉面层下面）下面，赋予瓷砖颜色、花纹、图案等装饰效果。

（3）表面保护层　即表面釉质层，保护装饰层，同时赋予瓷砖优异的使用性能。光滑、不吸附、不渗透、耐磨、耐水等特点。

釉面砖主要用于建筑物内墙饰面，故又称为内墙砖、釉面内墙砖、釉面陶土砖，习惯上又俗称为“瓷砖”、“瓷片”。

(a) 边缘结构细密，色泽一致　　(b) 没有凸凹不平或者颗粒物

图8-1　釉面砖正面、背面、侧面外观图

2. 釉面砖性能特点

（1）装饰效果好　主要表现在颜色、花纹丰富，光泽、边型、形状、规格都具有强的可选性，可根据装修风格和个性爱好选择到合适的釉面砖。

（2）强度高、热稳定性好（抗急冷急热） 釉面砖系高温烧制产品，耐热耐高温，热稳定性好。

（3）表面光滑、易清洗 表面的釉面保护层，坚硬光滑，清洗简单方便。

（4）抗渗、耐水、防潮 釉面砖的釉面光滑密实，能有效阻止水分通过表面渗透，具有耐水防潮的效果，适合于潮湿环境的墙面装饰。

二、釉面砖的分类

釉面砖的分类如下。

（1）按形状分 有正方形或长方形砖。其中长方形应用较多。区别在于：正方形的砖没有方向性，铺贴效果显得较呆板。长方形砖具有方向性，可以横铺，也可以纵铺。如图8-2、图8-3所示。

图8-2 不同形状的釉面砖对缝铺贴的形式

图8-3 不同形状的釉面砖对缝铺贴的效果

（2）按装饰性分 有白色釉面砖、彩色釉面砖、图案釉面砖等多种。其中以白色釉面砖应用最广，用量最大。彩色釉面砖以浅色居多。釉面砖表面所施釉料品种很多，有白色釉、彩色釉、光亮釉、珠光釉、结晶釉等。如图8-4所示，厨房环境中，墙面作为背景色，橱柜门板颜色是主体色，如果瓷砖选用白色，橱柜门板则可以选任何颜色，这样配色简单，效果突出。

（3）按边部形状分 有直边无缝砖、直边有缝砖、斜边有缝砖。如图8-5和图8-6所示。

图8-4 厨房瓷砖选用白色的配色效果图

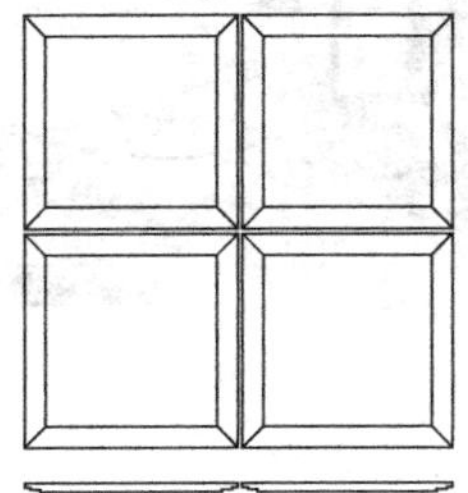
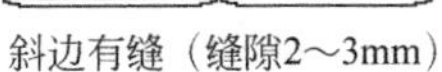
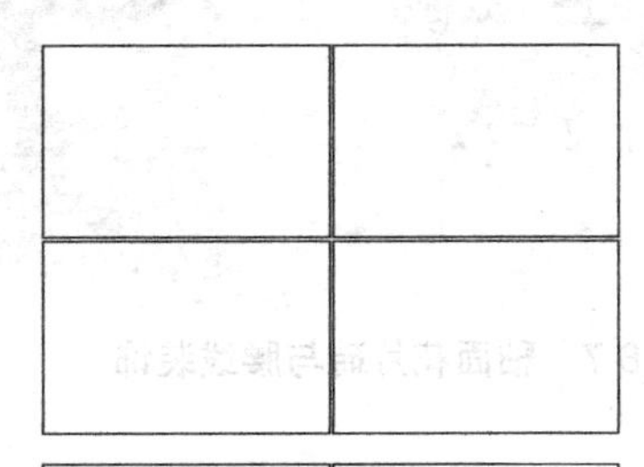
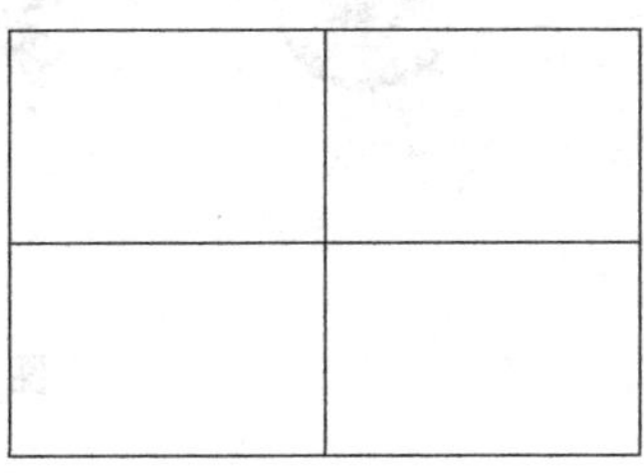

斜边有缝（缝隙2～3mm） 直边有缝（缝隙2～3mm） 直边无缝（缝隙1mm内）

图8-5 不同边形的瓷砖铺贴效果与缝隙

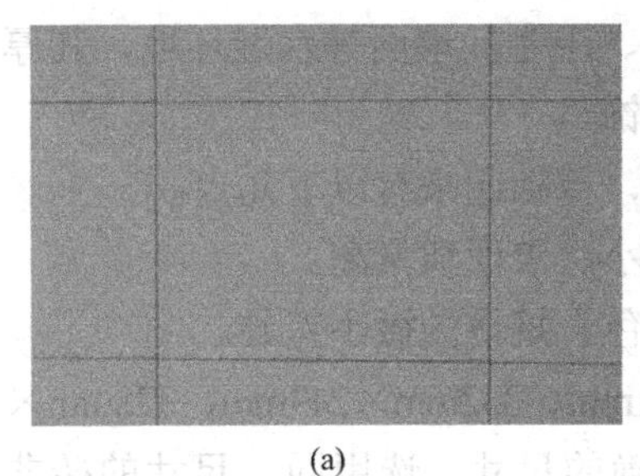
(a)

(b)
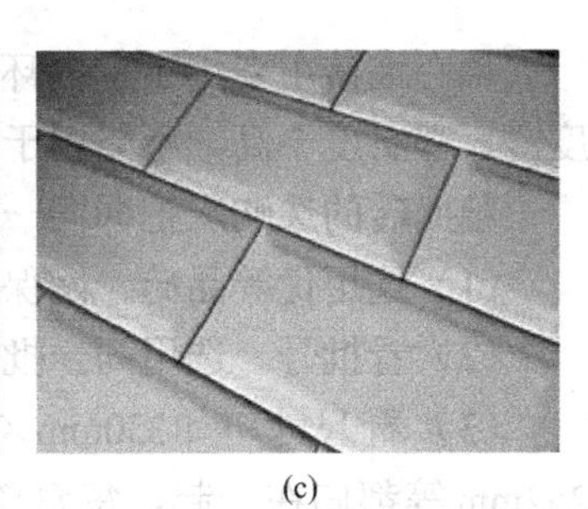
(c)

图8-6 不同边型的砖的铺贴缝隙

（4）按光泽分　有高光转、丝光砖、亚光砖，一般厨房选择高光转，卫生间选择亚光或丝光砖比较合适。

（5）按纹理图案分　有单色砖、木纹砖、皮纹砖、石纹砖等。花纹的选择主要考虑与环境风格及其他产品颜色的协调。

（6）按质量等级分　分为优等品、合格品、副品。

优等品：至少有95%的砖距0.8m远处垂直观察表面无缺陷；色泽均匀一致，基本无色差。

合格品：至少有95%的砖距1m远处垂直观察表面无缺陷。

三、釉面砖的规格

正方形釉面砖有100mm×100mm、152mm×152mm、200mm×200mm、300mm×300mm、400mm×400mm，长方形釉面砖有152mm×200mm、200mm×300mm、250mm×330mm、

300mm×450mm、300mm×600mm等，常用的釉面砖厚度5～10mm。

另外，为了配合建筑物内部阴、阳转角处及台面贴面等要求，还有各种配件砖及边角砖，如阴角、阳角、压顶条、腰线砖、花砖（装饰图案转）等，如图8-7所示。

图8-7　釉面花片砖与腰线装饰

四、釉面墙砖的应用与选购

釉面墙砖主要用于室内环境墙面的装饰，如厨房墙面、卫生间墙面等水湿环境，其厚度薄、密实度不高，不能用于地面装饰，也不用于外墙装饰。

釉面砖的选购应把握同一等级、同一批号、同一规格，概括起来有以下几点。

（1）选用优等品砖　确保所选瓷砖色差小、尺寸偏差小、表面质量高。

（2）看批号　选用同一批号的瓷砖。批号不同，有颜色、规格的微小差异。

（3）看尺寸　如330mm×250mm的瓷砖，331mm×251mm、332mm×249mm、328mm×252mm等都归在一起，每盒瓷砖的外包装上都标注了精确的尺寸，选用同一尺寸的砖非常重要。

（4）看坯体密实度　敲击声音清晰，密实度较高。掂重量越重越好。

（5）看平整度　取两块瓷砖面对面或背对背，即可检验砖体是否弯曲变形。

（6）看釉面　右手托砖，迎光检查，表面光滑、釉面厚实为好。

第三节 釉面墙地砖

釉面墙地砖顾名思义，是指既可以铺贴墙面、又可以铺贴地面的釉面砖。由于铺地材料要有较高的抗压强度和耐磨性，所以釉面墙地砖与釉面墙砖的区别如下。

（1）密实度较高　一般都达到炻质，有的还是瓷质，以满足抗压、耐磨的铺地材料的要求。

（2）一般为正方形　由于铺地陶瓷采用正方形规格较多，墙面陶瓷既可以采用正方形，也可以采用长方形，两者兼顾，釉面墙地砖一般就做成正方形规格。

（3）表面非光滑面　由于釉面墙地砖表面施釉后，表面防滑性较差，所以铺地釉面墙地砖一般制成麻面、凸凹面，以增强防滑性，也俗称“防滑地砖”。

釉面墙地砖与釉面墙砖的同特点是：砖都是由胚体、装饰层、釉面保护耐磨层组成的，具有釉面砖颜色、花纹丰富美观的装饰性能，能满足各种装饰环境、装饰风格的需求。

选用釉面墙砖铺墙，还需选配合适的地砖，要考虑协调与搭配的问题。而选用釉面墙地砖既可以铺墙，也可以铺地，可以实现墙面、地面同花、同色、同料的装修效果，整体感好。缺点是正方形的墙地砖铺墙，略有呆板之感。铺贴时可以选用腰线、花片砖、马赛克等跳色的方法，打破过度统一所带来的单调感。如图8-8所示。

图8-8　釉面墙地砖铺贴效果

第四节 仿古砖

仿古砖是运用现代陶瓷砖制造技术制造的具有古典风格及古旧外形的陶瓷砖。从构成来看，仿古砖也是釉面地砖的一种，只是表面的装饰图案、表面质地具有古朴的效果。

20世纪90年代初仿古砖在意大利、西班牙开始流行，产品及生产技术近些年已传入我国。

仿古砖的特点如下。

① 仿古砖表面不像其他地砖光滑平整，视觉效果有凹凸不平感，质感粗糙，有很好的防滑性，纹理斑驳，色调暗哑，多为橘红、桃红等色。有一些产品每一块砖的色泽都是不均匀、不相同的，装饰效果类似于未加工的天然石材，铺设起来的地面会呈现出自然的斑驳感、古旧感。

② 仿古砖的规格及用途：产品规格类型有正方形（大多为300mm×300mm、600mm×600mm）、长方形（600mm×300mm）、三角形、多边形等，其铺设方式多样，表现力增强。仿古砖广泛适用于户外广场、庭院、门廊，居室中客厅、餐厅、书房、浴室、厨房以及一些公共空间如咖啡厅、酒吧、商店、图书馆、小型酒店等，仿古砖适用于地面装饰和墙面装饰，如图8-9、图8-10所示。

图8-9 仿古砖的外观效果

图8-10 仿古砖装饰的背景墙与地面

③ 在设计工艺上，国产仿古砖不仅注重做旧的工艺，而且传承了中国古文化的历史，表现出中国古文化独有的历史韵味，如楼兰仿古花砖体现的就是古楼兰文化。牵引着人们的想象力去感受中国古典韵味。仿古风格上，意大利瓷砖极力表现古典、复古的历史意味，设计师运用不拘一格的灵性艺术，再现罗马宫殿曾经的辉煌盛世，营造空间的视觉美

感，给人一种富于变化且华贵张扬的艺术效果。花砖设计并非一律要在色彩、图案上表现张扬，含蓄也能体现古典质朴。与单色砖同色系的罗马利奥仿古花砖图案内敛，但同样展现了客厅堂皇的气派。历经岁月洗涤的罗马利奥仿古砖，显现一种高雅的生活格调。

如今在国内仿古砖市场，不仅有来自意大利、西班牙等国的舶来品，而且也有越来越多的国产仿古砖。设计理念上，国产仿古砖大多借鉴意大利名师设计精髓。

第五节 陶瓷艺术砖

陶瓷艺术砖（即陶瓷壁画，也称艺术陶瓷砖）是以陶瓷为基体的装饰壁画（一般是大型画），也就是以陶瓷面砖、陶板、锦砖等为原料，经镶拼制作的具有较高艺术价值的现代建筑装饰产品。

陶瓷壁画不是原画稿的简单复制，而是艺术的再创造，它巧妙地融绘画技法和陶瓷装饰艺术于一体，经过放样、制板、刻画、配釉、施釉、焙烧等一系列工序，采用浸、点、涂、喷、填等多种施釉技法，以及丰富多彩的窑变技术，创造出的艺术作品。从其构成看，陶瓷艺术砖也属于釉面砖，如图8-11所示。

图8-11　陶瓷艺术壁画

一、陶瓷壁画的特点

① 陶瓷壁画具有单块砖面积大、厚度薄、强度高、平整度好、吸水率小、抗冻、抗化学腐蚀、耐急冷急热等特点。

② 陶瓷壁画可以同时具有绘画、书法、条幅等多种功能形式，表面可制成平滑面，也可做成各种浮雕花纹图案，施工较方便。

③ 陶瓷壁画的生产制作与普通陶瓷面砖的生产方法相似，不同的是由于壁画是一幅完整的立面图案，一般是由若干不同类型（包括色彩图案、形状、大小、表面肌理及尺寸厚薄等）的单块瓷砖组成，因此是按专门的设计图案要求压制成的不同类型的单块瓷砖。

二、陶瓷壁画的用途

陶瓷壁画一般制成较大型的，多用在大厅（如宾馆、酒楼）的整面墙装饰，气势浩大。也可镶贴于其他公共场所，如机场的候机室、车站的候车室、大型会议室、会客室等，给人以美的享受。

第六节 玻化砖

一、玻化砖的构成

玻化砖是将石英砂、黏土按一定比例配料，在1230℃以上的高温下烧制而成，然后经打磨光亮但不需要抛光，表面如玻璃镜面一样光滑透亮，是所有瓷砖中最硬的一种，其在吸水率、边直度、弯曲强度、耐酸碱性等方面都优于普通釉面砖、抛光砖及一般的大理石。

玻化砖具有玻璃般质感，表里如一的全瓷均质结构，属于通体砖的一种，也称为瓷质玻化砖。

二、玻化砖的发展及其特点

玻化砖是20世纪80年代后期由意大利、西班牙引入中国。因它具有表面光洁、易清洁保养、耐磨耐腐蚀、强度高、装饰性好、用途广、用量大等特点，而被称为“地砖之王”。

玻化砖的发展，主要表现在表面花纹技术的创新与发展。模仿天然石材纹理是玻化砖永恒的发展方向。

在1996年之前，陶瓷市场是以耐磨砖、釉面砖为主流。1997年，渗花技术的出现标志着玻化砖开始进入仿石时代。渗花砖因其具有石材的线条纹理而得到消费者的青睐，以

“金花米黄”为代表的渗花砖迅速引领当时潮流，“金花米黄”的名称就是从大理石材借鉴而来的。

1999年，颗粒技术在玻化砖领域得到广泛的应用，颗粒技术与渗花技术的结合使玻化砖的表面效果更接近石材。但总体来讲，渗花砖与颗粒砖接近石材的表面效果还是“平面式”的形似，并且在颜色方面比较单调，基本没有红色与黑色。

2000年是跨世纪的一年，也是玻化砖历史性革命的一年。微粉技术的诞生掀开了玻化砖历史性的一页。微晶砖的划时代意义就在于其仿石材效果从“平面式”的花纹技术跃升为3D花纹，标志玻化砖立体时代的来临。如图8-12所示。

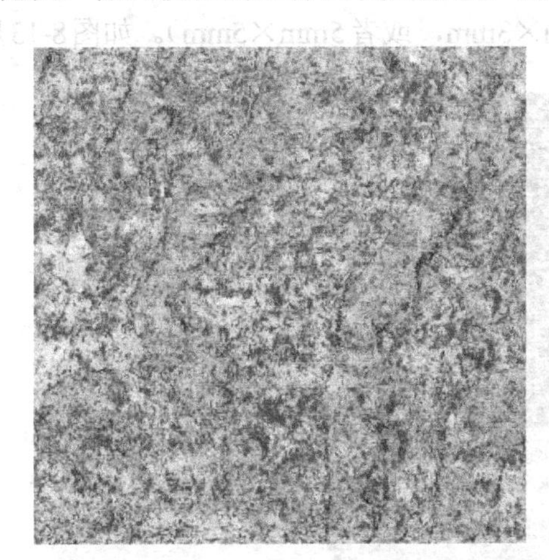
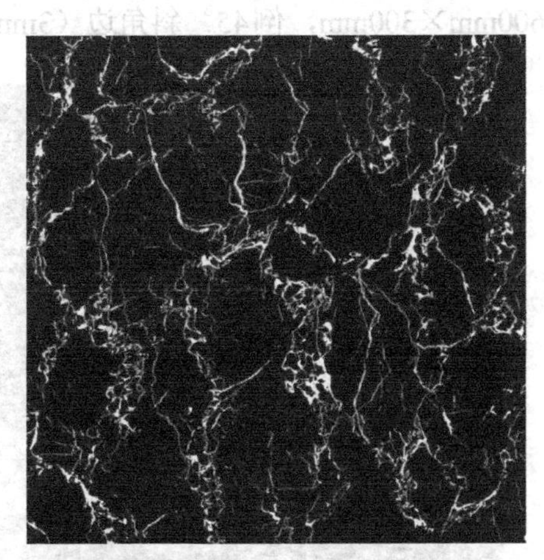

图8-12　3D花纹的微晶玻化砖

近年来，大规格的玻化砖已经发展成为居室装饰的主流。这种陶瓷砖具有天然石材的质感，而且更具有高光度、高硬度、高耐磨、吸水率低、色差少以及规格多样化和色彩丰富等优点。这种高密度、高强度的大规格瓷质玻璃砖，能将古典与现代兼容并蓄，它比大理石轻便，质地均匀致密、强度高、化学性能稳定，其优良的物理化学性能来源于它的微观结构。

玻化砖的结构特点如下。

① 玻化砖，也叫玻化石、抛光砖、完全玻化石。是由石英砂、泥烧制而成，然后用磨具打磨光亮，表面如镜面般透亮光滑。

② 性质呈弱酸性。

③ 色彩艳丽柔和，没有明显色差。

④ 高温烧结、完全瓷化，玻化砖吸水率小于等于0.5%，理化性能稳定，耐腐蚀、抗污性强。

⑤ 厚度相对较薄，抗折强度高，砖体轻巧，建筑物荷重减少。

⑥ 无有害元素，环保。

⑦ 抗折强度大于45MPa（花岗岩抗折强度约为17 ～ 20MPa）。

三、玻化砖的规格

玻化砖的规格：400mm×400mm、500mm×500mm、600mm×600mm、800mm×800mm、

900mm×900mm、1000mm×1000mm等，常用600mm×600mm、800mm×800mm、900mm×900mm、1000mm×1000mm。规格越大，价格越贵。

四、玻化砖的应用

① 玻化砖的规格一般较大，一般用于地面装饰，主要用于商场及办公环境、家庭居室客厅等空间环境。

② 玻化砖用于铺贴墙面时，可以选用较小规格的玻化砖，如600mm×600mm，然后加工成600mm×300mm，倒45°斜角边（3mm×3mm，或者5mm×5mm）。如图8-13所示。

图8-13　玻化砖铺贴墙面和地面

第七节 玻化砖的质量鉴别与检验

一、玻化砖选购

玻化砖是经高温煅烧后进行表面打磨抛光而成的瓷质地砖。在选购时应注意以下问题。

1. 选品牌

由于玻化砖外观相差不大，而内在品质差距巨大，因此选择口碑好的品牌显得尤为重要。专业的玻化砖生产厂家从原料、采购、高温煅烧、打磨抛光、分级挑选、打包入库等

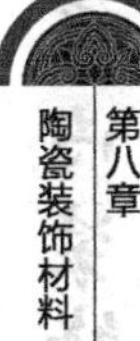

几十道工序，都有严格的标准规范，因此质量比较稳定。而一些小规模的抛光砖厂（仅有抛光设备，砖坯需外购）由于前期工序非本企业控制，而且走的大都是低质低价路线，因此对质量的要求相对较低。

2. 选品种

在一个玻化砖品牌中，有很多系列。根据材质及工艺不同，如有“普通渗花”、“普通微粉”、“聚晶微粉”、“魔术布料”、“垂直布料”等。不同的系列，其价格是不同的。普通渗花是最普通的一种，工程采用较多。家庭装修根据不同的风格可以选择不同的系列产品，微晶玻化砖规格大、价格高、具3D花纹、适合高档环境的地面装饰。

3. 选品质

不同的品牌，不同的品种，就有不同的品质。就以抗污性及平整度两大指标而言，在同一品牌里面，普通渗花系列的抗污性相对较差但平整度好，而聚晶微粉系列平整度较难控制但抗污性明显增强。如果既能有良好抗污性又能有良好平整度，这样的玻化砖就是高品质的产品。

二、玻化砖好坏的简单辨别方法

一看：主要是看抛光砖玻化砖、抛光砖表面是否光泽亮丽及有无划痕、色斑、漏抛、漏磨、缺边、缺脚等缺陷。查看底胚商标标记，正规厂家生产的产品底胚上都有清晰的产品商标标记，如果没有或者特别模糊的，建议慎选！

二掂：就是试手感，同一规格产品，质量好、密度高的砖手感都比较沉；反之，质次的产品手感较轻。

三听：敲击瓷砖，若声音浑厚且回音绵长如敲击铜钟之声，则瓷化程度高，耐磨性强，抗折强度高，吸水率低，不易受污染；若声音混哑，则瓷化程度低（甚至存在裂纹），耐磨性差，抗折强度低，吸水率高，极易受污染。

四量：抛光砖边长偏差≤1mm为宜，对脚线偏差为500mm×500mm产品≤1.5mm，600mm×600mm产品≤2mm，800mm×800mm产品≤2.2mm，若超出这个标准，则对您的装饰效果会产生较大的影响。量对角线的尺寸最好的方法是用一条很细的线拉直沿对角线测量，看是否有偏差。

五试：一是试铺，在同一型号且同一色号范围内随机抽样不同包装箱中的产品若干在地上试铺，站在3m之外仔细观察，检查产品色差是否明显，砖与砖之间缝隙是否平直，倒角是否均匀；二是试脚感，看滑不滑，注意试砖是否防滑不加水，因为越加水会越涩脚。

三、玻化砖验收时的注意事项

① 正规厂家的包装上都明显标有厂名、厂址、商标、规格、等级、色号、工号或生产批号等，并有清晰的使用说明和执行标准。

② 正规厂家出厂的抛光砖底都有清晰的商标或标志。

③ 当你进行品牌选择时发现没有上述标记或标记不完全，那请您慎重，必要时可到当地工商管理或质量监督部门进行鉴定。

复习思考题

1. 比较釉面墙砖、釉面墙地砖、玻化砖三种材料铺贴墙面效果的差异性？

2. 釉面瓷砖等陶瓷产品的选购，应把握哪三个同一？

3. 为什么说玻化砖是将古典与现代兼容并蓄？

4. 简述选用釉面墙地砖铺贴墙面、地面的特点。

实训练习

1. 釉面瓷砖的质量检验

（1）材料与工具：600mm×300mm的釉面瓷砖一件，游标卡尺等。

（2）检查内容：尺寸偏差、对角线偏差、板面平整度、釉面厚实度、坯体密实度等。

2. 玻化砖性能特点的观察与比较

（1）材料：渗花技术生产的第一代玻化砖（600mm×600mm）、颗粒技术生产的2D仿石纹玻化砖（800mm×800mm）、微晶技术生产的3D仿石纹玻化砖（1000mm×1000mm）。

（2）比较内容：构造、花纹特征、表面光泽度、表面平整度等。

本章推荐阅读书目

1. 李栋编. 室内装饰材料与应用. 南京：东南大学出版社，2005.

2. 涂华林主编. 室内装饰材料与施工技术. 武汉：武汉理工大学出版社，2008.

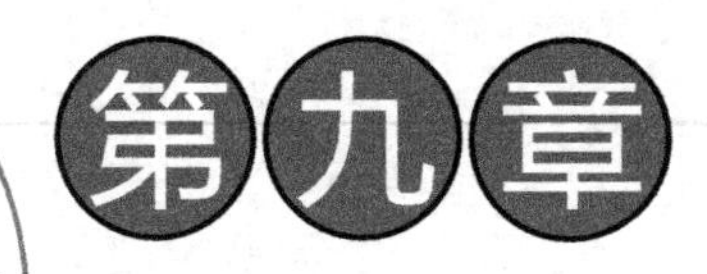

第九章 铺地装饰材料

知识目标

1. 掌握室内铺地装饰材料的分类及特性。
2. 了解铺地装饰材料在室内装饰的应用。

技能目标

1. 能进行常见室内铺地装饰材料的识别。
2. 掌握常见铺地装饰材料的施工工艺。

本章重点

室内铺地装饰材料的特性及应用。

第一节 地面材料的分类与选择

地面装饰材料按材质分类有实木木质地板、实木复合地板、复合木地板、竹地板、软木地板、塑料地板、化纤地毯、羊毛地毯等。用地板类材料装饰地面，华贵高雅，脚感舒适，是当前家庭装饰应用较多的一种形式。

地面装饰材料的选择，首先根据房间的使用功能，装修房间的使用功能在很大程度上影响着地面装饰材料的选择，如果选择材料适当，则既美观、实用又易于保养。其次地面装饰材料的选择依据投入的费用的多少，投入的费用直接影响着室内的装饰效果，故应将使用功能和投入的费用综合考虑，选择既能满足使用功能的需要，又是经济力量所能承受的地面装饰材料。最后，地面装饰材料的选择还要根据使用的年限、投入费用等几个方面应综合考虑。

第二节 木质、竹质铺地材料

一、实木地板

实木地板是由天然树木经过木材烘干、加工后形成的地面装饰材料，是室内地面装修最常使用的材料之一。该产品天然质朴、自然而高贵，可以营造出极具亲和力的高雅居室环境；弹性好，脚感舒适；冬暖夏凉，能调节室内温度和湿度；本身不散发有害气体，是真正的绿色环保家装材料。实木地板由于具有诸多优点，受到广大消费者的青睐。

1. 实木地板的特点

实木地板是用天然木材直接切割后加工而成，完全保留了天然实木漂亮的花纹和肌理，由于没有使用胶黏剂，所以一般比较环保。实木地板一般安装时需铺设龙骨，加上实木本身的触感也比较好，所以实木地板的脚感都非常舒适。使用木质地板铺设地面，已成为人们追求的时尚。

实木地板效果如图9-1所示，实木地板具有以下特点。

（1）隔声隔热　实木地板材质较硬，具有缜密的木纤维结构，热导率低，阻隔声音和热气的效果优于水泥、瓷砖和钢铁。

图9-1 实木地板

（2）调节湿度 实木地板的木材特性是：气候干燥，木材内部水分释出；气候潮湿，木材会吸收空气中水分。木地板通过吸收和释放水分，把居室空气湿度调节到人体最为舒适的水平。科学研究表明，长期居住木屋，对延长寿命极为有益。

（3）冬暖夏凉 由于木材热导率小，故作为地面材料它有很好的调温作用，它能很好地调节室内温度，达到冬暖夏凉的作用。冬季，实木地板的板面温度要比瓷砖的板面温度高8～10℃，人在木地板上行走无寒冷感；夏季，实木地板的居室温度要比瓷砖铺设的房间温度低2～3℃。

（4）美观自然 木材是天然的，其年轮纹理往往给人一种回归自然、返璞归真的感觉，无论质感与美感都独树一帜，这是人造地板无论如何都不能达到的品质。

（5）天然芬芳，华丽高贵 实木地板取自高档硬木材料，板面木纹秀丽，装饰典雅高贵，是中高端收入家庭的首选用材。有些名贵木材散发出天然的芬芳，使人仿佛回到大自然中，令人心旷神怡。并且这种芳香并不因使用时间而消散，能持久散发。

（6）脚感舒适，经久耐用 铺设好的实木地板具有很好的弹性，人在上面行走无论是温度、触觉、脚感非常柔和舒适。实木地板的绝大多数品种的材质硬密、抗腐抗蛀性强，正常使用的寿命可长达几十年乃至上百年。

（7）天然环保，无污物质 由于其取自于天然木材，没有放射性，不含甲醛，故对人体没有任何危害。只要是正规厂商生长的产品，大家基本上不用考虑环保性，这一特点也正是很多家庭看重实木地板的原因。天然木材本身不含甲醛，但不少小厂商制作漆板所用的油漆质量不过关，会造成甲醛超标。

2. 实木地板的种类及规格

（1）实木地板的分类

实木地板的种类众多，主要有以下几种分类。

① 按照木地板的形状分类 按照木地板的形状分类，我们可以分成常见的条状木地板、方块状木地板，还有就是拼花木地板，其中条状的木地板规格是常见的，也是应用最为广泛的，而拼花木地板由于其工艺的复杂，大多数都是手工制成的，有着比较久的历史，在很长的一段时间内都是欧洲的一些贵族的奢侈品。

② 按照木地板的功能分类 按照木地板的功能分类，可以分为普通的木地板和地热木地板。过去木地板规格对于地热地板的影响比较大，现在很多厂家都开始生产实木地热地板，使北方的消费者也有了更加多样的选择。

③ 按照铺装方式分类　按照铺装方式，可以分为榫接地板、平接地板、镶嵌地板等，最常见的是榫接地板。

④ 按照表面加工的深度分类　按照表面加工的深度，可分为漆饰地板和未涂饰地板（俗称素板），现在最常见的是UV漆漆饰地板。

⑤ 按照加工工艺分类　按照加工工艺，可分为企口实木地板、指接地板、集成材地板和拼方、拼花实木地板。

⑥ 按照产地的不同分类　按照产地的不同，可分为国产材地板和进口材地板。国产材地板常用的材种有桦木、水曲柳、柞木、榉木、榆木、核桃木、枫木、色木等。进口材地板常用的材种有甘巴豆、茚茄木、香脂木豆、重蚁木、柚木、古夷苏木、孪叶苏木、香二翅豆、蒜果木、四籽木、铁线子等。

（2）常见实木地板材质简介

① 栎木*Quercus spp.*　壳斗科；产地：中国，北美洲，欧洲；市场俗称：柞木，橡木；商用名：Oak。

材性：气干，密度约0.77g/cm^3，心材褐色至暗褐色，有时略带黄色。边材淡黄白带褐色，心边材区别明显。木材具光泽，纹理直或斜，结构粗。年轮甚明显，呈波浪状。木射线明显，且呈宽窄两种，径切面宽射线有光泽，构成极明显的斑纹。材重，耐潮湿性能良好，耐磨损。握钉力大，油漆着色性好。为欧美市场传统消费及畅销树种。

适应使用地区：适合国内任何地区使用。

② 柚木*Tectona spp.*　马鞭草科；产地：缅甸；市场俗称：缅甸柚木，胭脂木；商用名：Teak。

材性：气干密度约0.62g/cm^3，世界知名木地板树种，有缅甸"国木"之称。边材浅黄褐色；心材金黄色，久之变为深黄褐色，在生长干燥地区多呈褐色条经纬度，弦面上呈抛物线花纹，心边材区别明显。木材具光泽，新材略有刺激性气味，无滋味，触之有脂感，有油脂的触觉，纹理通常直，但在同产区者亦有交错纹理，结构中至略粗，生长轮明显，甚宽，不匀。木材干燥状况良好，在天然干燥时需加遮盖，以防干燥过快；稳定性好，湿胀性小，材色易于改变，但干燥后的木材颜色一致。耐腐性强，防腐性强，防腐处理困难。心材对白蚁及海中腐木生物的抵抗力极强。具有良好的力学性质，耐腐损。干缩极小，干燥后尺寸特别稳定，对多种化学物质有较广的耐腐蚀性。

适应使用地区：适合国内任何地区使用。此板材稳定性佳，缩胀均匀，铺装时以自然拼紧为宜，板与板之间不必刻意留缝。

③ 花梨*Pterocarpus spp.*　蝶形花亚科；产地：泰国，缅甸；市场俗称：紫檀、红花梨；商用名：Padauk。

材性：气干密度约0.93～1.05g/cm^3，纹理交错，结构细致均匀，强度高，耐磨性抗白蚁，色泽呈红褐色，透出淡淡馨香，脱俗大方，更显品位非凡。木质坚硬，色差较小，色泽呈深棕红色，高雅气派耐用，是可用百年的材种。适合于高档家具制作装修，是地板中较为稀少的树种。明清皇宫将其视为打制家具的珍品，英国、法国王室以铺设该地板引以为荣。

适应使用地区：适合国内任何地区使用。

④ 甘巴豆*Koompassia spp.*　苏木科；产地：东南亚；市场俗称：金不换，康巴斯；

商用名：Kempas。

材性：气干密度约0.88g/cm³，心材浅红至红色，久则转暗红色，边材较浅，心边材明显。木材具光泽，纹理交错或呈波浪状，结构粗略均匀，材重质硬，强度高，稳定性欠佳。耐腐防虫。纹理富有激情，常带有美丽的花纹，加工困难，价格低廉。

适应使用地区：北方干燥地区应谨慎使用（冬季加湿处理）。铺装时要刻意留缝，以二排插一片打包带的厚度为宜，使用时注意环境湿度的调整。

⑤ 茚茄木 *Intsia spp.* 苏木科；产地：东南亚；市场俗称：波罗格；商用名：Merbau。

材性：气干密度0.76～0.94g/cm³，心材黄褐色至红褐色，久则转深，边材较浅黄色，心边材明显。木材具光泽，纹理交错均匀，常具有不规则黑色斑纹，无特殊气味和滋味，木材中至重，质硬，强度高，稳定性好，干缩小。油漆性能良好，装饰效果好，耐腐防虫。纹理简洁朴实，花纹漂亮，价格实惠，性价比较高，为市面较流行树种。

适应使用地区：适合国内任何地区使用。铺装时以自然拼紧为宜，板与板之间不必刻意留缝。

⑥ 重蚁木 *Tabebuia spp.* 紫薇科；产地：中南美洲；市场俗称：紫檀，依贝；商用名：Ipe。

材性：气干密度0.90～1.14g/cm³，心材为橄榄褐色至暗褐色，常具浅色或深色细条纹，有时带有红色或黄褐色条纹，木材带有油腻感，富含黄绿色矿物质沉积物。木材具光泽，纹理交错均匀，条状花纹很丰富，无特殊气味和滋味，木材甚重，材质硬，强度高，稳定性耐候性均佳，耐腐防虫性能极好。中南美洲特有的树种，色泽丰富，冬季易产生细小的裂纹。重蚁木以深沉儒雅而略显高贵的色泽，配以浅色的装饰风格则现“典雅现代”之气；衬以传统古典式的居饰则呈古朴仁风，可谓古今皆相宜。

适应使用地区：北方干燥地区应谨慎使用（冬季加湿处理）。自然拼紧，不必在板与板之间刻意留缝。

⑦ 古夷苏木 *Guibortia spp.* 苏木科；产地：非洲；市场俗称：非洲花梨，红贵宝；商用名：Bubinga。

材性：气干密度0.80～0.90g/cm³，心材红褐紫色或红褐色，边材白色或浅黄褐色，心边材明显。木材具光泽，具深紫色条纹，纹理直至略交错，结构细而匀，无特殊气味和滋味。木材重，强度高，干燥无开裂和变形；耐磨性好，握钉力强，胶合油漆性能良好，耐腐防虫。纹理华丽，适合配搭豪华家具，深得“老红木”之美称。

适应使用地区：适合国内任何地区使用。

⑧ 香二翅豆 *Dipteryx spp.* 蝶形花科；产地：南美洲；市场俗称：龙凤檀；商用名：Cumaru。

材性：气干密度约1.07～1.11g/cm³，心材褐色至深褐色，边材略浅，心边材不明显。木材具光泽，纹理直略斜，结构细或中，材质均匀，无特殊气味和滋味。抗腐朽防虫蛀。纹理美观材色悦目，稳定性极佳。

适应使用地区：适合国内任何地区使用。铺装时应以拼紧为宜，万不可插片铺装。最好是进行二次铺设，第一次不用钉子固定，一年后再用钉子固定，或者在选购时挑选较窄的地板。

⑨ 香脂木豆 *Myroxylon spp.* 蝶形花科；产地：南美洲；市场俗称：红檀香；商用名：

Balsamo。

材性：气干密度约0.95g/cm^3，心材红褐色至深红褐色，具有浅色条纹，心边材不明显。木材具光泽，结构细而匀，带有特殊的香味。木材重，强度高，耐腐防虫抗菌。材少价昂，色泽深受世界各国喜爱，为目前市场畅销树种。

适应使用地区：适合国内任何地区使用。每隔二排用打包带插片，同时用无水胶在公母榫中每隔20～25cm点胶，以防止地板铺装后产生踏响声。

⑩ 龙脑香*Dipterocarpac Eae*　产地：缅甸菲律宾马来西亚；市场俗称：夹油木，缅甸红，克隆木；商用名：Keruning。

材性：气干密度0.64～0.81g/cm^3。心材灰红褐至红褐色，边材巧克力色至浅灰褐色，木材散孔，光泽弱，常有树脂气味，纹理通常直，结构略粗，略均匀，重量中至略重，木材略硬至硬，强度中至强，尤以抗弯弹性模量很高，刨面光滑，着色容易，国外烘干，干燥后稳度性良好。耐腐性强，抗白蚁。纹理自然感强，色泽美观耐看。广泛用于地板、车辆、桥梁、码头、火车车厢等。

适应使用地区：适合国内任何地区使用。

⑪ 番龙眼*Pometia.spp*　无患子科；产地：东南亚非洲；市场俗称：红梅嘎；商用名：KasaiTaun。

材性：气干密度0.54～0.86g/cm^3，纹理通直交错，树皮厚约0.5cm，红褐色层和白色层相间层积而成，易锯刨光加工性良好，广泛应用于家具制造，内部装饰和其他木制品。纹理与茚茄木相似。

适应使用地区：适合国内任何地区使用。

（3）实木地板的规格　实木地板的一般常用规格有：长度900～2500mm，宽度50～200 mm，一般不大于120mm，厚度160～180 mm。

我国实木地板标准规定，实木地板分为优等品、一等品和合格品三个等级。

3. 实木地板的安装

（1）基层处理　清理基层面，将表面的砂浆、垃圾杂物清理干净。

（2）做防潮处理　防潮层一般刷冷底子油、热沥青一道或一毡二油做法，它的作用是防止潮气侵入地面层，引起木材变形、腐朽等。

（3）弹线　应根据设计标高在墙面四周弹线，以便找平木格栅的顶面高度。

（4）设木垫块和木格栅　木格栅使用前要进行防腐处理。

（5）填保温、隔声材料　在格栅的空隙间填充一些轻质材料，如膨胀珍珠岩、矿棉毡等，厚度40mm，这样可减少人在地板上行走时所产生的空鼓音。

（6）铺木地板　用企口缝拼接，条形木板条的铺设方向应考虑铺钉方便，固定牢固，使用美观的要求。走廊、过道等部位，应顺着行走的方向铺设，室内房间应顺着光线铺设。

（7）打磨、油漆　刷清油打底→局部刮腻子、磨光→满刮腻子、磨光→刷底漆→刷第一遍铅油→复补腻子→磨光、湿布擦净→刷第二遍铅油→磨光、湿布擦净→刷水晶漆。

4. 实木地板的选购

① 首先挑选外观质量，看表层木材的色泽、纹理和油漆质量是否符合等级标准，一般不应有腐朽、死节、节孔、虫孔、夹皮树脂囊、裂缝或拼缝不严等木材缺陷，木材纹理和色泽的观感应和谐，油漆涂饰应均匀，无气泡、小白点等现象，表面不应有明显的污斑

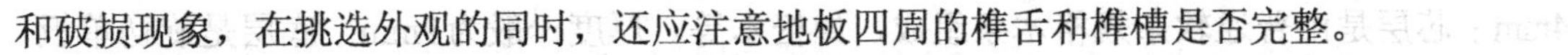

和破损现象，在挑选外观的同时，还应注意地板四周的榫舌和榫槽是否完整。

② 地板规格尺寸是否与所购买的尺寸长、宽、厚一致，再任意取多块地板自行拼装以观察其榫、槽结合是否严密，手感是否平整。

③ 测量地板的含水率，国家标准所规定的含水率为10%～15%。从吸水膨胀率可以看出其防水、防潮性能，吸水膨胀率越低越好，最好是小于2%，其次是小于5%。烟火放在表面燃烧，如果不留痕迹说明防火系数较高，按国家规定每100g地板甲醛含量不得超过9mg。

二、实木复合地板

实木复合地板又叫欧式木地板，它不仅具有实木地板的优点，还具有经久耐用、不变形、环保、安装简单和维修方便的特点。实木复合地板由木材切刨成薄片，几层或多层纵横交错，组合黏结而成，如图9-2所示。基层经过防虫防霉处理，加贴多种厚度1～5mm不等的木材单皮，经淋漆涂布作业，均匀地将涂料涂布于表层及上榫口后的成品木地板上。

图9-2　实木复合地板

1. 实木复合地板的特点

实木复合地板兼有强化木地板的稳定性与实木地板的美观性于一体，而且具有环保优势，同时实木复合地板不易变形（每层木质纤维相互垂直，分散了变形量和应力），且规格大，铺设方便。既解决了实木地板易变形不耐磨的缺陷，又达到了实木地板的脚感舒适度，让使用者能享受到大自然的温馨，又解决了古老的实木地板难保养的缺点，是强化木地板和实木地板的美好结晶，是一种理想的高档地面装饰材料，亦是一种性能比较高的新型地板，是木地板行业发展趋势。

2. 实木复合地板的种类及规格

实木复合又分为三层实木复合地板、多层实木复合地板和新型实木复合地板。

（1）实木复合地板的分类

① 三层实木复合地板　三层实木复合地板由表层、芯层及底层组成。其中表层使用硬质木材，如榉木、桦木、樱桃木、水曲柳等优质阔叶材规格板条镶拼成板，厚度一般为

4mm；芯层是由普通软杂规格木条组成，如松木等。厚度一般为9mm；底层是旋切单板，厚度为2mm。三层结构用脲醛树脂胶压而成，总厚度为14～15mm。

② 多层实木复合地板　多层实木复合地板以多层胶合板为基材，表层为硬木片镶拼板或刨切单板，通过脲醛树脂层压而成。基层胶合板的层数通常为3～5层，表层为硬木片，厚度通常为1.2mm，刨切板为0.2～0.8 mm，总厚度一般不超过12mm。

③ 新型实木复合地板　新型实木复合地板，表层使用硬质木材，如榉木、桦木、樱桃木等，中间层和底层使用中密度纤维板或高密度纤维板。效果和耐用程度都与三层实木复合地板相差不多。

（2）实木复合地板的规格　实木复合地板的一般常用规格有：1802mm×303mm×15mm、802mm×150mm×15mm、1200mm×150mm×15mm、800mm×20mm×15mm。

实木复合地板之间以胶水粘接，其甲醛释放量是一个十分重要的指标，国内对此已有强制性标准，即《室内装饰装修材料人造板及其制品甲醛释放限量》。该标准规定实木复合地板必须达到E1的要求，并在产品标志上明示。

3. 实木复合地板的安装

① 铺设防潮薄膜：铺装防潮地垫前，首先铺设0.2mm厚的PE防潮薄膜，防潮膜需要铺设平直，接缝处重叠300mm，用60mm宽的胶带密封，压实。墙边上引30～50mm，但需低于踢脚线高度。

② 铺设地垫：地垫厚度不低于2mm（以3mm厚度为佳）。安装时，地垫间不能重叠，接口处用60mm的宽胶带密封，压实，地垫需要铺设平直，墙边上引30～50mm，低于踢脚线高度。

③ 预铺分选：铺装前将地板全部拆开，对地板进行预铺分选，按深、浅颜色分开，铺装时首先使用短板，短板使用完后再切割长板。

④ 铺装的板和墙面之间要留下5mm的伸缩缝。

⑤ 拼装前在凹槽均匀涂上树脂，计算好地板的裁切尺寸。

⑥ 裁切并将第一列用剩部分作为第二列的第一片地板开始铺设。

⑦ 用木锤隔着木条敲实地板接口用抹布拭去渗出的树脂。

⑧ 铺设最后一块地板时按地面的实际情况裁切再安装。

⑨ 胶水干了后再在地板与墙之间的伸缩缝上铺配套的地脚线。

4. 实木复合地板的选购

（1）吸水厚度膨胀率　优等品的吸水厚度膨胀率在2.5%以下；一等品的吸水厚度膨胀率值在4.5%以下。

（2）表面耐磨性　地板因没有耐磨层或耐磨转数极低而被称为假地板，这种地板表面上看和真正的实木复合地板无区别。

（3）甲醛释放量　A级品的甲醛释放量值不大于9mg，B级品的甲醛释放量值大于9mg，但也在100g以内，由此可见达到B级就可以用。胶的质量决定着复合地板的污染大小，质量好的胶甲醛含量低。

（4）表面质量及厚度　表面的浸渍胶膜纸饰面不应有干花不透明白色小点、湿花雾状、污斑、划痕及压痕，四周的榫舌和榫槽应保持完整。实木复合地板的中间层，厚度就一直保持在7～10mm。

三、强化复合地板

复合木地板诞生于20世纪80年代的欧洲，1994年进入我国以来，它就以朴实耐磨、典雅美观、色泽自然、花色丰富、防潮、阻燃、抗冲击、不开裂变形、安装便捷以及保养简单、方便等诸多优点，迎合了现代人追求时尚、品位的生活方式，因此赢得了广大消费者的认可。

强化复合木地板是经强化处理过的木质地板，外观平整性、尺寸稳定性，克服了天然木材容易变形的外界物理因素，其性能是耐磨、抗冲击、阻燃、防潮、环保、不需打蜡上漆，使用方便。学名为浸渍纸饰面层压木质地板。

1. 强化复合地板的特点

强化木地板表面层含有耐磨材料的三聚氰胺树脂浸渍装饰纸、中间层为中、高密度纤维板，底层为浸渍酚醛树脂的平衡纸，三层通过合成树脂胶热压而成，如图9-3所示。由于其采用高密度板为基材，材料取自速生林，由2～3年生的木材碎成木屑后制成板材使用，因此是最环保的木地板之一。

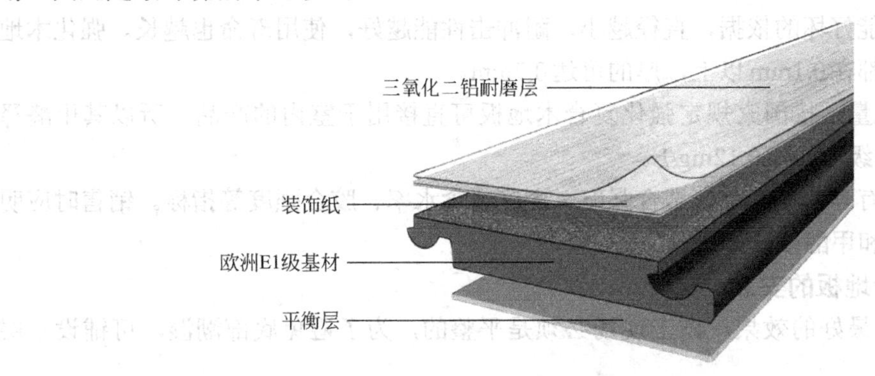

图9-3　强化复合地板

强化木地板的优点：一是表面光洁，且防水、防火、抗压，其耐磨性远高于实木地板；二，由于经过热压强化处理，克服了实木地板干湿胀的弱点，尺寸稳定性好；三，品种丰富，仿真性好，幅面宽，并有和实木地板相同漂亮的纹理和色彩；四，强化木地板结构设计合理，铺设简便快捷；五，强化木地板保养简单，无需打蜡、抛光等表面处理，清洁容易；六，强化木地板价格相对便宜。缺点主要有：水泡损坏后不可修复、脚感较差。

2. 强化复合地板的种类和规格

（1）复合木地板的分类　复合木地板从表层装饰层的效果上分为榉木、红木、橡木、桦木、胡桃木等；从加工档次上分有单面耐磨层和双面耐磨层两种。构造为高密度板基材加饰面材料，表面以结晶三氧化二铝为耐磨层复合而成。强化复合地板由以下四层结构组成。

第一层，耐磨层。其主要由三氧化二铝组成，有很强的耐磨性和硬度，一些由三聚氰胺组成的强化复合地板无法满足标准的要求。

第二层，装饰层。它是一层经蜜胺树脂浸渍的纸张，纸上印刷有仿珍贵树种的木纹或其他图案。

第三层，基层。它是中密度或高密度的层压板。经高温、高压处理，有一定的防潮、阻燃性能，基本材料是木质纤维。

第四层，平衡层。它是一层牛皮纸，有一定的强度和厚度，并浸以树脂，起到防潮防地板变形的作用。

（2）复合木地板的规格　复合木地板的规格，统一规格为2200mm×195mm，厚度为6mm、8mm、14mm。

主要质量指标如下。

① 表面耐磨转数　公共场所用≥9000r/min，家庭用≥6000r/min，以上转数是指初始磨值及表面饰层出现露底，而不是耐磨终值即地板全部磨穿（市场上有些强化复合地板明示的耐磨转数很高，但有可能标的是耐磨终值）。

② 吸水厚度膨胀率　指强化复合地板浸泡在25℃的水中一段时间后基层吸水厚度增加的程度，用"%"表示。膨胀率越大，该地板受潮后的强度下降越大，且会出现表面突起或者脱落，严重影响使用寿命。目前市售各种品牌其吸水厚度膨胀率的大小相差10倍以上。

③ 表面耐冲击性能　即以规定的方法对地板进行冲击试验，冲击后留下的凹坑直径大小就是冲击性能好坏的依据，直径越小，耐冲击性能越好，使用寿命也越长。强化木地板的耐磨层厚度都在0.1mm以上，厚的可达0.7mm。

④ 甲醛释放量　按国家规定强化复合木地板可直接用于室内的产品，所以其甲醛释放量必须达到E1级，即≤0.12mg/L。

除此之外还有静曲强度、内结合强度、密度、含水率、胶合强度等指标。销售时应明示它的耐磨等级和甲醛限量等级。

3. 强化复合地板的安装

① 为了取得最好的效果，施工现场必须是平整的，为了避免底部潮湿，可铺设一层防潮垫。

② 在铺设地板前，铺设材料应在装修的房间放上2天，以适应新的环境。

③ 切割地板是最理想的工具，是一种小型的圆形锯。

④ 固定相邻的两块地板时，首先从侧面压紧。为了给地板膨胀空间，最好在墙和地板之间留出10～15mm的伸缩缝。

⑤ 在墙角处可以用一块地板作为标尺，测量墙角的深度，然后以此切割地板。

⑥ 为了确保地板的稳定，固定地板时应避免有接缝。

⑦ 可以用压条分割采用不同材料的房间，将压条紧紧地拧在地板上。

⑧ 可以用踢脚板掩盖复合木地板和墙面间的缝隙。

4. 强化复合地板的选购

强化复合木地板的选购和实木复合木地板的选购大同小异，可参照实木复合地板的选购原则。

四、竹质地板

竹质地板是采用中上等材料，经严格选材、制材、漂白、硫化、脱水、防虫、防腐等工序加工处理，又经高温、高压下热固胶合而成，如图9-4所示，产品具有耐磨、防潮、防燃，铺设后不开裂、不扭曲、不发胀、不变形等特点，外观呈现自然竹纹，色泽高雅美观，顺应了人们崇尚回归大自然的心理，是20世纪90年代兴起的室内地面装饰材料。

图9-4 竹质地板

1. 竹质地板的特点

（1）良好的质地和质感　竹材的组织结构细密，材质坚硬，具有较好的弹性，脚感舒适，装饰自然大方。

（2）优良的物理力学性能　竹材的干缩湿胀小，尺寸稳定性高，不易变形开裂，同时竹材的力学强度比木材高，耐磨性好。

（3）别具一格的装饰性　竹材色泽淡雅，色差小，竹材的纹理通直，很有规律，竹节上有点状放射性花纹，有特殊的装饰性。

2. 竹质地板的分类和规格

（1）竹质地板的分类

① 竹材层压板　竹材层压板具有硬度大、强度高、弹性好、耐腐蚀、抗虫蛀等优点。板厚一般为10～35mm。

② 竹材贴面板　竹材贴面板是一种高级装饰材料，可用作地板、护墙板，还可以制造家具，竹材贴面板一般厚度为0.1～0.2mm，含水率为8%～10%，采用高精度的旋切机加工而成。

竹材单板可拼接成整幅竹板，也可采用拼花方式。对竹材进行漂白、染色处理后，板材的饰面效果更佳。

③ 竹材碎料板　竹材碎料板是竹材和竹材加工过程中的废料，经刨片、再碎、施胶、热压、固结等工艺处理而成的人造板。这种板具有较高的静曲强度和抗水性，可用于建筑物内隔墙、地板、顶棚、建筑模板、门芯板及活动用房等。

（2）竹质地板的规格　竹质地板的常用规格有：长度900～2500mm，宽度50～200mm，厚度150～180mm。

3. 竹质地板的安装

① 地面要保持平整干燥、干净。

② 选用干燥的木材作为龙骨，规格以20mm×30mm或30mm×40mm为宜。龙骨与地面用钢钉或螺纹钉固定，龙骨四周不能用水泥固定。

③ 木龙骨找平后，在上面铺一层防潮垫，把地板交叉平铺在龙骨上，在地板凹处用专用的螺纹地板钉以45°角将地板固定在龙骨上，然后逐步安装。

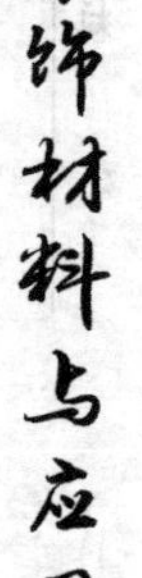

④ 每片地板间、房间四周与地板间应留有10mm的伸缩缝隙。

4. 竹质地板的选购

（1）选择优异的材质　正宗楠竹较其他竹类纤维坚硬密实，抗压抗弯强度高，耐磨，不易吸潮、密度高、韧性好、伸缩性小。

（2）含水率的控制　各地由于湿度不同，选购竹地板含水率标准也不一样，必须注意含水率对当地的适应性。目前市场上有很多未经处理和粗制滥造的竹地板。极易受潮气、湿气影响，安装一段时间后地板发黑、失去光泽、收缩变形，选购时认真鉴别。

（3）生虫霉变的预防　选购竹质地板时应强调防虫防霉的质量保证。未经严格特效防虫防霉剂浸泡和高温蒸煮或炭化的竹质地板，绝对不能选购。

（4）胶合技术　竹质地板经高温高压胶合而成。对高温、高压和胶合都有严格的工艺标准和检测标准。若施胶质量不能保证，极易出现开裂开胶。

（5）表面观感　竹质地板采用六面淋漆工艺。由于竹质地板是绿色自然产品，表面带有毛细孔，因为存在吸潮概率而引发变形，所以必须将四周和底、表面全部封漆。

第三节 塑质铺地材料

一、塑料地板

塑料地板在我国使用较早，属于建筑塑料之一，主要用于办公室、展览馆、超级市场等公共室内空间，价格低廉，花色样式繁多。塑料地板是以树脂为主要原料，经过加工生产的地面装饰材料。

1. 塑料地板的特点

① 塑料地板品种、图案多样，如仿木纹、仿天然石的纹理，其质感可以达到以假乱真，能满足人们崇尚大自然的装饰要求。

② 塑料地板材性好，如耐磨性、耐水性、耐腐蚀性等能满足使用要求。

③ 塑料地板脚感舒适，特别是弹性卷材塑料地板，具有一定的柔软性，步行其上脚感舒适，不易疲劳，解决了某些传统建筑材料冷、硬、灰的缺陷，与木质地板相比，隔声且易清洁。与陶瓷地板相比，不打滑，且冬季无冰冷感觉。

④ 塑料地板可实现规模自动化生产，生产效率高，产品质量稳定，成本低，维修更新方便。

⑤ 塑料地板价格比较低廉，施工方便。

2. 塑料地板的分类和规格

（1）塑料地板的分类

① 按形状可分为块状塑料地板和卷状塑料地板。块状塑料地板可以拼成不同的图案；

卷状塑料地板具有施工效率高的优点。

② 按使用的原料可分为聚氯乙烯树脂塑料地板、氯乙烯-醋酸乙烯塑料地板、聚乙烯树脂塑料地板。

③ 按塑料地板的材性可分为硬质、半硬质和软质三种。硬质塑料地板使用效果较差，目前已很少生产。半硬质塑料地板价格较低，耐热性和尺寸稳定性较好。软质塑料地板铺覆性较好，具有较好的弹性，并有一定的保温、吸声作用。

④ 从花色上可分为单色、单底色大理石花纹、单底色印花、木纹等品种。

（2）塑料地板的规格　塑料地板砖由聚氯乙烯-醋酸乙烯酯加入大量石棉纤维等材料制成，以块状供应。规格为：305mm×305mm，厚度1.5～2.0mm。

塑料卷材地板，如图9-5所示，属于软质材料，采用压延法生产，主要原料是糊状聚氯乙烯树脂，基材用矿棉纸和玻璃纤维毡等。规格为每卷宽幅为1800～2000mm，长度为20000～30000mm，厚度为1.5mm和2.0mm。

图9-5　塑料地板的种类

3. 塑料地板的使用和保养

① 定期打蜡，1～2个月一次。避免大量的水，特别是热水、碱水与塑料地面接触，以免影响粘接强度或引起变色、翘曲等现象。

② 尖锐的金属工具，如刀具、炊具、剪等应避免跌落在塑料地板上，更不能用尖锐的金属物体在塑料地板上刻画，以免损坏地板的表面。不要在塑料地板上放置60℃以上的热物体及踩灭烟头，以免引起塑料地板变形和产生焦痕。

③ 在静荷载集中部位，如家具脚，最好垫一些面积大于家具脚1～2倍的垫块，以免使塑料地板产生永久性凹陷。

4. 塑料地板的选购

① 购买块状塑料地板时，应目测其外观质量，产品不允许有缺口、龟裂、分层、凹凸不平、明显纹痕、光泽不均、色调不匀、污染、异物、伤痕等明显质量缺陷。检测每块板的尺寸，尺寸误差值边长应小于0.3mm、厚度应小于0.15mm。

② 购买卷材塑料地板时，首先目测其外观质量，产品不允许有裂纹、断裂、分层、折皱、气泡、漏印、缺膜、套印偏差、色差、污染和图案变形等明显质量缺陷。打开卷材检查，每卷卷材应是整张，中间不能有分段，边沿应整齐，无损伤、残缺。

二、塑料地卷材

塑料地卷材地板，俗称地板革，属于软质塑料。采用压延法生产，以聚氯乙烯树脂为主要原料，加入适当促凝剂，在片状连续基材上，经涂覆工艺生产而成，分为带基材的发泡聚氯乙烯卷材地板和带基材的致密聚氯乙烯卷材地板两种，表面平整光洁，冷却后切除边卷即为产品。有一定的弹性，脚感舒适。

1. 塑料地卷材的特点

① 色泽选择性强，有仿木纹、大理石及花岗岩等图案。

② 柔软，弹性好，行走舒适，以发泡地板革的脚感最好。

③ 耐磨、耐污染，收缩率小。

④ 表面耐热性较差，易烧焦或烤焦。

2. 塑料地卷材的规格

塑料地卷材的规格不一，常见的宽度有1800mm、2000mm，每卷长度20m、30m，总厚度有1.5mm、2mm、3mm、4mm。

第四节 纤维铺地材料

一、纯毛地毯

我国的纯毛地毯是以绵羊毛为原料，其纤维长，拉力大，弹性好，有光泽，纤维稍粗而且有力，是编织地毯的优质原料，纯毛地毯如图9-6所示。

图9-6 纯毛地毯

1. 纯毛地毯的特点

① 毛质细密，具有天然的弹性，受压后能很快恢复原状。

② 采用天然纤维，不带静电，不易吸尘土，还具有天然的阻燃性。

③ 图案精美，色泽典雅，不易老化、退色。

④ 吸音、保暖、脚感舒适。

⑤ 抗潮性较差，容易发霉虫蛀。

2. 纯毛地毯的分类和规格

纯毛地毯根据纺织结构的不同，可分为手织、机织、无纺等品种。

纯毛地毯的规格根据室内构图与功能要求确定规格。

3. 纯毛地毯的安装

（1）清理基层　基层表面必须平整干燥、无凹坑、裂缝、清洁干净，有油污要用丙酮清除，高低不平处应预先用水泥砂浆填嵌平整，基层应具有一定的强度。木地板上铺设应将钉敲下，突出物铲除，以免损坏地毯。

（2）裁剪地毯　根据房间尺寸和形状，用裁边机从长卷裁下地毯，每段地毯的长度要比房间长度长约20mm。

（3）钉木卡条和门口压条　采用木卡条固定地毯时，应沿房间四周靠墙角10～20mm处，将卡条固定与基层上。卡条和压条可用钉条、螺钉、射钉固定在基层上。

（4）接缝处理　地毯采用背面接缝，缝线应较紧，针脚不必太密；也可采用胶带接缝的方法，先将胶带按地面上的弹线铺好，两端固定，将两侧地毯的边缘压在胶带上，然后用电熨斗在胶带上熨烫，使胶质溶解，随着熨斗的移动，用扁铲在接缝处碾压平实，使之牢固地连在一起。

（5）修理清理　地毯完全铺好后，用搪刀裁去多余部分，并用扁铲将边缘塞入卡条和墙壁之间的缝中用吸尘器吸去灰尘。

4. 纯毛地毯的选购

（1）看原料　优质纯毛地毯的原料一般是精细羊毛纺织而成，其毛长且均匀，手感柔软，富有弹性，无硬根；劣质地毯的原料往往混有变质发霉的劣质毛及腈纶、丙纶纤维等，其毛短根粗细不均，用手抚摸时无弹性，有硬根。

（2）看外观　优质纯毛地毯图案清晰美观，绒面富有光泽，色彩均匀，花纹层次分明，毛绒柔软，倒顺一致；劣质地毯则色泽黯淡，图案模糊，毛绒稀疏，容易起球粘灰，不耐脏。

（3）看脚感　优质纯毛地毯脚感舒适，不沾不滑，回弹性很好，踩后很快便能恢复原状；劣质地毯弹力很小，踩后复原极慢，脚感粗糙，且常伴有硬物感觉。

（4）看工艺　优质纯毛地毯的工艺精湛，毯面平直，纹路有规则；劣质地毯则做工粗糙，漏线露底处较多，其重量也因密度小而明显低于优质品。

二、混纺地毯

混纺地毯是以羊毛纤维和合成纤维按比例混纺后编制而成的地面装修材料，如图9-7所示。

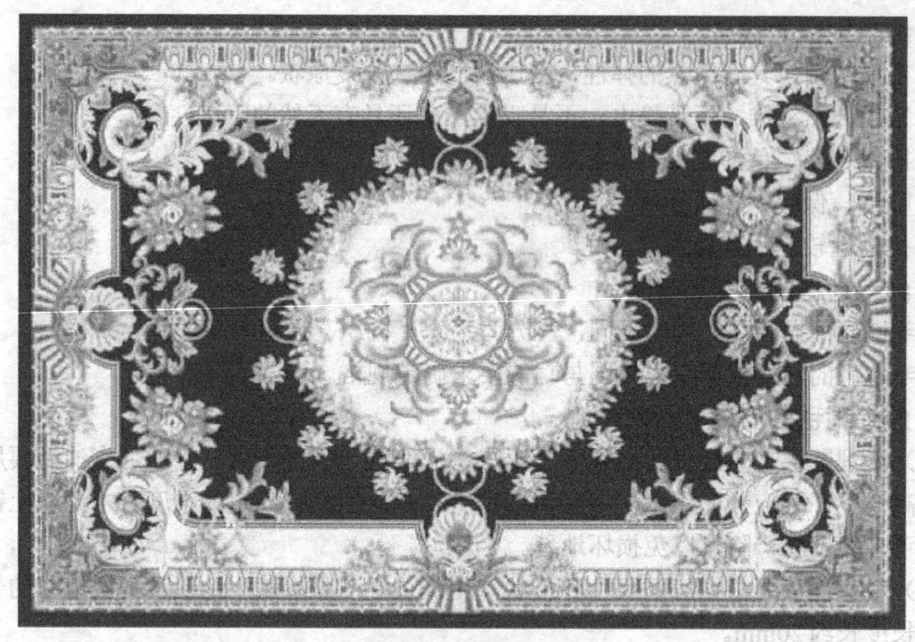

图9-7 混纺地毯

1. 混纺地毯的特点

混纺地毯融合纯毛地毯和化纤地毯两者优点，在羊毛纤维中加入化纤纤维而成。

① 加入5%的锦纶，地毯的耐磨性能比纯羊毛毯高出3倍。同时也克服了化纤地毯静电吸尘的缺点。

② 具有保温、耐磨、抗虫蛀。

③ 弹性、脚感比化纤地毯好，价格适中。

2. 混纺地毯的保养清洗方法

（1）日常吸尘　定期使用吸尘器作吸尘清洁，可及时去除地毯表面的灰尘，使地毯保持光洁如新，同时保证室内空气的清洁卫生。

（2）染渍清洁　墨水污染，可在溅有墨水的地方，撒上少许细盐，再用拭布或刷子蘸洗衣粉溶液轻轻刷洗即可清除污渍。酱油、植物油或果汁等污染，可用拭布或刷子蘸洗洁精溶液擦拭即可清除污渍。

（3）曝晒消毒　间隔2～3年，最好将混纺地毯放置阳光下暴晒，以除菌消毒。

3. 混纺地毯的安装和选购

混纺地毯的安装和选购参照纯毛地毯的方法。

三、化纤地毯

化纤地毯也称为合成纤维地毯，品种极多，如图9-8所示，有尼龙（锦纶）、聚丙烯（丙纶）、聚丙烯腈（腈纶）、聚酯（涤纶）等不同种类。

1. 化纤地毯的特点

化纤地毯外观与手感类似羊毛地毯，耐磨而富弹性，具有防污、防虫蛀等特点，价格低于其他材质地毯。

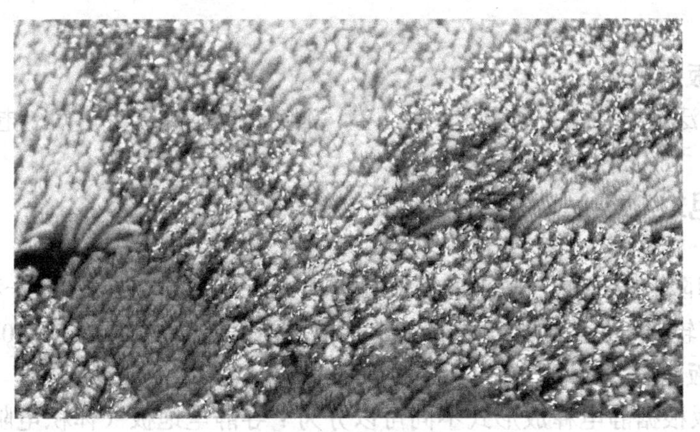

图9-8 化纤地毯

2. 化纤地毯的分类和规格

化纤地毯按其织法地毯厂不同可分为：簇绒地毯、针刺地毯、机织地毯、方块地毯、编结地毯、黏结地毯、静地植绒地毯等。

3. 化纤地毯的安装和选购

化纤地毯的安装和选购参照纯毛地毯的方法。

第五节 其他铺地材料

一、静音地板

1. 静音地板的特点

静音地板不但耐磨、阻燃、隔声、防潮、防静电，而且是连环版型槽口设计，具有以下特点。

（1）静音　减少回音，同时具有消声效果。

（2）隔声　无需额外的隔音材料，就可以拥有一个清净的生活空间。

（3）保温　能加强空调器的效果，达到冬暖夏凉。

（4）锁扣　地板之间采用锁扣结构，结合更加紧密平整，从而有效地规避了脱胶、退缝。

（5）弹性　地板富有毛毯般的弹性，脚感舒适。

2. 静音地板的种类及规格

（1）静音型　1212mm×298mm×12mm。

（2）超实木静音　1212mm×140mm×12mm、1212mm×140mm×8mm、808mm×125mm×12mm、808mm×125mm×8mm，共分五层：软木静音层、防潮平衡层、高密度基材、装

饰层、耐磨层。

3. 静音地板的用途

静音地板广泛用于家庭、营业厅、办公室、酒店、宾馆、无尘车间、电脑机房等场所。

二、静电地板

静电地板即防静电地板，又叫做耗散静电地板，如图9-9所示。是一种地板，当它接地或连接到任何较低电位点时，使电荷能够耗散，电阻在1.0×（10^5～10^9）之间为特征。

1. 静电地板的分类

① 静电地板根据静电释放形式不同可以分为：导静电地板（体积电阻小于10^5）和防静电地板（又叫抗静电地板，体积电阻在10^5～10^{11}之间），他们的使用场合也有不同，比如电站一定要用防静电地板而不能用导静电地板。

② 静电地板根据铺贴形式和功能不同可以分为：直铺地板和活动地板（也叫架空地板）。

直铺地板又可以分为防静电瓷砖、防静电PVC地板等。防静电瓷砖是在水泥砂浆中掺入导电粉并增设导电带铺贴而成，施工工艺简单，而且使用时地面容易清洁（用不滴水的拖把都可以拖），高耐磨，使用寿命长。相比之下PVC地板不耐老化、不便于清洗、防火性能差。

活动地板根据基材和贴面材料不同可以分为：钢基、铝基、复合基、刨花板基（也叫木基）、硫酸钙基等，贴面可以是防静电瓷砖、三聚氰胺（HPL）和PVC。

图9-9　静电地板

2. 静电地板的铺装

（1）铺设场地的要求

① 地板的铺设应在室内土建及装修施工完毕后进行。

② 地面应平整、干燥、无杂物、无灰尘。

③ 地板下可使用空间，布置敷设电缆、电路、水路、空气等管道及空调系统应在安装地板前施工完毕。

④ 大型重设备基座固定应完工，设备安装在基座上，基座高度应同地板上表面完成高度一致。

⑤ 施工现场备有220V/50Hz电源及水源。

（2）地板安装铺设工具

① 云石切割锯。

② 激光水平测定仪、或水平管。

③ 水泡水平仪、卷尺、墨线。

④ 吸板器、螺母调整扳手、十字旋具。

⑤ 吸尘器、笤帚、拖布。

（3）防静电地板的铺设

① 用刮板先涂抹部分地面的导电胶。

② 待导电胶手感似粘非粘的情况下开始铺设地板，铺设时从中心位置开始逐块向四周展开，边贴边用橡皮锤头敲打。地板与地板间保持1.5 ～ 2.0mm的间距。

③ 继续镘涂导电胶，涂满地板，直到铺完整个应施工地面。

④ 在铺设地板过程中，必须保证铜箔在地板下通过。

⑤ 用焊枪将焊条高温软化，将地板与地板间的间距填充起来。

⑥ 将焊条凸出部分用美术刀切割掉，完成整个地面施工。

⑦ 施工过程，中经常用兆欧表测试地板表面对铜箔间是否导通，如有不通，需找出原因重新粘贴，以保证每块地板的对地电阻在10^5 ～ 10^8Ω之间。

⑧ 地板铺设完后表面，表面必须清理干净。

三、软木地板

软木俗称橡树皮，学名栓皮栎。软木资源主要分布在地中海沿岸以及我国陕西境内的秦巴山区。人们最熟悉的软木制品就是葡萄酒瓶的软木塞子、羽毛球球的头部等。

其主要特性是重量轻、浮力大；伸缩性强、柔韧抗压；渗透性差、防腐防潮；隔热隔声、绝缘性强；耐摩擦、不易燃、可延迟火势蔓延；不会导致过敏反应。

软木的另一个大用途就是制作地板。用软木加工成的地板，能够满足人们对地板温暖、柔软、对人体无害，降低噪声的要求，尤其是软木地板的隔声功能更为突出，如图9-10所示。

1. 软木地板的种类及规格

（1）软木地板的分类

① 软木地板按铺装方式可分为粘贴式软木地板和锁扣式软木地板。

a. 粘贴式软木地板一般分为三层结构，最上面一层是耐磨水性涂层；中间是纯手工打磨的珍稀软木面层，该层为软木地板花色；最下面是工程学软木基层。有些产品也会添加树皮贴面和静声隔层。

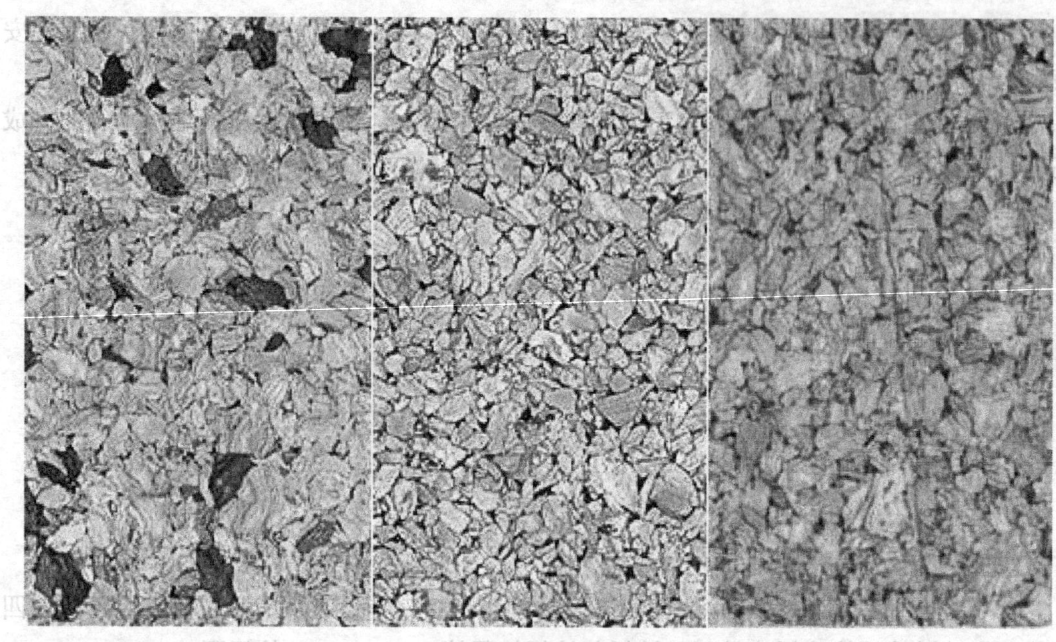

图9-10　软木地板

b. 锁扣式软木地板一般分为六层，最上面第一层是耐磨水性涂层；第二层是纯手工打磨软木面层，该层为软木地板花色；第三层是一级人体工程学软木基层；第四层是7mm后的HDF（高密度密度板）；第五层是锁扣拼接系统；最下面第六层是二级环境工程学软木基层。

② 按照产品的结构，软木地板又可分为涂装面、PVC贴面、聚氯乙烯贴面、塑料软木地板和多层复合软木地板。

a. 涂装面软木地板：在软木地板表面作涂装。即在胶结软木的表面涂装UV清漆或色漆或光敏清漆PVA。根据漆种不同，又可分为三种，即高光、亚光和平光。近年来，出现采用PU漆的产品，PU漆相对柔软，可渗透进地板，不容易开裂变形。

b. PVC贴面软木地板：在软木地板表面覆盖PVC贴面，其结构通常为四层，表层采用PVC贴面，其厚度为0.45mm；第二层为天然软木装饰层其厚度为0.8mm；第三层为胶结软木层其厚度为1.8mm；最底层为应力平衡兼防水PVC层。

c. 聚氯乙烯贴面：厚度为0.45mm；第二层为天然薄木，其厚度为0.45mm；第三层为胶结软木，其厚度为2mm左右；底层为PVC板与第三类一样防水性好，同时又使板面应力平衡，其厚度为0.2mm左右。

d. 塑料软木地板：一般为树脂胶结软木地板、橡胶软木地板。

e. 多层复合软木地板：第一层为漆面耐磨层，第二层为软木实木层，第三层为实木多层板或HDF高密度板层，第四层为软木平衡静音层。

（2）软木地板的规格　软木的一般常用规格是305mm×305mm×（4～8）mm、300mm×600mm×（4～8）mm、450mm×600mm×（4～8）mm。

2. 软木地板的安装与选购

（1）软木地板的安装　软木地板的安装方式，目前有悬浮式和粘贴式两种。

① 悬浮式　悬浮式地板是在上下软木材料中夹了一块带企口的中密度板，安装同复

合地板相似，对地面要求也不太高。

② 粘贴式　粘贴式地板是纯软木制成，用专用胶直接粘贴在地面上，施工工艺较悬浮式复杂，对地面要求也较高，但价格却比悬浮式低一些。

（2）软木地板的选购　软木地板的选购根据房间可分别选择类别。一般家庭可选择表面无任何覆盖层的软木地板，此产品虽然是最早期的，但是拥有软木地板的全部优异功能。也可以选用表面做涂装的软木地板，软木层较厚，质地纯净，但层厚仅为0.1～0.2mm，仍较薄，可是柔软的、高强度的耐磨层不会影响软木各项优异功能的体现。这两类地板虽然表层薄，但家庭使用比较仔细，因此，不会影响使用寿命，而且使用方便。

表面为PVC贴面的软木地板，表面有较厚的柔韧耐磨层，故一般使用在图书馆、商店等人流量大的场合。

软木地板的好坏，一个衡量方式是看是否采用了更多的软木。如果软木地板更多地采用了软木精华，质量就高些。另一个衡量方式是看软木地板的功能：地板的花色是否丰富、表面是否更耐磨、铺装是否更简单、更容易打理和维护。最后，软木地板质量有50%取决于安装质量，所以安装工人的素质、安装技术及安装辅料对保证产品质量非常重要。

复习思考题

1. 地面装饰材料有哪些，各有什么优点？
2. 常用实木地板的种类有哪些？如何选购实木地板？
3. 复合木地板的特点是什么？如何选购复合木地板？
4. 什么是软木地板？软木地板的特点及种类有哪些？

实训练习

1. 实训目标

通过技能实训，认识和理解铺地装饰材料的类型以及在室内装饰中的应用，并运用材料知识进行安装。

2. 实习场所与形式

实训练习场所为是室内装饰现场，以4～6人为实训小组，到实训现场进行观摩调查后，通过实践安装熟悉工艺。

3. 实训内容与方法

（1）安装观摩

① 实训前，由教师筹备相关材料，然后指导老师带领学生进入室内装饰现场。

② 通过材料识别，认识木质、竹质铺地材料、塑料铺地材料、纤维铺地材料及其其他铺地材料的类型，了解铺地装饰材料的应用范围，学生需要进行有关材料规格、品质、价格的调研及样品收集。

③ 通过参观安装现场，进一步掌握室内装饰材料的具体应用及安装时的选用。

④ 学生需要做好观察识别笔记、提出问题。最后由教师综合总结，并解答各组的疑问。

（2）铺地材料铺装

学生结合相关专业知识，对各种室内铺地装饰材料进行安装。要求熟悉铺装工艺流程，掌握铺装技术。

4. 实训要求及报告

（1）实训前，学生应认真阅读实验实训指导书，明确实训内容、方法及要求。

（2）在整个实训过程中，每位学生均应做好实训记录。

（3）实训完毕，及时整理好实训报告，做到准确完整、规范清楚。

5. 实训考核标准

（1）能深入装饰现场进行材料的观察识别，并能收集样品，认真做好观察笔记和分析报告。

（2）实训报告规范完整的学生，可酌情将成绩评定为合格、良好、优秀。

本章推荐阅读书目

1. 林金国主编. 室内与家具材料应用. 北京：北京大学出版社，2011.

2. 蔡绍祥主编. 室内装饰材料. 北京：化学工业出版社，2010.

3. 张清丽. 室内装饰材料识别与选购. 北京：化学工业出版社，2012.

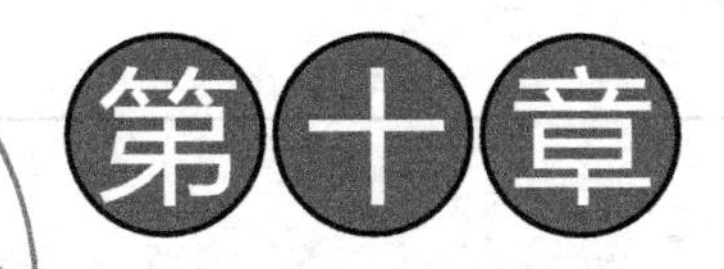

墙面装饰材料

知识目标

1. 了解墙纸的分类及其用途。
2. 了解墙布的分类及其用途。
3. 了解墙面乳胶漆的用途。
4. 了解软包墙面的分类及其用途。

技能目标

1. 根据实际用途能合理地选择墙纸。
2. 根据实际用途能合理地选择墙布。
3. 根据实际用途能合理地选择墙面乳胶漆。
4. 根据实际用途能合理地选择软包墙面。

本章重点

墙纸的分类及其用途、墙布的分类及其用途、墙面乳胶漆的分类及其用途、软包墙面的分类及其用途。

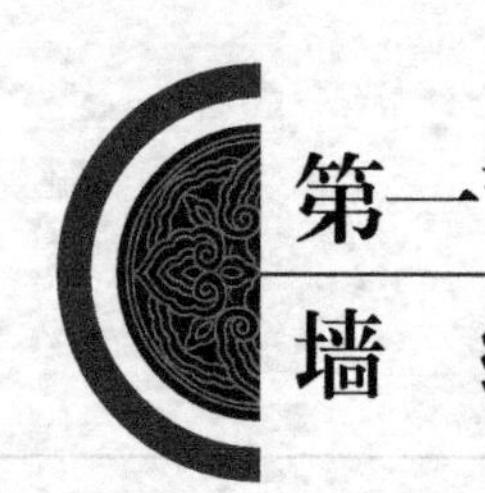

第一节 墙 纸

墙纸，国外习惯称之为壁纸，英文为Wallcoverings或Wallpaper，它是一种应用相当广泛的室内装饰材料。因为墙纸具有色彩多样、图案丰富、豪华气派、安全环保、施工方便、价格适宜等多种其他室内装饰材料所无法比拟的特点，故在欧美、东南亚、日本等发达国家和地区得到相当程度的普及。据调查了解，英国、法国、意大利、美国等国的室内装饰墙纸普及率达到了90%以上，在日本的普及率更是实现了100%。墙纸的表现形式非常丰富，为适应不同的空间、场所，不同的兴趣爱好，不同的价格层次，墙纸也有多种类型以供选择（如图10-1 ～图10-4）。

图10-1　墙纸1

图10-2　墙纸2

图10-3　墙纸3

图10-4　墙纸4

一、墙纸的类型

1. 纸质壁（paper wallcoverings）

在特殊耐热的纸上直接印花压纹的壁纸，特点是亚光、环保、自然、舒适、亲切。

2. 胶面壁纸（vinyl wallcoverings）

表面为PVC材质的壁纸。

（1）纸底胶面壁纸（paper back vinyl wallcoverings） 目前使用最广泛的产品，特点是色彩多样、图案丰富、价格适宜、施工周期短、耐脏、耐擦洗。

（2）布底胶面壁纸（fabric back vinyl wallcoverings） 分为十字布底和无纺布底。

3. 壁布（textile wallcoverings）**或称纺织壁纸**

表面为纺织材料，可以印花、压纹。特点是视觉舒适、触感柔和、吸声、透气、亲和性佳、典雅、高贵。

（1）纱线壁布 用不同式样的纱或线构成图案和色彩。

（2）织布类壁纸 有平织布面、提花布面和无纺布面。

（3）植绒壁布 将短纤维植入底纸，产生质感极佳的绒布效果。

4. 金属类壁纸（metallic wallcoverings）

用铝帛制成的特殊壁纸，以金色、银色为主要色系。特点是防火、防水、华丽、高贵。

5. 天然材质类壁纸（natural material wallcoverings）

用天然材质如草、木、藤、竹、叶材纺织而成。特点是亲切自然、休闲、舒适，环保。

① 植物纺织类。

② 软木、树皮类壁纸。

③ 石材、细砂类壁纸。

6. 防火壁纸（retarding vinyl wallcoverings）

用防火材质纺织而成，常用玻璃纤维或石棉纤维纺织而成。特点是防火性极佳，防水、防霉，常用于机场或公共建设。

7. 特殊效果壁纸（special effect wallcoverings）

（1）荧光壁纸 在印墨中加有荧光剂，在夜间会发光，常用于娱乐空间。

（2）夜光壁纸 使用吸光印墨，白天吸收光能，在夜间发光，常用于儿童居室。

（3）防菌壁纸 经过防菌处理，可以防止霉菌滋长，适合用于医院、病房。

（4）吸声壁纸 使用吸声材质，可防止回音，适用于歌剧院、音乐厅、会议中心。

（5）防静电壁纸 用于特殊需要防静电场所，如实验室等。

二、墙纸的优点

纸底胶面墙纸是目前应用最为广泛的墙纸品种，它具有色彩多样、图案丰富、价格适宜、耐脏、耐擦洗等主要优点。

1. 装饰性强

通过印刷、压花模具不同图案的设计，多版印刷色彩的套印，各种压花纹路的配合，使得墙纸图案多彩多姿，既有适合办公场所稳重大方的素色纸，也有适合年轻人欢快奔放的对比强烈的几何图形。

2. 价格适宜

市场上流行的国产纸底胶面墙纸，售价加施工费较低，特别适合工薪阶层的需求。

3. 周期短

选用油漆或涂料装修，墙面至少需反复施工3～5次，每次间隔一天，即需一周的时间。加之油漆与涂料中含有大量的有机溶剂，吸入体内可能会对人体健康产生影响，所以入住之前需保持室内通风10天以上的时间。

4. 耐脏、耐擦洗

用海绵蘸清水或清洁剂擦拭，即可除去污渍。胶面墙纸的耐脏、耐擦洗的特性保证您即便反复擦拭也不会影响家庭墙面的美观大方。

5. 防火、防霉、抗菌

三、墙纸的贴法

① 清理墙壁装饰物和置物架。

② 以1 ∶ 2比例调制的去壁纸剂用刷子均匀地涂抹在旧壁纸上。

③ 等去壁纸剂完全渗透后，用刮刀和手将多余壁纸去除。

④ 将墙面凹洞，用腻子填补，用刮刀整平墙面。

⑤ 丈量墙壁的尺寸，再以墙壁面积为基准丈量壁纸，要注意壁纸的长度，要比实际贴面上下多5cm。

⑥ 接着将粉状壁纸胶加水调和一般壁纸以1 ∶ 3调和，发泡壁纸以1 ∶ 2调和，或使用不需调制的壁纸专用胶粘贴，用滚筒刷沾调和过的壁纸专用胶均匀地刷在壁纸背面。

⑦ 接着将壁纸靠在墙上，以木柄刷由上往下、由边角往内贴，使壁纸整平。

⑧ 遇到电源开关或插座时，先将壁纸盖上然后用木柄刷刷平，再利用美工刀在上面以对角线画十字，用刮刀抵住开关的边缘，用美工刀顺势割去多余的部分。

⑨ 若遇到由印花壁纸衔接时，在两壁纸衔接处找到花纹一致位置，重叠贴上约12cm宽，待整张壁纸全部对齐后，用刮刀抵住，再将重叠部分用刀片割下即可。

⑩ 贴壁纸时要注意由上往下刷，若发现浮贴不匀的地方，可以用毛巾沾湿后，再以刮刀重新整平。

⑪ 最后处理门窗四周壁纸，方法和电源开关处的壁纸处理方法相同。

⑫ 壁纸粘贴完毕后，装回原有的装置即完成。

第二节 装饰墙布

装饰壁布或称纺织壁纸，表面为纺织材料，也可以印花、压纹（如图10-5～图10-8）。

图10-5 墙布1

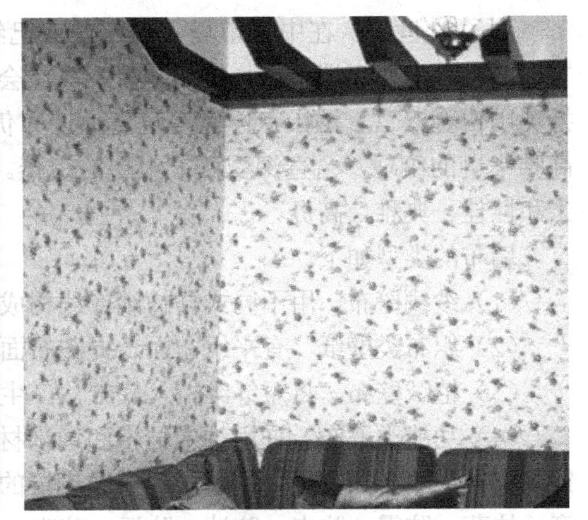

图10-6 墙布2

图10-7 墙布3

图10-8 墙布4

从中世纪末到18世纪初，瑞典贵族和富商最先开始使用墙布，其款式多为羊绒墙布，哥白林挂毯墙布，镀金皮革墙布，丝绒绸缎墙布等。从此掀起了一股墙布风潮，但由于价格昂贵，墙布只在以贵族和富商为代表的上层社会流行。后来，仿真墙布在平民间开始流行，并且风靡一时。比如用棉纺织品作图来代替羊绒墙布，在画作上添加羊绒浮饰来代替丝绒墙布，在已着色的薄纺织物上饰以浮饰来代替哥白林挂毯墙布，以及干脆直接在墙上作画。

到了18世纪，由于造纸技术和纺织技术的发展，纸制墙纸逐渐盛行。其印刷模式从手工绘制，逐渐过渡到模板印刷（原理类似于中国古代印刷术）。到18世纪中期，生产印刷墙纸用的木制模板工艺也随之发展达到鼎盛。然而，这种印刷术存在着很多的缺陷。到了19世纪，诞生了造纸技艺。虽然在初期这种用木制纤维来代替棉制纤维的方法并没有对墙布制造业产生太大的影响，然而其原材料的廉价性使得后来墙纸的大范围推广成为可能。

到了21世纪，在中低市场上墙纸产业已经完全超越墙布产业，成为工薪阶层家装的首选产品。但在高端市场，比如别墅、高级会所、五星宾馆、政府高等级会客室，甚至包括英国白金汉宫、法国卢浮宫等场所，墙布仍然是主流。墙布以其繁复的生产制作工艺，高雅华贵的纹理，一直深受西方上层的追捧。特点是视觉舒适、触感柔和、吸声、透气、亲和性佳、典雅、高贵。

墙布的类型如下。

（1）纱线壁布　用不同式样的纱或线构成图案和色彩。

（2）织布类壁纸　有平织布面、提花布面和无纺布面。

（3）植绒壁布　将短纤维植入底纸，产生质感极佳的绒布效果。

（4）功能类壁布　采用纳米技术和纳米材料对纺织品及棉花进行处理，并把棉花织成针刺棉作为墙布的底层，使表层的布和底层的针刺棉都具有阻燃、隔热、保温、吸声、隔音、抗菌、防霉、防水、防油、防污、防尘、防静电等功能。

第三节　墙面乳胶漆

乳胶漆是以高分子乳液为成膜物的一类涂料，以合成树脂乳液为基料加入颜料、填料及各种助剂配制而成的一类水性涂料。内墙乳胶漆是室内墙面、顶棚主要装饰材料之一。常见为亚光漆、丝光漆、有光漆、高光漆4种（如图10-9、图10-10）。

图10-9　墙面乳胶漆1

图10-10　墙面乳胶漆2

一、常见墙面乳胶漆

（1）亚光漆　该漆具有无毒、无味、较高的遮盖力、良好的耐洗刷性、附着力强、耐碱性好，安全环保施工方便，流平性好，适用于工矿企业、机关学校、安居工程、民用住房。

（2）丝光漆　涂膜平整光滑、质感细腻、具有丝绸光泽、高遮盖力、强附着力、极佳抗菌及防霉性能，优良的耐水耐碱性能，涂膜可洗刷，光泽持久，适用于医院、学校、宾馆、饭店、住宅楼、写字楼、民用住宅等。

（3）有光漆　色泽纯正、光泽柔和、漆膜坚韧、附着力强、干燥快、防霉耐水，耐候性好、遮盖力高，是各种内墙漆首选之品。

（4）高光漆　具有超好的遮盖力，坚固美观，光亮如瓷，很高的附着力，高防霉抗菌性能，耐洗刷、涂膜耐久且不易剥落，坚韧牢固，是高档豪华宾馆、寺庙、公寓、住宅楼、写字楼等理想的内墙装饰材料。是装饰效果好，施工方便，对环境污染小，成本低，应用极为广泛。

二、乳胶漆的特点

（1）净味技术　采用国际目前最先进的净味技术，有效去除室内异味，让您享受自然洁净的空间。

（2）VOC含量趋向零　采用WHO世界健康组织定义的唯一非VOC材料，使挥发性有机化合物（VOC）含量趋向零。在VOC含量控制方面，欧美标准普遍要高于国内标准。

（3）抗污渍　漆膜具有荷叶效应，具有超强的疏水疏油性能，各类污渍一洗即除，能够长时间保持墙面本色，为您营造健康、环保、清新的居室生活环境。

（4）超级耐擦洗　添加优质耐磨因子和特殊表面材料，耐擦洗次数超过60000次以上，不掉粉，不退色。

（5）强效抗菌　采用纳米Ag^{+}抗菌技术具有全方位活性氧抗菌功能。

（6）防霉　在制造过程中加入了一定量的霉菌抑制剂，可以杀菌防霉，防水性也好，有利于墙面保持干净。

第四节 软包墙面

墙面软包，顾名思义就是采用一种在室内墙表面用柔性材料加以包装的墙面装饰方法。通俗地说：软包就是在一些家庭中卧室，床头背景墙上那一块块鼓包的东西，软软的，如皮、棉之类的材质，属于软室内软装饰的一种。它所使用的材料质地柔软，色彩柔和，能够柔化整体空间氛围，其纵深的立体感亦能提升家居档次。除了美化空间的作用外，更重要是的它具有吸声、隔声、防潮、防撞的功能。以前，软包大多运用于高档宾馆、会所、KTV、会议室等地方，在普通家庭装修中不多见。而现在，一些高档小区的商品房、别墅和排屋等在装修的时候，也会大面积使用。在KTV就更多见了，不只是墙壁、天花板上有，有些甚至连走廊中都有。

一、胶合板软包

胶合板软包是指面板一般采用胶合板（五合板），厚度不小于3mm，颜色、花纹要尽量相似，用原木板材作面板时，一般采用烘干的红白松、椴木和水曲柳等硬杂木，含水率不大于12%（如图10-11、图10-12）。其厚度不小于20mm，且要求纹理顺直、颜色均匀、花纹近似，不得有节疤、扭曲、裂缝、变色等疵病。

图10-11 胶合板软包墙面1

图10-12 胶合板软包墙面2

软包墙面木框、龙骨、底板、面板等木材的树种、规格、等级、含水率和防腐处理，必须符合设计图纸要求和《木结构工程施工及验收规范》的规定。

软包面料及其他填充材料必须符合设计要求，并应符合建筑内装修设计防火的有关规定。

龙骨料一般用红白松烘干料，含水率不大于12%，厚度应根据设计要求，不得有腐朽、节疤、劈裂、扭曲等疵病，并预先经防腐处理。

外饰面用的压条、分格框料和木贴脸等面料，一般采用工厂加工的半成品烘干料，含水率不大于12%，厚度应根据设计要求且外观没毛病的好料；并预先经过防腐处理。

辅料有防潮纸或油毡、乳胶、钉子（钉子长应为面层厚的2～2.5倍）、木螺钉、木砂纸、氟化钠（纯度应在75%以上，不含游离氟化氢，它的黏度应能通过120号筛）或石油沥青（一般采用10号、30号建筑石油沥青）等。

如设计采取轻质隔墙做法时，其基层、面层和其他填充材料必须符合设计要求和配套使用。

罩面材料和做法必须符合设计图纸要求，并符合建筑内装修设计防火的有关规定。

二、布艺、皮艺软包

布艺、皮艺软包墙面是指以布艺、皮革为主要材料进行软包墙面制作（如图10-13 ～ 图10-16）。

图10-13　布艺软包墙面1

图10-14　布艺软包墙面2

图10-15　皮艺软包墙面3

图10-16　皮艺软包墙面4

施工过程如下。

1. 材料准备

根据设计要求选取择软包布的品种花色，熟悉现场尺寸，选择不同幅宽布料，以避免材料浪费。软包布需有防火阻燃检测报告，普通布料需进行两次防火处理并检测合格，软包应整齐干净、无污垢、无油渍、无残缺、无跳线等。

软包海绵：根据实际情况，选择20 ～ 30mm厚海绵，海绵应经过防火处理并通过防火阻燃检测。幅宽根据设计选择，避免浪费。

基层板：采用优质五夹板，如基层情况特殊或有特殊要求者，亦可选用九夹板，根据设计要求下料，分块待用。

黏结剂：一般采用立时得胶黏剂，不同部位可采用不同黏结剂。

2. 工具准备

软包施工工具主要有墙纸刀、铲刀、(或刮板)、射钉枪等。

3. 放线分格基层处理

根据设计要求，分格弹线，以确定软包尺寸、位置。调整基层并进行检查，要求基层平整、牢固，垂直度、平整度均符合细木制作验收规范。

4. 施工注意事项

底板制作有两种方式即方角收边和圆角收边，根据与软包相连材质和不同要求而定。方角收边施工程序多、难度小，效果整齐平整，棱角清晰；圆角收边程序少，难度较大，效果柔和，软质材料感明显，更能体现软包特点。

方角作法：底板制作时根据设计厚度，在底板边缘固定5～8mm厚实木方条，海绵高出实木条2～5mm。粘贴软包布时，通过绷紧布料将海绵高了木条部分移位包住木条，以避免木条与海绵交界处出现缝隙。

圆角收边作法：基层板不需要固定实木条，海绵粘贴时与基层板同样大小，软包布粘贴时利用绷紧布料将海绵包至板侧形成圆角。圆角作法应特别注意绷紧布料时要用力均匀，否则会在圆角边缘出现弯曲，可将布粘卷在圆木棍上进行绷紧以确保用力均匀。

切割海绵时，为避免海绵边缘出现锯形，可用较大铲刀或菜刀沿海绵边缘切下，以保持整齐。

由于立时得胶黏剂中含强腐蚀成分苯，黏结海绵时会腐蚀海绵，造成海绵厚度减少，底部发硬，以至软包不饱满，所以粘贴海绵时应采用中性或其他不含腐蚀成分的胶黏剂。

根据立时得胶黏剂的特性，底板背面周边和软包布周边刷胶后，应干燥一段时间，待手摸上去不粘手时，进行黏结效果最佳，黏结后用木棍滚动式敲打以使粘结牢固。

软包裁割及黏结时，应注意花纹走向，避免花纹错乱无序，影响美观。

软包制作好后用黏结剂或直钉将软包固定在墙面上，水平度、垂直度要达到规范要求，阴阳角应进行对角。

5. 施工结束后，将软包表面清理干净

质量检验：对基层的平整度、垂直度应严格把关，如偏差超过规范要求，需进行整改，不合格者，不得进行软包制作。

对软包及海绵的防火阻燃性能严格把关，达不到防火要求，不予使用。

软包安装好后，对整体进行检验，要求多板水平度、垂直度符合验收规范，接缝顺直，宽窄一致，板块边缘处理恰当，边缘饱满无波浪弯曲，表面洁净无污染，无损坏，花纹一致，不整饱满，弹性好。

6. 成品保护

施工过程中对已完成的其他产品注意保护，避免损坏。

施工结束后将面层清理干净，现场垃圾清理完毕，洒水清扫或用吸尘器清理干净，避免扫起灰尘，对软包二次污染。

软包布相邻部位需作油漆或其他喷涂时，应用纸带或废报纸遮盖，避免污染。

软包布附近尽量避免使用碘钨灯或其他高温照明设备，不得动用明火，避免损坏。

三、耐火板、铝塑板软包

耐火板软包墙面是指以耐火板为主要材料进行软包墙面制作。铝塑板软包墙面是指以铝塑板为主要材料进行软包墙面制作（如图10-17、图10-18）。

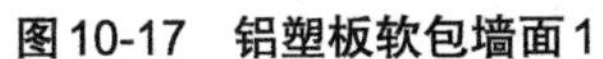

图10-17　铝塑板软包墙面1

图10-18　铝塑板软包墙面2

放线→固定骨架的连接件→固定骨架→安装铝板→收口构造处理→检验

1. 放线

固定骨架，将骨架的位置弹到基层上。骨架固定在主体结构上，放线前检查主体结构的质量。

2. 固定骨架的连接件

在主体结构的柱上焊接连接件固定骨架。

3. 固定骨架

骨架预先进行防腐处理。安装骨架位置准确，结合牢固。安装完检查中心线、表面标高等。为了保证板的安装精度，宜用经纬仪对横梁竖框杆件进行贯通。对变形缝、沉降缝、变截面处等进行妥善处理，使其满足使用要。

4. 安装铝板

铝板的安装固定要牢固可靠，简便易行。板与板之间的间隙要进行内部处理，使其平整、光滑。铝板安装完毕，在易于被污染的部位，用塑料薄膜或其他材料覆盖保护。

复习思考题

1. 墙纸有哪些类型，每种类型有什么样的特点。
2. 装饰墙布有哪些类型，每种类型有什么样的特点。
3. 墙面乳胶漆有哪些类型，每种类型有什么样的特点。
4. 软包墙面有哪些类型，每种类型有什么样的特点。

本章推荐阅读书目

1. 林金国主编. 室内与家具材料应用. 北京：北京大学出版社，2011.
2. 向仁龙主编. 室内装饰材料. 北京：中国林业出版社，2013.
3. 陈雪杰主编. 室内装饰材料. 北京：中国轻工业出版社，2009.
4. 蔡绍祥主编. 室内装饰材料. 北京：化学工业出版社，2010.

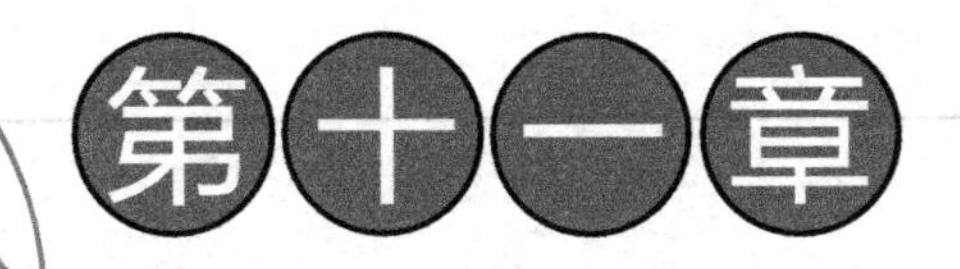

第十一章

顶棚装饰材料

知识目标

1. 理解顶棚装饰材料的用途。

2. 掌握集成吊顶、吸声板吊顶、造型顶棚材料的基本知识、材料的规格、技术性能和应用。

3. 了解吊灯装饰材料的加工工艺。

4. 了解各种吊顶材料的概念、分类、特性和应用。

技能目标

1. 能从顶棚装饰材料的材质去分析和掌握它的应用方法与适用环境。

2. 能将工程和日常生活中所见的顶棚装饰所见的顶棚装饰材料应用案例与本章内容结合起来进行学习。

3. 能将各种顶棚装饰材料的外部特征与本质特征联系起来，认识和掌握集成吊顶、吸声板吊顶、造型顶棚材料的应用特性。

本章重点

掌握集成吊顶、吸声板吊顶、造型顶棚材料的基本知识、材料的规格、技术性能和应用。

第一节 集成吊顶

集成吊顶其实就是平时所说的铝扣板，常见的有覆膜板、滚涂板、氧化板三种材质，而这三种材质的统一是在铝基板的表面进行不同处理所形成。劣质铝天花采用回收的垃圾铝材，不仅无法做薄，而且由于材料来源不明，很可能产生辐射影响健康，更容易产生锈蚀及表面层剥落等现象。

集成吊顶一般用于厨房、卫生间以及阳台。它都是经过精心设计、专业安装来完成的，它的线路布置、通风、取暖效果也是经过严格的设计测试，一切以人为本，相比之下，传统的吊顶因太随意而没有安全可言。它的各项功能是独立的，可根据实际的需求来安装暖灯位置与数量，传统吊项均采用浴霸取暖，它有很大局限性，取暖位置太集中，集成吊顶克服了这些缺点，取暖范围大，且均匀，绿色节能，如图11-1。

图11-1　集成吊顶效果图

集成吊顶的核心理念即“模块化，自组式”。它的意思就是将一个产品拆分为若干个模块，然后对各个模块进行单独开发，最大限度优化其功能，再组合集成为一个新的体系。取暖模块、照明模块、换气模块，可合理排布，它的每一个细节都是经过精心设计、专业安装而完成，其线路布置也是经过严格的设计测试，非常人性化。再就是集成吊顶的各项功能是独立的，可根据实际的需求来安装暖灯位置与数量，取暖范围大，且均匀，如图11-2。

图11-2　集成吊顶

一、集成吊顶的规格

目前市面上常见的规格有300mm×300mm（最常见）、300mm×450mm、300mm×600mm、600mm×600mm（工程板常用规格）、300mm×150mm（一般与300mm×300mm的扣板搭配），如图11-3。

图11-3 集成吊顶材料

二、集成吊顶的龙骨安装工艺

集成吊顶龙骨吊顶施工包括下面几个过程：基层处理、弹线定位、固定吊件、安装龙骨。

（1）吊顶基层处理　吊顶安装前，应对欲施工屋顶进行全面检查，如果不符合施工要求，应及时采取补救措施。

（2）弹线定位　吊顶标高线确定：标高线可用水柱法标出吊顶平面位置，然后按位置弹出标高线。沿标高线固定角铝，角铝的底面与标高线齐平。角铝的固定方法可以水泥钉直接将其钉在墙柱面上。固定位置间隔为400～600mm。固定吊杆。集成吊顶龙骨吊顶的吊件，目前使用最多的使用膨胀螺钉或射钉固定角钢块，通过角钢块上的孔，将吊挂龙骨用的镀锌铁丝绑牢在吊件上。镀锌铁丝不能太细，如使用双股，可用18号铁丝；如果用单股，使用不宜小于14号铁丝。

（3）安装龙骨　集成吊顶龙骨一般有主龙骨与次（中）龙骨之分。安装时先将各条主龙骨吊起后，在稍高于标高线的位置上临时固定，如果吊顶面积较大，可分成几个部分吊装。然后在主龙骨之间安装次（中）龙骨，也就是横撑龙骨。横撑龙骨截取应使用模规来测量长度。安装时也应用模规来测量龙骨间距。

第二节 吸声吊顶

一、吸声铝板吊顶

1. 吸声铝板概述

目前工程中所用的吸声铝板都为冲孔铝板，铝板厚度为1～3mm不等，孔径大小、孔间距和布孔率都需通过相关声学测定机构测定。为了加强吸声效果，一般在铝板背面加铺玻璃吸声棉或者无纺布，铝板正面饰面漆可采用珠光喷涂、滚涂、氟碳喷涂等，颜色可按要求定制。如某内场吸声吊顶铝板孔径3mm、孔间距6mm、布孔率18%，铝板厚2mm，背面粘贴0.2mm厚SoundTex进口无纺布，正面为灰白色氟碳喷涂，如图11-4所示。

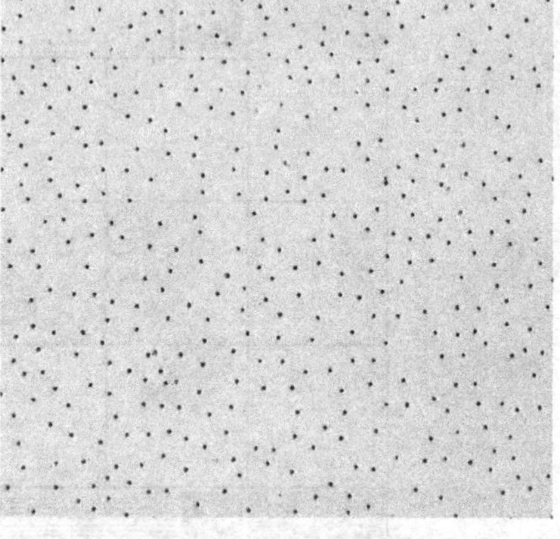

图11-4　吸声铝板

2. 吸声铝板吊顶工程施工工艺流程

施工准备→放线定位→主龙骨安装、调平→次龙骨安装、固定→特制吊挂件制作安装→吊筋安装→隐蔽验收→冲孔吸声铝板安装（包括嵌条和收边条安装）→铝板面调平→验收。

3. 吸声铝板吊顶的施工要点

① 公共建筑内部的吸声吊顶一般都属于大面积吊顶，故施工准备阶段的测量放线尤为重要，放线应根据设计图纸进行，先按现场放出吊顶面的十字中轴线，再按照龙骨间距和吊顶板模数依次向两边放出控制线，如遇到穹形面吊顶，则需先在电脑上模拟排版，确保无误后方可进行现场放线。

② 由于龙骨都是与成品装饰铝板配合使用的，所以在设计时应先确定主次钢龙骨的规格，然后再根据吊顶面积和设计铝板规格，对主次钢龙骨分格进行布置。

③ 主龙骨安装完成后需进行一次整体调平，如是穹形吊顶，则还需控制好主龙骨的弯弧度，以确保次龙骨能平整顺直地安装在主龙骨上。

④ 次龙骨间距必须相等，因为特制吊挂件是直接安装在次龙骨上的，只有吊挂件、吊杆、次龙骨在同一竖向直线上，才能保证每根吊杆受力均匀。

⑤ 吸声铝板是通过吊杆固定调平的。通过安装在次龙骨上的可滑动的特制吊挂件安装好吊杆后，再用吊杆下端的螺母固定住铝板自带的U形卡口槽，已固定吸声铝板。调平铝板时应拉通线，吊顶下和吊顶内部都需有工人，通过吊顶内部的工人微调螺母高度，工人上下配合，整平铝板。

⑥ 铝板安装应与安装嵌条和收边条同时进行，铝板安装调平到哪里，嵌条和收边条应安装到相应位置。

⑦ 吊顶安装完毕后不得随意拆卸，如需安装机电设备，需安排专业工人配合拆卸及铝板面开孔，并且应采取保护措施以防污染。

二、木质吸声板吊顶

木质吸声板吊顶施工方案如下。

1. 材料准备

槽钢、配件、吊杆、膨胀螺栓、木质板等，进场检验合格且是否有出厂合格证及材料质量证明。

2. 机具准备

型材切割机、电动曲线锯、手电钻、电锤、自攻螺钉钻、手提电动砂纸机等。

3. 作业条件

① 在所要吊顶的范围内，机电安装均已施工完毕，各种管线均已试压合格，且已经过隐蔽验收。

② 已确定灯位、通风口及各种照明孔口的位置。

③ 顶棚罩面板安装前，应作完墙地、湿作业工程项目。

④ 搭好顶棚施工操作平台架子。

⑤ 轻钢骨架顶棚在大面积施工前，应做样板间，对顶棚的起拱度、灯槽、窗帘盒、通风口等处进行构造处理，经鉴定后再大面积施工。

4. 施工工艺

（1）工艺流程　基层清理→弹线→安装吊筋→安装主龙骨→安装边龙骨→弱电、综合布线敷设→隐蔽检查→安装次龙骨及木质板→成品保护→分项验收。

（2）弹线　根据吊顶设计标高弹吊顶线作为安装的标准线。

（3）安装吊筋　根据施工图纸要求确定吊筋的位置，安装吊筋预埋件（角铁），刷防锈漆，吊杆采用直径为ϕ8mm的钢筋制作，吊点间距900～1200mm。安装时上端与预埋件焊接，下端套丝后与吊件连接。安装完毕的吊杆端头外露长度不小于3mm。

（4）安装主龙骨　采用14号镀锌槽钢，吊顶主龙骨间距为900～1000mm。安装主龙骨时，应将主龙骨吊挂件连接在主龙骨上，拧紧螺钉，并根据要求吊顶起拱1/200，随时检查龙骨的平整度。主龙骨沿灯具的长方向排布，注意避开灯具位置。

（5）安装次龙骨　配套次龙骨选用10号镀锌槽钢。间距与板横向规格同，将次龙骨通过挂件吊挂在大龙骨上。

（6）安装边龙骨　与墙体用塑料胀管自攻螺钉固定，固定间距200mm。

（7）隐蔽检查　在水电安装、试水、打压完毕后，应对龙骨进行隐蔽检查，合格后方可进入下道工序。

（8）安装饰面板　木质板选用认可的规格形式，明龙骨木质板直接搭在T形烤漆龙骨上。

5. 质量要求

（1）主控项目

① 吊顶标高、尺寸、起拱和造型应符合设计要求。

② 饰面材料的材质、品种、规格、图案和颜色应符合设计要求。

③ 饰面材料的安装应稳固严密。饰面材料与龙骨的搭接宽度应大于龙骨受力面宽度

的2/3。

④ 吊杆、龙骨的材质、规格、安装间距及连接方式应符合设计要求。金属吊杆、龙骨应进行表面防腐处理；木龙骨应进行防腐、防火处理。

⑤ 明龙骨吊顶工程的吊杆和龙骨安装必须牢固。

（2）一般项目

① 饰面材料表面应洁净、色泽一致，不得有翘曲，裂缝及缺损。饰面板与明龙骨的搭接应平整、吻合，压条应平直、宽度一致。

② 饰面板上的灯具、烟感器、喷淋头、风口箅子等设备的位置应合理、美观，与饰面板的交接应吻合、严密。

③ 金属龙骨的接缝应平整、吻合、颜色一致，不得有划伤、擦伤等表面缺陷。

6. 成品保护

① 轻钢骨架、罩面板及其他吊顶材料在入场存放、使用过程中应严格管理，保证不变形、不受潮、不生锈。

② 装修吊顶用吊杆严禁挪做机电管道、线路吊挂用，机电管道、线路如与吊顶吊杆位置矛盾，须经过项目技术人员同意后更改，不得随意改变、挪动吊杆。

③ 吊顶龙骨上禁止敷设机电管道、线路。

④ 轻钢骨架及罩面板安装应注意保护顶棚内各种管线轻钢骨架的吊杆、龙骨不准固定在通风管道及其他设备件上。

⑤ 为了保护成品，罩面板安装必须在棚内管道、试水、保温等一切工序全部验收后进行。

⑥ 设专人负责成品保护工作，发现有保护设施损坏的，要及时恢复。

⑦ 工序交接全部采用书面形式由双方签字认可，由下道工序作业人员和成品保护负责人同时签字确认，并保行工序交接书面材料，下道工序作业人员对防止成品的污染、损坏或丢失负直接责任，成品保护专人对成品保护负监督、检查责任。

7. 安全措施

① 现场临时水电设专人管理，不得有长流水、长明灯。

② 工人操作地点和周围必须清洁整齐，做到活完脚下清，工完场地清，制定严格的成品保护措施。

③ 持证上岗制：特殊工种必须持有上岗操作证，严禁无证上岗。

④ 中小型机具必须经检验合格，履行验收手续后方可使用。同时应由专门人员使用操作并负责维修保养。必须建立中小型机具的安全操作制度，并将安全操作制度牌挂在机具旁明显处。

⑤ 中小型机具的安全防护装置必须保持齐全、完好、灵敏有效。

⑥ 使用人字梯攀高作业时只准一人使用，禁止同时两人作业。

三、矿棉吸声板吊顶

矿棉吸声板吊顶施工工艺如下。

1. 作业条件

① 吊顶内各种管线及通风管道安装调试完。

② 地面湿作业完成。

③ 墙面预埋木砖及吊筋的数量、质量、经检查符合要求。

④ 搭设好安装吊顶的脚手架。

⑤ 按设计要求，在四周墙面弹好吊顶罩面板水平标高线。

2. 施工工艺

（1）施工顺序　弹吊顶标高线→划吊杆位置线→钉边龙骨→管线位置校正→安装龙骨及吊顶→安装吸声板→检查清理。

（2）操作要点

① 吊顶标高线应根据房内+50cm水平准线，弹到四周墙面或柱面上。

② 根据吊顶大样图，将龙骨及吊杆的位置弹到顶棚上。吊杆主龙骨的间距必须符合装饰吸声板的模数，纵、横的间距，一般以1.2～1.6m为宜。

③ 根据墙上吊顶的安装水平标高线，用钢钉将铝边龙骨钉固定于墙体上。边龙骨应平直、牢固。

④ 当采用镀锌铅丝作为吊杆材料时，即称吊筋，在混凝土楼板上安装的具体方法。

a. 吊筋位置上，用射钉枪将带孔的射钉紧固在楼板内。亦可采用不带孔的射钉将金属吊码固定在楼板底面。

b. 用8～10号镀锌铅丝作吊筋。将铅丝穿入射孔内或吊码内挂牢固，下端弯钩后挂在主龙骨吊孔内。吊筋应垂直向下，用枋木作撑绷紧。亦可用8～12号镀锌铅丝分上下两段，在中间加伸缩弹簧钢片连接，便于调整吊筋的长度。

⑤ 安装主龙骨时，必须拉十字调平通线。相邻主龙骨的腹部必须调在一直线上，并应拉通线控制孔位。吊筋绷紧，可用撑木上顶住楼板下抵住大龙骨，将撑木绑扎在吊筋上。主龙骨接头应平整。

⑥ 隐蔽在吊顶内的管线和其他设施，水、暖、电工在吊顶安装时校正其位置。

⑦ 安装次龙骨时，当采用腹部带孔槽的主龙骨，次龙骨则控制主　龙骨间距。第一根次龙骨应两端带钩，将钩插入主龙骨孔槽内。第二根次龙骨可用两端不带钩的交错安装。

当采用腹部不带孔槽的主龙骨，则用稳定支撑控制主龙骨间距，稳定支撑间距以1.8m为宜。安装时，应将次龙骨两端搁置在主龙骨翼缘上，其搁置方向必须与主龙骨垂直。

⑧ 在安装过程中，每完成一道工序，应及时进行检查，发现缺陷立即纠正，以保证吊顶牢固可靠。其表面平整度、接缝严密和平直的程度均应满足规范要求。

第三节 造型顶棚材料

一、纸面石膏板造型吊顶

纸面石膏板是以石膏料浆为夹芯，两面用纸作护面而成的一种轻质板材。纸面石膏板

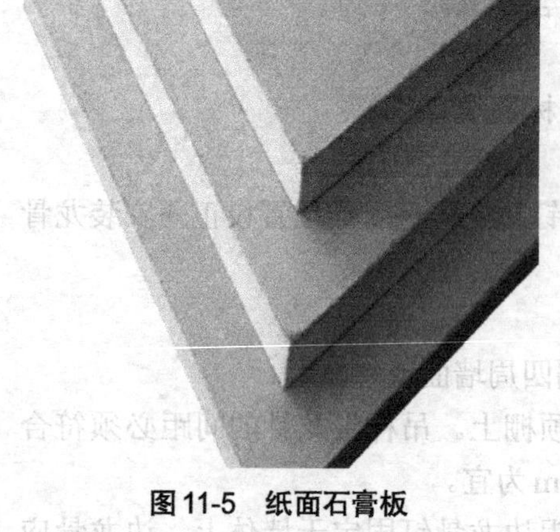
图11-5　纸面石膏板

质地轻、强度高、防火、防蛀、易于加工。普通纸面石膏板用于内墙、隔墙和吊顶。经过防火处理的耐水纸面石膏板可用于湿度较大的房间墙面，如卫生间、厨房、浴室等贴瓷砖、金属板、塑料面砖墙的衬板，如图11-5。

1. 纸面石膏板的分类

纸面石膏板主要用于建筑物内隔墙，有普通纸面石膏板、耐水纸面石膏板和耐火纸面石膏板三类。

普通纸面石膏板是以建筑石膏为主要原料，掺入了纤维和添加剂构成芯材，并与护面纸板牢固地结合在一起的轻质建筑板材。

耐水纸面石膏板是以建筑石膏为主要原料，掺入了适量耐水外加剂构成耐水芯材，并与耐水的护面纸牢固黏结在一起的轻质建筑板材。

耐火纸面石膏板耐火纸面石膏板是以建筑石膏为主，掺入了适量无机耐火纤维增强材料构成芯材，并与护面纸牢固黏结在一起的耐火轻质建筑板材。

2. 纸面石膏板常用形状及品种规格

（1）形状　普通纸面石膏板的棱边有五种形状，即矩形（代号PJ）、45°倒角形（代号PD）、楔形（代号PC）、半圆形（代号PB）、圆形（代号PY）

（2）产品规格　长1800mm、2100mm、2400mm、2700mm、3000mm、3300mm和3600mm七种规格；宽900mm和1200mm两种规格；厚9mm、12mm和15mm。

3. 纸面石膏板的性能特点

① 纸面石膏板重量轻、强度能满足使用要求。

② 隔声性能。

③ 膨胀收缩性能。

④ 耐火性能良好。

⑤ 隔热保温性能。

⑥ 纸面石膏板具有一定的湿度调节作用。

4. 纸面石膏板的用途

普通纸面石膏板或耐火纸面石膏板，一般用作吊顶的基层，故必须做饰面处理。纸面石膏装饰吸声板用作装饰面层，纸面石膏板适用于住宅、宾馆、商店、办公楼、等建筑的室内吊顶及墙面装饰。

二、装饰石膏板

装饰石膏板是以建筑石膏为主要原料，掺加少量纤维材料等制成的有多种图案、花饰的板材，如石膏印花板、穿孔吊顶板、石膏浮雕吊顶板、纸面石膏饰面装饰板等。它是一种新型的室内装饰材料，适用于中高档装饰，具有轻质、防火、防潮、易加工、安装简单等特点。特别是新型树脂仿型饰面防水石膏板板面覆以树脂，饰面仿型花纹，其色调图案逼真，新颖大方，板材强度高、耐污染、易清洗，可用于装饰墙面，做护墙板及踢脚板等，是代替天然石材和水磨石的理想材料，如图11-6。

图 11-6 装饰石膏板

1. 装饰石膏板的规格

石膏装饰板的规格尺寸有：500mm×500 mm×9 mm；600 mm×600 mm×11 mm。装饰石膏板形状为正方形，其棱边断面形式有直角型和45° 倒角型两种。

2. 装饰石膏板的特点

装饰石膏板具有轻质、强度较高、绝热、吸声、防火、阻燃、抗震、耐老化、变形小、能调节室内湿度等特点，同时加工性能好，可进行锯、刨、钉、粘贴等加工，施工方便，工效高，可缩短施工工期。

3. 装饰石膏板的用途

（1）普通装饰吸声石膏板　适用于宾馆、礼堂、会议室、招待所、医院、候机室、候车室等作吊顶或平顶装饰用板材，以及安装在这些室内四周墙壁的上部，也可用作民用住宅、车厢、船轮房间等室内顶棚和墙面装饰。

（2）高效防水装饰吸声石膏板　主要用于对装饰和吸声有一定要求的建筑物室内顶棚和墙面装饰，特别适用于环境湿度大于70%的工矿车间、地下建筑、人防工程及对防水有特殊要求的建筑工程。

（3）吸声石膏板　适用于各种音响效果要求较高的场所，如影剧院、电教馆、播音室的顶棚和墙面，以同时起消声和装饰作用。

三、铝塑板、防火板饰面吊顶

1. 铝塑板

（1）铝塑板定义　铝塑复合板简称铝塑板，它是以聚乙烯塑料为芯材，以经过化学处理的涂装铝板（亦称铝箔、铝卷、铝带）为表层材料，经一定加工处理（连续热压复合）而成的一种复合材料，如图11-7。

图 11-7 铝塑板

（2）铝塑板的特征　铝塑板表面的花色图案变化丰富、典雅华丽，其重量轻、防水、防火、防虫蛀、耐酸碱、耐摩擦、耐污、易清洗，还有隔声、隔热的良好性能。另外铝塑板成本低、弯曲造型方便、易于加

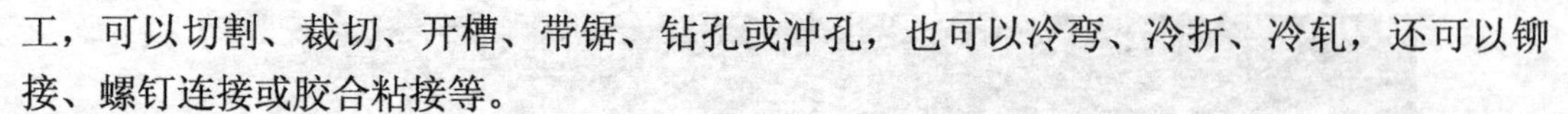

工，可以切割、裁切、开槽、带锯、钻孔或冲孔，也可以冷弯、冷折、冷轧，还可以铆接、螺钉连接或胶合粘接等。

（3）铝塑板的分类

① 按使用范围和用途分类

a. 室内用铝塑板　又称为内墙板，铝板表面一般为滚涂聚酯树脂涂层。厚度一般多为3mm，也有使用4mm厚的，根据实际的设计要求而定。

b. 室外用铝塑板　又称为外墙板或幕墙板，铝板表面为聚偏二氟乙烯树脂涂层（俗称氟碳涂层，简称PVDF)，具有较强的耐候性和耐化学腐蚀性。

② 按其特殊功能分类

a. 普通铝塑板　芯材采用普通PE，铝板表面涂层一般为普通聚酯，多用作室内装饰和除幕墙外的室外装饰。

b. 防火铝塑板　芯材采用防火PE，铝板表面涂层可多样，其防火级别高于普通PE芯材（其防火级别一般为D级）的铝塑板，可达到B级。

c. 纳米自洁铝塑板　主要通过对涂层油漆特殊成分（纳米材料）的添加并通过一定的涂装工艺使铝塑板的表面不易黏附灰尘和污物，并且更加易于清洗。

d. 抗静电铝塑板等　主要通过在涂层油漆中加入抗静电材料而达到抗静电的效果。

③ 按铝板表面涂装颜色和处理方式的不同分类

a. 素色板　表面涂层为单一颜色。

b. 拉丝板　通过对铝板表面进行拉丝工艺处理，而使表面具有档次高雅的拉丝效果。

c. 镜面板　对铝板进行镜面化工艺处理，使其表面具有极高的光洁度和对光线的反射率，达到镜面的效果。

d. 岗纹板（木纹板）一般是通过在铝板表面复合粘贴岗纹（木纹）膜而使材料的表面具有像石材（如花岗岩）和木材一样的纹路，提升材料的装饰视觉效果。

（4）铝塑板的应用

① 规格　铝塑板的外观尺寸一般为：标准板2440mm×1220mm（长×宽)，厚度一般为4mm和3mm，也有其他尺寸，长度可达6000mm或更长，宽度可达1500mm或1600mm等，厚度可达5mm或6mm。

除长、宽、厚尺寸外，铝塑板的规格中还有一个重要参数，那就是铝板的厚度，目前国内生产的铝塑板铝板厚度最厚一般为0.5mm，最薄可达0.03mm。国标GB/T 17748—2008规定，作为建筑幕墙板用的铝塑板，其铝板厚度应大于等于0.5mm。

② 范围　铝塑板适用于大型建筑墙面装饰、室内墙体、商场门面的装修、大型广告招牌、标语牌、车站、机场、展示台架、净化防尘工程等的装修，是理想的室内外装饰用板材。铝塑复合板在国内已大量使用。

（5）铝塑板的选购

① 根据用途，选购合适规格和品质的产品，包括颜色、厚度（尤其注意铝板的厚度)、涂层种类、芯材质量等。

② 检查厚度是否达到标称值，必要时可使用游标卡尺或千分尺（推荐）测量一下。

③ 检查板形是否平直，板面是否有明显的麻点、气泡、波纹等瑕疵。

④ 向经销者询问芯材的质量，如有可能，可索取小样进行折断试验。好的铝塑板是

折不断或难以折断的。

⑤ 同一工程尽量选购同一生产批次的产品，同种颜色不同批次的产品，一般会有一定的色差存在，除非使用时不关注色差的影响，或有预见性地使用。

⑥ 注意撕保护膜时是否有遗胶现象。产品存放时间过长或生产时原材料问题等原因，可能会造成保护膜遗胶。

⑦ 尽量购买有信誉的知名厂家的产品，这样在质量上比较有保障。有的产品质量不是凭肉眼一下就能看得出的，尤其是上面覆有保护膜，使用前不可能把保护膜全部撕掉去检查。

⑧ 用于铝塑板黏合的黏结胶一般宜选用中性聚硅氧烷结构密封胶，而填缝用的胶也应选用耐候中性聚硅氧烷密封胶。使用其他胶水会出现开胶、脱落现象。

2. 防火板饰面

（1）防火板　防火板又名耐火板，学名为热固性树脂浸渍纸高压层积板，英文缩写为HPL（Decorative High-pressure Laminate）是表面装饰用耐火建材，有丰富的表面色彩，纹路以及特殊的物流性能，广泛用于室内装饰、家具、橱柜、实验室台面、外墙等领域。是由高级进口装饰纸、进口牛皮纸经过含浸、烘干、高温高压等加工步骤制作而成。防火板具有有机板和无机板的双重优点，它是用改性菱镁材料作胶结料，用中碱或耐碱玻璃纤维布作增强材料而制成的大幅面薄板，主要用于建筑物吊项、内隔墙及其他有防火要求部位的装修。

（2）防火板的特点　防火板具有色彩丰富，图案花色繁多和耐磨、耐高温、耐剐、抗渗透、容易清洁、防潮、不退色、触感细腻、价格实惠等特点。表面有高光泽的、浮雕状的和麻纹低光泽的，在室内装饰中既能达到防火要求，又能达到装饰效果。

（3）防火板的应用技术要求

① 由于防火板比较薄，必须粘贴在具有一定强度的基板上，如胶合板、木板、纤维板、金属板等。

② 切割时注意不要出现裂口，可根据使用尺寸，每边多留几毫米，供修边用。

③ 一般可用强力胶粘贴。强力胶粘贴后用滚轮滚压即可。

（4）防火板的选购

① 选择知名品牌的产品　防火板具有防火、耐高温、耐磨等众多优点，因而受到越来越多消费者喜爱。市场上的防火板产品也越来越多，不过粗制滥造、以次充好的现象也屡见不鲜。选购的时候，建议选择知名品牌的防火板，虽然价格可能贵点，但是质量和售后比较有保证。

② 查看产品检测报告和燃烧等级　选购防火板的时候，注意查看防火板有无产品商标，行业检测的报告，产品出厂合格证等，如果没有，建议不要选购。仔细查看产品的检测报告，看产品各项性能指标是否合格，特别是注意查看检测报告中的产品燃烧等级，燃烧等级越高的产品耐火性越好。

③ 查看防火板产品外观　首先要看其整块板面颜色、肌理是否一致，有无色差，有无瑕疵，用手摸有没有凹凸不平、起泡的现象，优质防火板应该是图案清晰透彻、无色差、表面平整光滑、耐磨的产品。

④ 查看防火板产品厚度　防水板厚度一般为0.6～1.2mm，一般的贴面选择0.6～

1mm厚度就可以了。厚度达到标准且厚薄一致的才是优质的防火板，因此选购的时候，最好亲自测量一下。

⑤ 建议选择成型的防火板材　选购防火板最好不要选择防火板贴面，而应选择购买贴面与板材压制成的防火板材产品。因为如果由木工粘贴防火板，由于压制不过关，容易遇潮或霉变导致防火板起泡脱落。而专业生产的工厂一般配备了大型压床、高精密度裁板机等设备，可保证防火板达到不易起泡和变形的质量要求。

复习思考题

1. 吊顶材料分为哪几类？
2. 集成吊顶的主要性能特点是什么？集成吊顶龙骨吊顶施工步骤有哪些？
3. 造型顶棚材料有哪些？

实训练习

1. 参观考察完整的吊灯。
2. 在样本室或装饰材料市场辨认吊顶样本，根据其构造特点选择合适的产品。
3. 学生分组，根据教师提供的室内外装饰设计的环境，提出不同部位的吊顶品种的选择方案，各组讨论各自提出选择方案的理由，并比较各个方案的合理性和适宜性。

本章推荐阅读书目

1. 张清丽. 室内装饰材料识别与选购. 北京：化学工业出版社，2012.
2. 林金国主编. 室内与家具材料应用. 北京：北京大学出版社，2011.
3. 蔡绍祥主编. 室内装饰材料. 北京：化学工业出版社，2010.

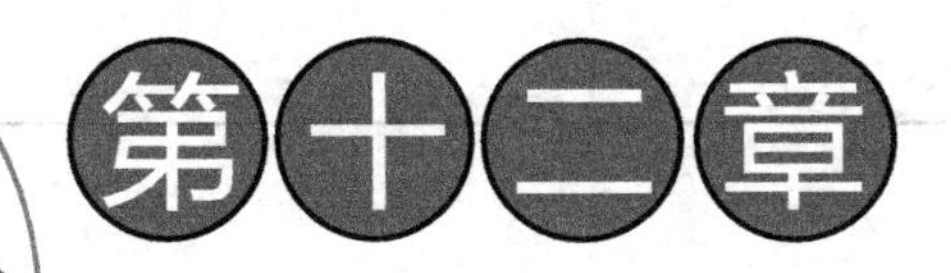

第十二章 涂料与胶料

知识目标

1. 了解涂料的组成成分。
2. 了解涂料的分类及其用途。
3. 了解胶料的组成成分。
4. 了解胶料的分类及其用途。

技能目标

1. 根据实际用途能合理地选择涂料。
2. 根据实际用途能合理地选择胶料。

本章重点

涂料的分类及其用途、胶料的分类及其用途。

第一节 涂料的组成

中国涂料界比较权威的《涂料工艺》一书是这样定义的："涂料是一种材料，这种材料可以用不同的施工工艺涂覆在物件表面，形成黏附牢固、具有一定强度、连续的固态薄膜。这样形成的膜通称涂膜，又称漆膜或涂层。"属于有机化工高分子材料，所形成的涂膜属于高分子化合物类型。按照现代通行的化工产品的分类，涂料属于精细化工产品。

涂料不论品种或形态如何，都是有由主要成膜物质、次要成膜物质和辅助成膜物质三种基本物质组成。

主要成膜物质：也称黏结剂，成膜物质大部分为有机高分子化合物如天然树脂（松香、大漆）、涂料（桐油、亚麻油、豆油、鱼油等）、合成树脂等混合配料，经过高温反应而成，也有无机物组合的油漆（如无机富锌漆）。

次要成膜物质：包括各种颜料、体质颜料、防锈颜料。颜料为漆膜提供色彩和遮盖力，提高油漆的保护性能和装饰效果，耐候性好的颜料可提高油漆的使用寿命。

辅助成膜物质：包括各种助剂、溶剂。各种助剂在油漆的生产过程、贮存过程、使用过程以及漆膜的形成过程起到非常重要的作用。虽然使用的量都很少，但对漆膜的性能影响极大。甚至形不成漆膜如：不干、沉底结块、结皮。水性漆更需要助剂才能满足生产、施工、贮存和形成漆膜。油漆助剂的水平也代表了国家涂料的水平。

第二节 涂料的分类与性质

涂料种类如下。

① 按涂料形态可分为水性涂料、溶剂性涂料、粉末涂料、高固体涂料等。

② 按施工方法可分为刷涂涂料、喷涂涂料、辊涂涂料、浸涂涂料等。

③ 按施工工序可分为底漆、中涂漆（二道底漆）、面漆、罩光漆等。

④ 按功能可分为装饰涂料、防锈涂料、耐高温涂料、示温涂料、隔热涂料、防火涂料、防水涂料等。

⑤ 按用途可分为建筑涂料、罐头涂料、汽车涂料、飞机涂料、家电涂料、木器涂料、桥梁涂料、塑料涂料、纸张涂料等。

⑥ 按使用可分为内墙涂料、外墙涂料、木器漆、金属用漆、地坪漆。

⑦ 按漆膜性能分防腐漆、绝缘漆、导电漆、耐热漆。

⑧ 按成膜物质分醇酸、环氧、氯化橡胶、丙烯酸、聚氨酯、乙烯。

现代的涂料正在逐步成为一类多功能性的工程材料，是化学工业中的一个重要行业。装饰功能如颜色、光泽、图案和平整性等。不同材质的物件涂上涂料，可得到五光十色、绚丽多彩的外观，起到美化人类生活环境的作用，对人类的物质生活和精神生活做出不容忽视的贡献。其他功能，标记、防污、绝缘等。对现代涂料而言，这种作用与前两种作用比较越来越显示其重要性。现代的一些涂料品种能提供多种不同的特殊功能，如电绝缘、导电、屏蔽电磁波、防静电产生等作用；防霉、杀菌、杀虫、防海洋生物粘附等生物化学方面的作用；耐高温、保温、示温和温度标记、防止延燃、烧蚀隔热等热能方面的作用；反射光、发光、吸收和反射红外线、吸收太阳能、屏蔽射线、标志颜色等光学性能方面的作用；防滑、自润滑、防碎裂飞溅等机械性能方面的作用；还有防噪声、减振、卫生消毒、防结露、防结冰等各种不同作用等。随着国民经济的发展和科学技术的进步，涂料将在更多方面提供和发挥各种更新的特种功能。

第三节 涂料的种类

一、聚氨酯树脂漆（PU）

聚氨酯漆是聚氨基甲酸酯漆的简称。聚氨基甲酸酯常由多异氰酸酯与多羟基化合物（多元醇）反应生成。甲组分（主剂）：含有羟基（—OH）组分；乙组分（硬化剂）：含有异氰酸基（—NCO）组分、溶剂、辅助材料（助剂）、着色材料。

PU漆的优缺点如下。

优点：丰满度、硬度、透明度，都有较优秀的表现；稳工性能好，产品稳定性较高；可以与其他油漆品种配合，做出不同的表现效果是一款综合性能很优秀的漆种，应用也最为广泛。

缺点：施工性差于NC漆；丰满度、硬度差于PE漆。

二、紫外光固化漆（UV）

光敏漆（UV）也称紫外光固化涂料，是应用光能引发而固化成膜的涂料。也就是说，此类漆的涂层必须经紫外线照射才能固化成膜。主要用于平面产品涂饰。

反应性预聚物（光敏树脂）包括：交联单体——活性稀释剂；光敏剂（引发反应）；助剂——流平剂、促进剂、稳定剂等；着色材料。

UV漆的优缺点如下。

优点：为目前最为环保的油漆品种之一；固含量极高；硬度好，透明度高；耐黄变性优良；活化期长；效率高，涂装成本低（正常是常规涂装成本的一半）是常规涂装效率的数十倍。

缺点：要求设备投入大；要有足够量的货源，才能满足其生产所需。连续化的生产才能体现其效率及成本的控制；辊涂面漆表现出来的效果略差于PU面漆产品；辊涂产品要求被涂件为平面。

三、硝基漆（NC）

硝基漆的出现已有100多年的历史，我国于1935年开始生产和应用，当年美国生产硝基漆产量已达4230万加仑（合16000万升）。硝基漆以它的干燥快、装饰性好、具有较好的户外耐候性等特点，并可打磨、擦蜡上光，以修饰漆膜在施工时造成的疵点等独特性能，非常畅销。当时只有硝基漆可以喷涂，适合大面积施工。美国杜邦公司的产品曾为世界第一条汽车车身涂装流水线采用。

20世纪50年代以后，随着涂料行业技术力量的发展壮大，国内涂料企业有条件改进老产品，研制新产品，采用新工艺，添置新设备，使硝基漆的生产质量提高、品种增加，发展也较为迅速。当时生产的品种主要有：硝基底漆和腻子、硝基工业漆（内用硝基磁漆）、汽车喷漆（外用硝基漆）、木器漆、铅笔漆、皮革漆、塑料漆等。70年代以前，它属于装饰性好的高档涂料产品，产量逐年增长。到80年代中期，我国涂料产品按18大类进行统计后，它的产量和涂料合计总产量之比，还是相对稳定的。

随着涂料行业的发展，科学技术的进步，为了不断满足社会的需求，一批批新产品先后研制成功，许多合成树脂涂料相继涌现出来。为使涂料产品适应和满足国家工业建设的要求，原化工部在产品结构优化调整方案时提出："限制前四类（油脂漆、天然树脂漆、酚醛漆、沥青漆），改造两类即硝基漆、过氯乙烯漆，使其质量进一步提高，发展合成树脂漆"。合成树脂漆的发展也挤掉了一部分硝基漆的市场。

组成：由硝化棉、醇酸树脂、颜料、增塑剂及有机溶剂等制成。

硝基漆可分外用清漆、内用清漆、木器清漆及各色磁漆共四类。

（1）硝基外用清漆　是由硝化棉、醇酸树脂、柔韧剂及部分酯、醇、苯类溶剂组成，涂膜光泽、耐久性好，可用于室外金属和木质面的涂饰。

（2）硝基内用清漆　是由低黏度硝化棉、甘油松香酯、不干性油醇酸树脂，柔韧剂以及少量的酯、醇、苯类有机溶剂组成，涂膜干燥快、光亮、户外耐候性差，可用作室内金属和木质面的涂装。

（3）硝基木器清漆　是由硝化棉、醇酸树脂、改性松香、柔韧剂和适量酯、醇、苯类有机挥发物配制而成，涂膜坚硬、光亮，可打磨，但耐候性差，只可用于室内木质表面的涂饰。

（4）各色硝基醇酸磁漆　是由硝化棉、季戊四醇酸树脂、颜料、柔韧剂以及适量溶剂配制而成，涂膜干燥快，平整光滑，耐候性好，但耐磨性差，适用于室内外金属和木质表面的涂装。

NC漆的优缺点如下。

优点：漆膜干燥快、漆膜光亮、耐候性好、可打磨抛光，

缺点：漆固体成分低、漆膜不丰满、需涂多道。

四、水性漆（W）

水性漆是指成膜物质溶于水或分散在水中的漆，包括水溶性漆和水乳胶漆两种。它不同于一般溶剂型漆，是以水作为主要挥发分的。

以合成树脂代替油脂，以水代替有机溶剂，这是世界涂料发展的两个主要方向。水性涂料有单组分与两组分之分，其中单组分占据绝大多数。产品外观：有乳白色的、微黄的，亦有微红色的黏稠状；固体含量：一般在30%～45%，相比溶剂型的要低许多；耐水性：脂肪族聚氨酯分散体、水性氨酯油比芳香族/丙烯酸乳液型要好很多；耐酒精性：其趋势基本与耐水性相同；硬度：以丙烯酸乳液型最低，其次芳香族聚氨酯为中等，脂肪族聚氨酯分散体及其双组分聚氨酯、氨酯油为最高，并随着时间的延长，其硬度会逐渐增加，尤其是双组分交联型。但硬度增长慢且较低，远不如溶剂型。铅笔硬度能达H的已很少；光泽：亮光的很难达到溶剂型木器涂料的光泽，普遍低20%左右。其中以双组分的较高，而氨酯油、聚氨酯分散体次之，丙烯酸乳液型最低；丰满度：由于固体含量的影响，差别较大，加之本身固体含量低、丰满度较差，固含量越高，丰满度越好，双组分交联型比单组分好，丙烯酸乳液型较差；耐磨性：以氨酯油与双组分交联型为最好，其次为聚氨酯分散体，再次为丙烯酸乳液型。

1. 水性油漆分类

（1）丙烯酸酯型　其中有苯丙乳液、丙烯酸酯（改性）乳液，适宜做底漆、哑光面漆。这种基料所做涂料相对成本较低，硬度一般，不易产生缩孔，但成膜性能较差、光泽差，不宜做高光漆。耐磨性差，消泡困难，一般拼混使用。

（2）聚氨酯分散体　包括芳香族和脂肪族聚氨酯分散体，后者的耐黄变性优异，更适于户外。它们成膜性能都较好，自交联光泽较高、耐磨性好、不容易产生气泡和缩孔。但硬度一般，价格较贵，适合于做亮光面漆、地板漆等。

（3）丙烯酸改聚氨酯分散体　包括有芳香族、脂肪族聚氨酯与丙烯酸酯分散体的混合物，兼具了上述两类的优点，成本比较适中，可以自交联亦可用于双组分体系，硬度好、干燥快、耐磨、耐化学性能好、黄变程度低或不变黄，适合于做亮亚光漆、底漆、户外漆等。

（4）水性氨酯油　属单组分，类似油性氨酯油，氧化还原干燥型，成膜时需加入催干剂，干燥较快，光泽好、硬度好、耐磨、耐水性好，适合做亮光面、地板漆。

（5）水性双组分聚氨酯　一组分是带—OH的聚氨酯分散液；二组分是水性的固化剂，主要是脂肪族的。此两组分混合后施工，通过交联反应，可以显著提高其耐水性、硬度、丰满度，光泽亦有一定的效果，综合性能较好，涂料不易黄变，尤为适合于户外涂装。

2. 水性油漆的优缺点

（1）优点

① 无异味：由于水性漆是用水稀释，以水作为稀释剂，属于无味涂装。

② 环保：水性漆具有不含甲醛、不含游离TDI、不含有害重金属、不含有机挥发溶剂。

③ 快干：由于水性漆采用先进的聚氨酯体系，所以在正常环境下，20min表干。

④ 硬度高：表面坚硬、耐磨，漆膜柔韧，不会因碰撞变白。

⑤ 不变黄：采用脂肪族体系，漆膜经年保持清澈透明。

⑥ 耐水：漆膜防水，长期水浸不受任何影响。

⑦ 耐热：能承受高温，耐沸水、不会在台面上留下永久的热水杯白印。

⑧ 丰满剔透：丰满度高，清澈透明。

⑨ 手感好：漆膜润滑、不粗糙、不油腻、不粘手。

⑩ 附着力强：对硬木、软木、合板、贴面板，竹藤表面或已有油性漆面附着力强。

⑪ 耐候性好：耐紫外线及风雨侵蚀，可用于室外涂装。

⑫ 施工方便：采用单组分脂肪族聚氨酯体系，用水稀释、清洗，流平性。

⑬ 性价比高：每平方米的需漆量少，不用天拿水稀释，工时少。

（2）缺点

① 水性漆做完后，一旦损坏难修复。

② 即使保护好，油漆部位不能粘贴美纹纸。

③ 如上面有灰尘，很难清理，（跟乳胶漆清理一样）。

④ 部分水性漆的硬度不高，容易出划痕，这一点在选择时要特别注意。

⑤ 水性漆除价格稍高以外，无论从施工和环保方面都是不错的选择。

第四节 胶黏剂的组成、分类与性质

胶黏剂的概念：胶黏剂是一种靠界面作用（化学力或物理力）把各种固体材料牢固的粘接在一起的物质，又叫粘接剂或胶合剂，简称“胶”。

人们使用胶黏剂有着悠久的历史。早在2000多年前，秦朝人以糯米浆与石灰制成的灰浆用作长城基石的胶黏剂。古埃及人从金合欢树中提取阿拉伯胶，从鸟蛋、动物骨骼中提取骨胶，从松树中收集松脂制成胶黏剂，还用白土与骨胶混合，再加上颜料，用于棺木的密封及涂饰。最早使用的合成胶黏剂是酚醛树脂。1909年实现了工业化，主要用于胶合板的制造。后来随着高分子材料的出现又出现了脲醛树脂、丁腈橡胶、聚氨酯、环氧树脂、聚醋酸乙烯酯、丙烯酸树脂等。

胶黏剂的应用领域非常广泛，涉及建筑、包装、航天、航空、电子、汽车、机械设备、医疗卫生、轻纺等国民经济的各个领域。

现状：20世纪30年代，从酚醛树脂开始进入合成胶黏剂时代，目前世界合成胶黏剂品种已达5000余种，总产量超过1000万吨，销售额年均增长5%。产量水系胶占45%，热熔胶占20%，溶剂胶占15%，反应型胶占10%，其他10%。

发展方向：快固化、单组分、高强度、耐高温、无溶剂、低黏度、不污染、省能源、多功用等各具特点的胶黏剂。

一、胶黏剂分类

1. 按基料的化学成分分类

将胶黏剂分为三大类型。

（1）天然材料

① 动物胶：骨胶、皮胶等。

② 植物胶：淀粉、糊精、阿拉伯树胶、天然树脂胶、天然橡胶等。

③ 矿物胶：矿物蜡、沥青。

（2）合成高分子材料　包括合成树脂型，合成橡胶型和复合型三大类。

① 合成树脂又分热塑型和热固型。热塑型有烯类聚合物、聚氯酯、聚醚、聚酰胺、聚丙烯酸酯等。热固型有环氧树脂、酚醛树脂、三聚氰胺-甲醛树脂等。

② 合成橡胶型主要有氯丁橡胶、丁苯橡胶、丁腈橡胶等。

③ 复合型主要有酚醛-丁腈胶、酚醛-氯丁胶、酚醛-聚氨酯胶、环氧-丁腈胶等。

（3）无机材料　有热熔型如焊锡、玻璃陶瓷等，水固型如水泥、石膏等，硅酸盐型及磷酸盐型。

2. 按形态、固化反应类型分类

分为溶剂型、乳液型、反应型（热固化、紫外线固化、湿气固化等）、热熔型、再湿型以及压敏型（即黏附剂）等。

① 溶剂（分散剂）挥发型　有溶液型和水分散型。

溶液型包括有机溶剂型如氯丁橡胶、聚乙酸乙烯酯，水溶剂型如淀粉、聚乙烯醇；水分散型如聚乙酸乙烯酯乳液。

② 反应型　包括一液型和二液型。一液型有热固型（环氧树脂、酚醛树脂），湿气固化型（氰基丙烯酸酯、烷氧基硅烷、尿烷），厌氧固化型（丙烯酸类），紫外线固化型（丙烯酸类、环氧树脂）；二液型有缩聚反应型（尿素、酚），加成反应型（环氧树脂、尿烷），自由基聚合型（丙烯酸类）。

③ 热熔型　是一种以热塑性塑料为基体的多组分混合物，如聚烯类、聚酰胺、聚酯。室温下为固状或膜状，加热到一定温度后熔融成为液态，涂布、润湿被粘物后，经压合、冷却，在几秒钟甚至更短时间内即可形成较强的粘接力。

④ 压敏型（黏附剂）　有可再剥离型（橡胶、丙烯酸类、聚硅氧烷）和永久黏合型。在室温条件下有黏性，只加轻微的压力便能黏附。

⑤ 再湿型　包括有机溶剂活性型和水活性型（淀粉、明胶、聚已烯醇）。在牛皮纸等上面涂覆胶黏剂并干燥，使用时用水和溶剂湿润胶黏剂，使其重新产生黏性。

二、胶溶剂组成

胶黏剂主要由基料、固化剂和促进剂、偶联剂、稀释剂、填料、增塑剂与增韧剂及其他组分（添加剂）组成。

（1）基料　是胶黏剂的主要成分，大多为合成高聚物，起黏合作用，要求有良好的黏附性与湿润性。

（2）固化剂和促进剂　固化剂是胶黏剂中最主要的配合材料，它直接或者通过催化剂与主体聚合物反应，固化结果是把固化剂分子引进树脂中，使分子间距离、形态、热稳定性、化学稳定性等都发生了明显的变化。使树脂由热塑型转变为网状结构。促进剂是一种主要的配合剂，它可加速胶黏剂中主体聚合物与固化剂的反应，缩短固化时间、降低固化温度。

（3）偶联剂　能与被粘物表面形成共价键使粘接界面坚固。

（4）稀释剂　用于降低胶黏剂的黏度，增加流动性和渗透性。分非活性和活性稀释剂。非活性稀释剂一般为有机溶剂，如丙酮、环己酮、甲苯、二甲苯、正丁醇等。活性稀释剂是能参加固化反应的稀释剂，分子端基带有活性基团，如环氧丙烷苯基醚等。

（5）填料　无机化合物如金属粉末、金属氧化物、矿物等。改善树脂的某些性能，例如可降低树脂固化后的收缩率和膨胀系数，提高胶接强度和耐热性，增加机械强度和耐磨性等。

（6）增塑剂与增韧剂　增塑剂一般为低黏度、高沸点的物质，如邻苯二甲酸二丁酯、邻苯二甲酸二辛酯、亚磷酸三苯酯等，因而能增加树脂的流动性，有利于浸润、扩散与吸附，能改善胶黏剂的弹性和耐寒性。增韧剂是一种带有能与主体聚合物起反应的官能团的化合物，在胶黏剂中成为固化体系的一部分，从而改变胶黏剂的剪切强度、剥离强度、低温性能与柔韧性。

（7）其他组分　添加剂、防老化剂、防霉变剂、阻聚剂、阻燃剂、着色剂等。

第五节　常用胶黏剂的选择与应用单元实训

不同的胶种其胶合性能会有所不同，甚至差异很大。因此，需根据不同的工艺水平要求，而合理选用。

一、脲醛树脂胶

脲醛树脂胶是以尿素和甲醛作原料，经缩聚反应制得的具有一定黏稠性质的初期脲醛树脂为基础，再加入固化剂或其他辅助材料调制而成的。将制得的胶涂于木材表面，在一定条件下树脂分子能继续缩聚，最后形成牢固的胶层，而把木材胶合起来。脲醛树脂胶具有较高的胶合强度，较好的耐温、耐水、耐腐蚀性能，且胶黏剂成透明或乳白色，不会污染产品。所以，国内外广泛用它来代替蛋白类胶黏剂，已是木材工业的主要胶种。但脲醛树脂胶含有少量游离甲醛，对人体有害，需控制在允许的范围内。

在使用脲醛树脂胶时，必须施加适量的固化剂，为了改善其性能，还加入适量的填充剂等，以起到加速固化、节约树脂、防止胶层老化的作用。常用的固化剂有氯化铵、氯化锌、硫酸铵、硝酸铵等酸性盐类。常用的填充剂有木粉、淀粉、大豆粉等。脲醛树脂可制成下列两种状态的胶黏剂。

（1）液状　可分为黏稠液状和泡沫状两种。黏稠液状是一种呈糖浆状或乳状的液体树脂，其树脂含量随产品的牌号不同而异。这种胶稳定性差，储藏期一般为3～6个月。泡沫状胶黏剂是用不脱水脲醛树脂胶液，在使用前加入泡沫，经机械搅拌产生泡沫而成的。起泡剂使胶液体积增大，密度降低，可以起到节约胶料用量、降低成本的作用。

（2）粉状　由液体树脂胶经喷雾干燥而成。这种胶黏剂具有储存时间长，便于包装运输，使用时按规定的比例加入适量水调制成胶液即可。但粉状胶的生产成本高，在国内使用不多。

二、酚醛树脂胶

酚醛树脂胶是酚类（苯酚、甲酚等）与醛类（甲醛、糠醛等）经催化剂的作用，加热缩聚形成具有一定黏性的液体树脂。它又称初期酚醛树脂或可溶性树脂。这种黏液在一定条件下，继续缩聚，最终形成不溶解、不熔化的固体树脂，又称末期酚醛树脂或不熔化酚醛树脂。酚醛树脂也可制成下列两种状态的胶。

（1）液状　液状酚醛树脂胶具有一定黏性，能在碱性水溶液或酒精中溶解，加热或长时间储存以及加入固化剂，最后会形成不溶、不熔的坚硬固体。前者称为水溶性酚醛树脂胶，后者称为醇溶性酚醛树脂胶。

（2）粉状　粉状酚醛树脂胶是初期的酚醛树脂胶经干燥制成的粉末，使用时加入溶剂就可调成胶液。粉状胶储存期较长，运输方便，但成本较高。

酚醛树脂胶具有强度高，耐水性强、内热性好、化学稳定性好及不受菌虫的侵蚀等优点。其不足之处是颜色较深和胶层较脆。

三、热熔性树脂胶

热熔性树脂胶是最近发展较快的一种无溶剂的热塑性胶黏剂。它与其他合成树脂胶的区别在于没有溶剂，是100%的固体成分。通过加热熔化，把熔融物涂在被粘物上，冷却即继续固化。热熔性树脂胶的种类较多，如乙烯-醋酸乙烯共聚树脂、聚酯树脂、改性聚酰胺树脂、聚氨酯树脂等。其中以乙烯-醋酸乙烯共聚树脂（简称EVA树脂）应用较广，热熔性树脂胶的主要特点是熔点高、胶合迅速、使用方便、胶着力强、安全无毒（无溶剂）、耐化学药品强等。如果涂胶后未及时胶合胶层就冷却固化了，只要再加热仍可胶合。热熔性树脂胶的主要缺点是热稳定性和润湿性较差。我国热熔性树脂在家具生产中正在开始研究使用，特别是用于人造板机械封边的胶合，效果较好。

四、环氧树脂胶

环氧树脂胶是一种多组分胶黏剂。它以环氧树脂胶为主体，添加固化剂、促进剂、增韧剂、填料、稀释剂等配制而成。在这些添加剂中，除固化剂是在任何场合都必不可少的以外，其他的则根据被胶合产品的使用要求，加以选择。环氧树脂胶有热固性和冷固性两种。热固性的胶层强度大大超过冷固性的。冷固的环氧树脂胶适于胶合木材。通常冷压胶合时，需经过5～7昼夜的长时间接触，胶层才能达到最大的强度。

环氧树脂胶是目前优良的胶黏剂之一。它不但能胶合木材，而且还可胶合玻璃、陶器、塑料、金属等。胶层对水、非极性溶剂、酸与碱都很稳定，具有高度的机械强度，特别是抗剪强度，对振动负荷很稳定，电气绝缘性也好。但由于环氧树脂胶的成本较高，故目前国内除了在金属胶合上使用较多外，在木材胶合上使用较少。

五、聚醋酸乙烯酯乳液胶黏剂（乳白胶）

聚醋酸乙烯酯乳液胶黏剂是将醋酸乙烯酯单体放在水介质中，以聚乙烯醇为保护胶体，加入乳化剂，在一定条件下，采用游离基引发体系进行乳液聚合制成的乳白色黏稠乳状液。

乳白胶对纤维类材料和多孔性材料粘接良好，耐水性和耐热性较差，不适用于室外制品，可用于木家具、门窗、贴面材料等的粘接，也可以和水泥混合后制成乳胶水泥，用于粘接木材、混凝土、玻璃、煤渣砖和金属等。

六、对胶种的选择

（1）根据产品的使用要求选择　家具生产对胶黏剂的选择，主要考虑它的胶合性能、耐水性及耐久性，其次考虑耐腐性、耐热性、污染性和加工性等。

胶黏剂的接合强度一般大于被胶合木材的强度。同一胶种用于不同树种木材的胶合，其强度不一，同时胶合强度和耐水性在不同的使用场合亦有不同的要求。

胶黏剂的耐久性直接影响产品的使用寿命，故选择合适的胶合剂，对于提高家具产品的使用寿命很重要。由于各种胶黏剂的耐久性不一，同一种胶黏剂在不同的条件下使用，其耐久性也各异。因此，必须根据使用的条件，进行合理的选择。

① 豆胶或蛋白胶　在干燥条件下，有一定的耐久性。

② 血胶　在一定的空气湿度下，仍有较好的耐久性。

③ 干酪素胶　在干燥条件下使用时，具有良好的耐久性。

④ 脲醛树脂胶　热压固化的脲醛树脂胶层，耐久性比室温固化为好。在高温、高湿反复出现的情况下，仍有较好的耐久性。

⑤ 酚醛树脂胶　在高温、高湿反复出现的情况下，更显出它的优越性，其耐久性优于脲醛树脂胶。

⑥ 三聚氰胺树脂胶　在高温、高湿反复出现的情况下，仍有较好的耐久性，但不如酚醛树脂胶。采用高温胶压，可得到更好的耐久性。

⑦ 聚醋酸乙烯树脂胶　在室内一般的湿热条件下，具有较好的耐久性。

（2）根据胶黏剂黏度、浓度、胶液的活性期、胶液的固化条件及固化速度等的选择

① 黏度与浓度　黏度和浓度不但影响涂胶的方法，涂胶量、涂胶的均匀性，而且还

影响胶合工艺及产品的胶合质量。用于冷压或要求生产周期短的胶合，最好选择黏度和浓度较高的胶。

② 胶液的活性期　胶液的活性期，是指在胶液中调入胶固化剂开始，到胶液变质失去胶合作用的这段时间。胶液调好后，如果保存的时间超过了胶液的活性期，胶液就会变质报废而造成浪费。因此每次调好的胶液，必须在胶液的活性期内使用完。

胶液活性期的长短，决定胶液加入固化剂的多少以及适用场所的温度、湿度等因素。加入的固化剂越多，使用场所的温度越高，湿度越低，则活性期越短。如果胶液活性期过短，将会给生产上带来许多不便，也影响胶合强度。若胶液活性期过长，则胶层难以固化，需延长胶合期，降低生产效率。为此，应合理控制胶液的活性期。一般说，生产周期短的可选用活性期短的胶，生产周期长的则选用活性期较长的胶。

③ 固化条件和固化速度　胶液的固化速度，即指在一定的条件下，液态的胶变成固态所需的时间。胶液的固化速度不但影响压机的生产率、设备的周转率、生产的成本，而且还影响车间面积的利用率。

复习思考题

1. 涂料有哪些类型，每种类型有什么样的特点。
2. 胶料有哪些类型，每种类型有什么样的特点。

本章推荐阅读书目

1. 林金国主编. 室内与家具材料应用. 北京：北京大学出版社，2011.
2. 刘晓红主编. 家具涂料与实用涂装技术. 北京：中国轻工业出版社，2013.
3. 朱毅主编. 家具表面涂饰技术. 北京：化学工业出版社，2011.
4. 顾继友主编. 涂料与胶黏剂. 北京：中国林业出版社，2012.

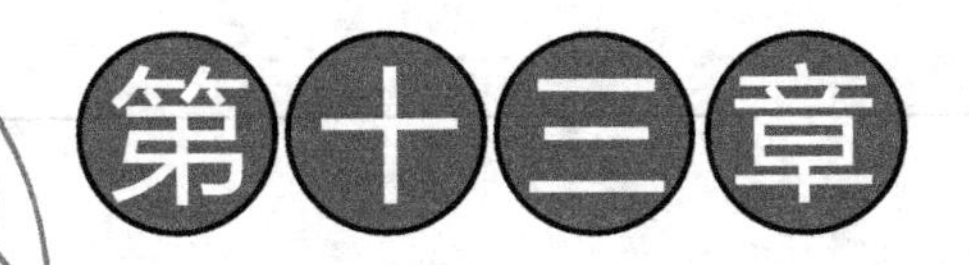

第十三章 安装工程常用材料

知识目标

1. 掌握室内安装工程常用材料与分类。
2. 掌握室内安装工程常用材料的特性与应用。
3. 了解室内安装工程施工知识。

技能目标

1. 能进行室内安装工程常用材料的选择。
2. 能进行室内安装工程常用材料的安装。

本章重点

安装工程常用材料的识别与应用。

第一节 卫浴洁具与配件

卫生洁具主要是由卫生陶瓷及其配件组成的。卫生陶瓷是用作卫生设施的有釉陶瓷制品，包括各种便器、水箱、洗面盆、净身器、水槽等，与卫生陶瓷配套使用的有水箱配件、水嘴等。

近年来卫生洁具的材质也发生了本质的变化，由过去单一的陶瓷制品，发展成为不锈钢、玻璃、铝合金、铸铁、亚克力材质等并存的多元化局面。

一、洗面盆

传统的洗面盆只注重实用性，而现在流行的洗面盆更加注重外形、单独摆放，其种类、款式和造型都非常丰富。一般分为台式面盆、立柱式面盆和挂式面盆三种。

台式面盆又有台上盆、上嵌盆及半嵌盆之分；立柱式面盆可分为立柱盆及半柱盆两种。洗面盆从形式上分为圆形、椭圆形、长方形、多边形等；从风格上分为优雅形、简洁形、古典形和现代形等。

立柱式面盆比较适合于面积偏小或使用率不是很高的卫生间（比如客卫），一般来说立柱式面盆大多设计很简洁，由于可以将排水组件隐藏到主盆的柱中，因而给人以干净、整洁的外观感受，而且，在洗手的时候，人体可以自然地站立在盆前，从而使用起来更加方便、舒适（图13-1）。

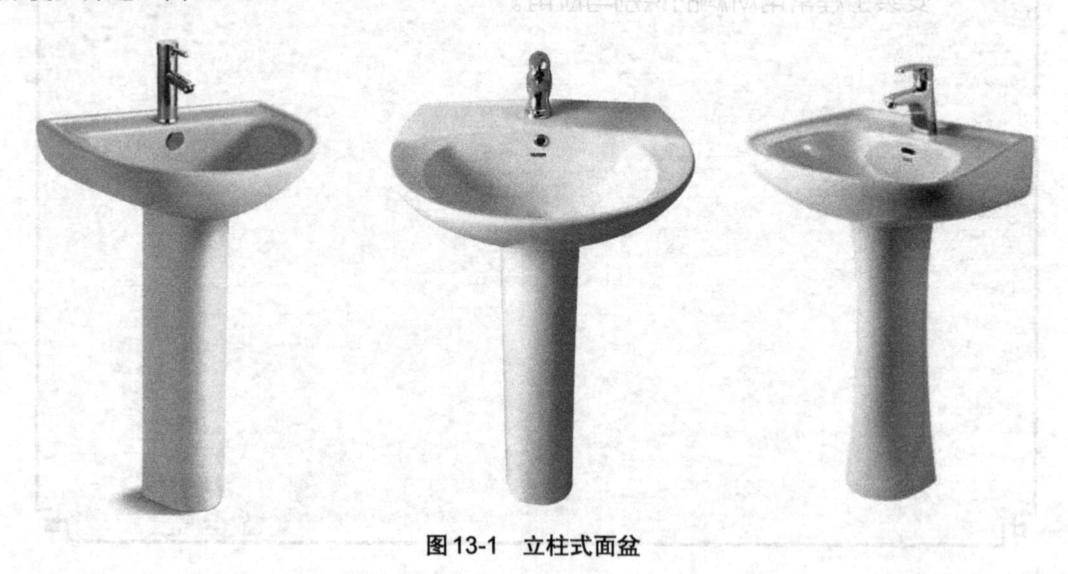

图13-1 立柱式面盆

台式面盆则比较适合安装于面积较大的卫生间，可制作天然石材或人造石材的台面与之配合使用，还可以在台面下定做浴室柜，盛装卫浴用品，美观实用。

台上盆的安装比较简单，只需按安装图纸在台面预定位置开孔，后将盆放置于孔中，用玻璃胶将缝隙填实即可，使用时台面的水不会顺缝隙下流。因为台上盆可以再造型、风格上多样，且装修效果比较理想，所以在家庭中使用得比较多。

台下盆对安装工艺的要求较高。首先需按台下盆的尺寸定做台下盆安装托架，然后再将台下盆安装在预定位置，固定好支架再将已开好孔的台面盖在台下盆上后固定在墙上，一般选用角铁拖住台面然后与墙体固定。台下盆的整体外观整洁，比较容易打理，所以在公共场所使用较多。但是盆与台面的接合处比较容易藏污纳垢，不易清洁。不同式样的洗面盆如图13-2所示。

图13-2　各种面盆

选用玻璃面盆时，应该注意产品的安装要求，有的台盆安装要贴墙固定，需在墙体内使用膨胀螺栓进行盆体固定，如果墙体内管线比较多，就不适宜使用此类面盆；除此之外，还应该检查面盆下水返水弯、面盆龙头上水管及角阀等主要配件是否齐全。

二、抽水马桶

抽水马桶又称为坐便器，是取代传统蹲便器的一种新型洁具。坐便器按冲水方式来看，大致可分为冲落式（普通冲水）和虹吸式，而虹吸式又分为冲落式、漩涡式、喷射式等，如图13-3所示。

虹吸式与普通冲水方式的不同之处在于它一边冲水，一边通过特殊的弯曲管道达到虹吸作用，将污物迅速排出。虹吸漩涡式和喷射式设有专用进水通道，水箱的水在水平面下流入坐便器，从而消除水箱进水时管道内冲击空气和落水时产生的噪声，具有良好的静音效果；而普通冲水及虹吸冲落式排污能脱离强，但冲水时噪声比较大。

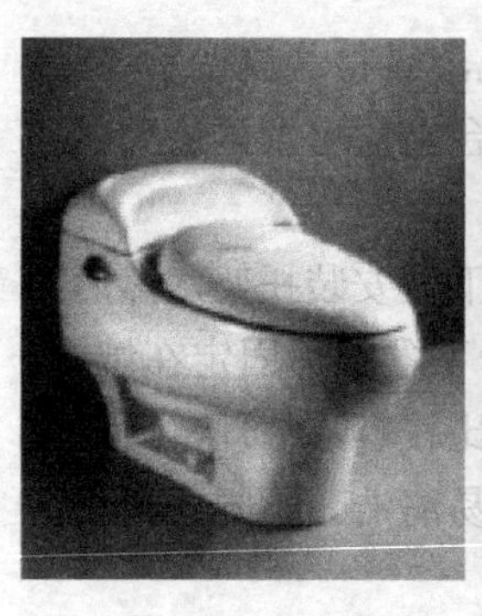   

图13-3 抽水马桶

在选购时，消费者可以根据需要来定。由于卫生洁具多半是陶瓷质地，所以在挑选时应仔细检查它的外观质量。陶瓷外面的釉面质量十分重要，好釉面的坐便器光滑、细致，没有瑕疵，经过反复冲洗后依然可以光滑如新。如果釉面质量不好，则容易使污物污染坐便四壁。

可用一根细棒轻轻敲击坐便器边缘，听其声音是否清脆，当有“沙哑”声时证明坐便器有裂纹。将坐便器放在平整的台面上，进行各方向的转动，检查是否平稳匀称、安装面及坐便器表面的边缘是否平正、安装孔是否均匀圆滑。优质坐便器釉面必须细腻平滑，釉色均匀一致。可以再釉面上滴几滴带色的液体，并用布擦匀，数秒后用湿布擦干，再检查釉面，以无脏斑点的为佳。消费者在购买时应留意保修和安装服务，以免日后产生不便。

三、浴缸

浴缸是传统的卫生间洁具，经过多年的发展，无论从材质还是功能上，都有了很大的变化。不同样式的浴缸如图13-4所示。

常用浴缸一般分为钢板搪瓷浴缸、铸铁浴缸、亚克力浴缸和珠光浴缸。其特点有以下几点。

（1）钢板搪瓷浴缸　搪瓷表面光滑、易运输、易搬运，但不耐撞击，保温性不好。

（2）铸铁浴缸　坚固耐用、光泽度高、耐酸碱性能好，但笨重，不易搬运、安装。

（3）亚克力浴缸　造型多变、重量轻、保温效果好，但因硬度不高，表面易产生划痕。

（4）珠光浴缸　表面光滑且有珍珠般光泽、坚固耐用、保温性好、重量轻、易于安装。

通常情况下浴缸的长度在1100～1700mm之间，深度一般在500～800mm之间。如果浴室面积较小，可以选择1100mm、1300mm浴缸；如果浴室面积大，可选择1500mm、1700mm为浴缸；如果浴室面积足够大，可以安装高档的按摩浴缸和双人用浴缸，或外露式浴缸。

长度在1.5m以下的浴缸，深度往往比一般浴缸深，约700mm，这就是常说的坐浴浴缸，由于缸底面积小，这种浴缸比一般浴缸容易站立，节约了空间，同时不影响使用的舒适度。

按摩浴缸能够按摩肌肉、舒缓疼痛及活络关节。按摩浴缸有三种：漩涡式，令浸浴的水转动；气泡式，把空气泵入水中；结合式，结合以上两种特色。但要注意选择符合安全标准的型号，还要请专业人士代为安装。

(a) 铸铁浴缸

(b) 亚克力浴缸

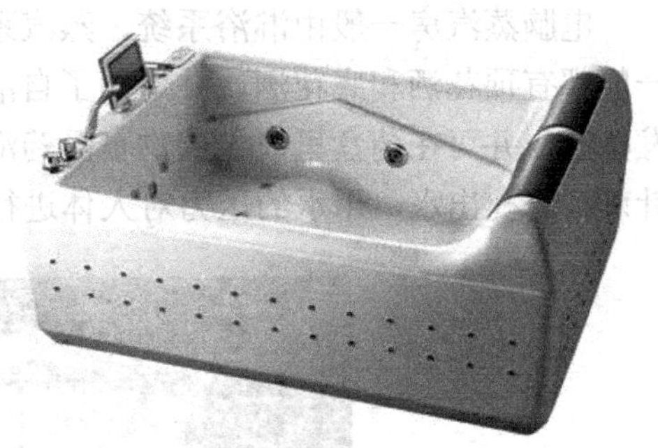

(c) 按摩浴缸

图 13-4　不同样式的浴缸

浴缸的选择还应考虑到人体的舒适度，也就是人体工程学。浴缸的尺寸符合人的体形，包括以下几个方面：靠背要贴和腰部的曲线，倾斜角度要使人舒服；按摩浴缸按摩孔的位置要合适；头靠使人头部舒适；双人浴缸的出水孔要使两个人都不会感到不适；浴缸内部的尺寸应该是您背靠浴缸，伸直腿的长度；浴缸的高度应该在您大腿内侧的2/3处最为合适。

四、淋浴房

淋浴房是目前市场上比较热销的产品，有进口和国产的分别。由于其价格适中、安装简单、功能齐备，又符合卫生间干湿的要求，所以很受消费者的青睐。

目前，从功能方面看，市场上的淋浴房可分为三种：淋浴屏、电脑蒸汽房、整体淋浴房。

淋浴屏是一种最简单的淋浴房，包括底盆（亚克力材质）和铝合金及玻璃围成的屏风，起到干湿分离的作用，用来保持空间的清洁（图13-5）。

图13-5　淋浴屏

电脑蒸汽房一般由淋浴系统、蒸汽系统和理疗按摩系统组成。国产蒸汽房的淋浴系统一般都有顶花洒和底花洒，并增加了自洁功能；蒸汽系统主要是通过下部的独立蒸汽孔散发蒸汽，并可在药盒里放入药物享受药浴保健；理疗按摩系统则主要是通过淋浴房壁上的针刺按摩孔出水，用水的压力对人体进行按摩（图13-6）。

图13-6　电脑蒸汽房

整体淋浴房无论其功能还是价格，都介于淋浴屏和电脑蒸汽房之间。既能淋浴，又是全封闭；既能作电脑蒸汽房，又舍弃了电脑蒸汽房的多余功能。

从形态方面来看，常用的淋浴房有以下几种。

（1）立式角形淋浴房　从外形看有方形、弧形、钻石形；以结构分有推拉门、折叠门、转轴门等；以进入方式分为角向进入式或单面进入式，角向进入式最大特点是可以更好地利用有限浴室面积，扩大使用率，是应用较多的款式。

（2）一字形浴屏　有些房型宽度窄，或有浴缸位但消费者并不愿用浴缸而选用浴屏时，多用一字形浴屏。

（3）浴缸上浴屏　许多消费者已安装了浴缸，但却又常常使用淋浴，为兼顾此两者，也可在浴缸上制作浴屏，但费用很高，并不合算。

在选购时应注意淋浴房的主材为钢化玻璃，钢化玻璃的品质差异较大，正品的钢化玻璃仔细看有隐隐约约的花纹；淋浴房的骨架采用铝合金制作，表面作喷塑处理，不腐不锈，主骨架铝合金厚度最好在1.1mm以上，这样门才不易变形；检查滚珠轴承是否灵活，门的启合是否方便轻巧，框架组合是否用不锈钢螺钉；底盆的材质分玻璃纤维、亚克力、金刚石三种，其中以金刚石牢度最好，污垢清洗方便；另外，一定要购买标有详细生产厂名、厂址和商品合格证的产品，同时比较售后服务，并索取保修卡。

五、水槽

水槽是厨房中必不可少的卫生洁具，一般用于橱柜的台面上。传统的由铁支架支撑的瓷质四方形水槽已经逐渐引退，而是选用新造型、新材质的新式水槽。

常见的材质有耐刷洗的不锈钢水槽、颜色丰富抗酸碱的人造结晶石水槽、质地细腻与台面可无缝衔接的可丽耐水槽、陶瓷珐琅水槽、花岗岩混合水槽等数种（图13-7）。

图13-7　不同材质的水槽

每种材质的水槽在特性上都有特色。

不锈钢水槽就有亚光、抛光、磨砂等款式，它不仅克服了易刮伤、有水痕的缺点，高档的水槽更具有良好的吸声能力，能够把洗刷餐具时产生的噪声减至最低。不锈钢水槽的尺寸和形状多种多样，它本身具有的光泽能让整个厨房极具现代感。

人造结晶石是人工复合材料的一种，由结晶石或石英石与树脂混合制成。这种材料制成的水槽有很强的抗腐性，可塑性强且色彩多样。与不锈钢的金属质感比起来，它更为温和，而且多样的色彩可以迎合各种整体厨房设计。

花岗岩混合水槽是由80%的天然花岗岩粉混合了丙烯酸树脂铸造而成的产品，属于高档材质。其外观和质感就像纯天然石材一般坚硬光滑，水槽表面显得更加高雅、时尚、美观、耐磨。

六、水龙头

水龙头是室内水源的开关，负责控制和调节水的流量大小，是室内装饰装修必备的材料。不同样式的水龙头如图13-8所示。

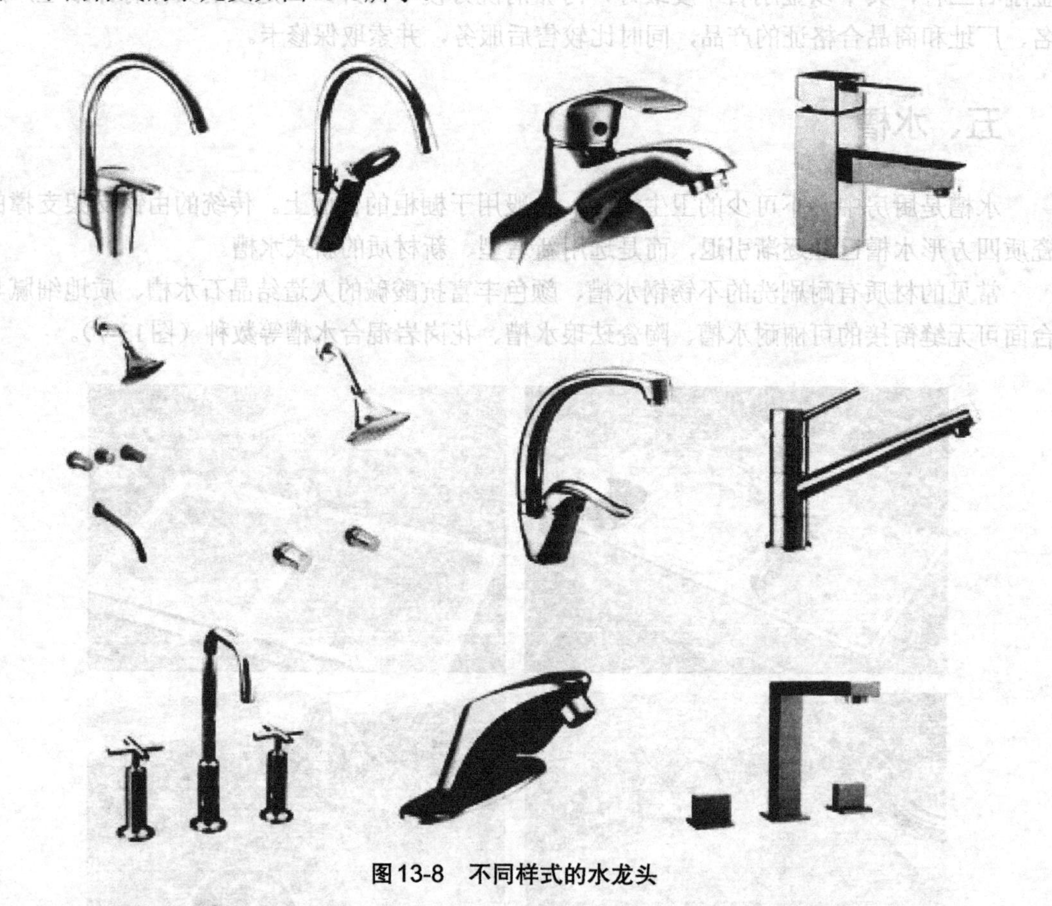

图13-8　不同样式的水龙头

从功能方面看，常用的水龙头分为冷水龙头、面盆龙头、浴缸龙头、淋浴龙头四大类。

冷水龙头的结构多为螺杆升降式，即通过手柄的旋转，使螺杆升降而开启或关闭。它的优点是价格较便宜，缺点是使用寿命较短。

面盆龙头用于放冷水，热水或冷热混合水。它的结构有螺杆升降式，金属球阀式，陶瓷阀芯式等。阀体用黄铜制成，外表有镀铬、镀金及各色金属烘漆，造型多种多样；手柄分为单柄和双柄等形式；高档的面盆龙头装有落水提拉杆，可直接提拉打开洗面盆的落水口，排除污水。

浴缸龙头在目前市场上最流行的是陶瓷阀芯式单柄浴缸龙头。它采用单柄即可调节水温，使用方便；陶瓷阀芯使水龙头更耐用，不漏水。浴缸龙头的阀体多采用黄铜制造，外表有镀铬、镀金及各式金属烘漆等。

淋浴龙头的阀体多用黄铜制造，外表有镀铬、镀金等。启闭水流的方式有螺杆升降式、陶瓷阀芯式等，用于开放冷热混合水。

水龙头的阀芯决定了水龙头的质量。因此，挑选好的水龙头首先要了解水龙头的阀芯。目前常见的阀芯主要有三种：陶瓷阀芯、金属球阀芯和轴滚式阀芯。陶瓷阀芯的优点是价格低，对水质污染较小，但陶瓷质地较脆，容易破裂；金属球阀芯具有不受水质的影响、可以准确地控制水温、拥有节约能源的功效；轴滚式阀芯的优点是手柄转动流畅，操作容易简便，手感舒适轻松，耐老化、耐磨损。

第二节 整体定制家具材料的选择

一、整体橱柜材料

整体橱柜是将橱柜、抽油烟机、燃气灶具、消毒柜、洗碗机、冰箱、微波炉、电烤箱、各式挂件、水盆、各式抽屉拉篮、垃圾粉碎器等厨房用具和厨房电器进行系统搭配而成的一种新型厨房形式。

1. 橱柜箱体板

（1）三聚氰胺贴面板　三聚氰胺贴面板，即刨花板加三聚氰胺贴面。三聚氰胺树脂广泛用于装饰面板，基材采用刨花板。

目前橱柜箱体板常见品牌有吉林森工的露水河板、福建的大亚板、奥地利爱家爱格板（EGGER）、比利时优德板（UNLIN）、德国飞德莱板（PELEIDERER）等。

人造板材遵循E0级、E1级、E2级环保标准，E0级板材执行欧洲标准，甲醛释放量极低。针对饰面人造板（包括实木复合地板、浸渍纸层压木质地板、竹地板、浸渍胶膜纸饰面人造板等），国家规定必须符合E1、E2级标准才能生产销售。

（2）封边材料　三聚氰胺板饰面人造板在使用过程需进行封边，可以有效减少板材内甲醛释放；防止水进入板材内导致膨胀和滋生细菌；使板面干净整洁；具有良好的装饰性。目前封边条有以下几种：PVC（聚氯乙烯）、ABS（丙烯氰-丁二烯-苯乙烯）、PP（聚丙烯树脂）、PMMA（聚甲基丙烯酸甲酯）、MFC三聚氰胺纸、铝合金等。其中最常见的是PVC和ABS两种封边条。

PVC封边条是以聚氯乙烯为主要原料，加入增塑剂、稳定剂、润滑剂、染料等助剂，一起混炼压制而成的热塑卷材。其表面有木纹、大理石、布纹等花纹、图案，同时表面光泽柔和，具有木材的真实感和立体感；具有一定的光洁度和装饰性，具有一定的耐热、耐化学品、耐腐蚀性，表面有一定的硬度。然而PVC由于添加碳酸高填料，在修边时容易出现白边，同时有一股塑料气味，易老化。

ABS封边条为丙烯氰、丁二烯、苯乙烯三元共聚物，反应时可以添加不同的配比获得不同特性的封边条。在生产过程中不添加任何填料，修边后圆角圆滑亮丽，表面具有很强的耐冲击性能，有很强的耐化学物质腐蚀能力，无刺激性气味，燃烧无污染，但成本较高。

（3）橱柜后背板　橱柜柜体后背板一般选用3mm、5mm厚的三聚氰胺胺双饰面板，板面基材采用中密度纤维板或胶合板。

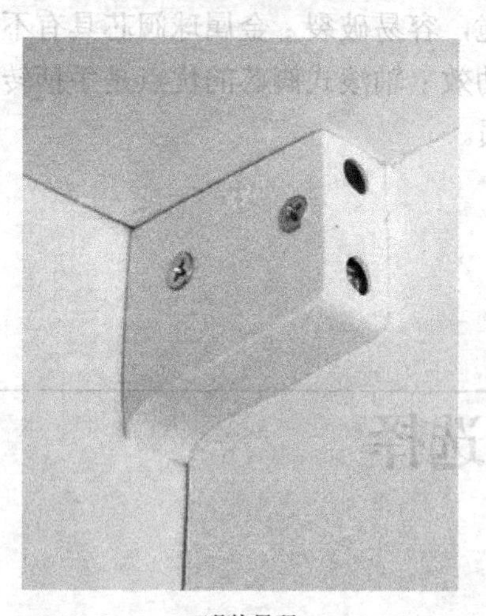
(a) 明装吊码

(b) 暗装吊码

图13-9　吊码

（4）吊码　橱柜吊柜常采用吊码进行悬挂，常采用明装吊码、暗装吊码等（如图13-9所示）。明装吊码在吊柜中能够看见，一般是在背板开槽，将明装吊码固定在侧板上，吊码盒盖住背板槽，显示在背板表面。暗装吊码采用隐藏式的吊码，常采用背板开孔。暗吊码具有美观、承重力高、易调节等优点，现在被普遍使用。暗吊码品牌有德国CAMAR钢置隐藏式吊码，承重60多千克。

2. 橱柜的柜门

目前门板分类有三聚氰胺双饰面板、防火板、烤漆、烤瓷、吸塑（模压）、实木、UV漆（圣马克、圣仕隆、钻牌）、金属拉丝等很多种。

（1）吸塑门　吸塑门板是欧洲橱柜门三大主要材料之一，吸塑门板又名模压门板，采用中密度板为基材，通过设备雕刻裁切镂铣图案成型后，用PVC贴面经热压及真空吸塑后成形。吸塑门板具有色彩丰富，造型立体独特多样，门板不易变形等多种优点，由于经过吸塑模压后能将门板四边封住成为一体，不需再封边，不会有板材封边开胶的问题。吸塑门板的优劣一般根据膜的品牌来区分，国产吸塑PVC贴膜很多质量不稳定、基材差容易变形，而且PVC的耐磨、耐刮、等性能要差些。进口的PVC贴膜的材质精良，环保性能良好，外观细腻，高档的吸塑膜的拉伸率也好，门板做出来的造型深。

（2）烤漆门板　烤漆门板外观华丽，色泽鲜艳，美观时尚，整体效果极佳。烤漆门多用密度板作为基材，背面为三聚氰胺贴面，做工工艺复杂，加工周期较长，价格相对也较高。烤漆分为钢琴烤漆和金属（汽车）烤漆两种，金属烤漆优于钢琴烤漆。市场上有些价格较低的烤漆往往是喷漆，没有经过烘烤工艺的处理，色泽和表面的光亮都达不到钢琴烤漆的效果。烤漆门要多次进行油漆喷涂加工并每次喷漆后进烘房加温干燥工艺，烤房的温度在80℃以上，保证油漆的挥发充分，没有刺激性的味道，而且硬度好。

烤漆的面板还可以做欧式造型处理。电脑的雕刻机能做出各种造型，修边比较标准，砂光机的沙面平整度高，保证烤漆的效果。再用静电喷涂技术处理，最终使烤漆门板表面比较光滑。

（3）双饰面门板　双饰面板就是三聚氰胺板，和橱柜柜体板同一材质，花色较多，所以也很便宜，经济实惠，被橱柜业广泛使用。双饰面板通常以刨花板为基材，用经三聚氰胺胶水浸渍干燥后处理的面层（A级颜色贴面纸）经专门的压机上经高温高压黏合而成。

（4）防火板贴面门板　防火板真正的名字应该叫耐火板，是以刨花板或中密板作为基材，它的表面是一张装饰隔离纸，下面是8～9层的多层牛皮纸，这些纸张经过三聚氰胺树脂浸泡后高温高压在一起形成，通常的厚度是0.8～1.2mm，分弯曲板和平板两种，多层牛皮纸使耐火板具有良好的抗冲击性、柔韧性。防火板与三聚氰胺贴面板的区别是：防火板贴面比较厚，而三聚氰胺板的贴面只有一层，比较薄。所以，一般来说防火板的耐磨、耐划等性能要好于三聚氰胺板，而三聚氰胺板价格上低于防火板。

目前销售防火板品牌为欧美品牌的“威盛亚”、“富美家”和“西德板”防火板，通过压贴覆面加工成为门板。防（耐）火板贴面门板是较早被运用到橱柜门板表面上的材料，曾经是门板的主流材料，具有耐明火灼烧（一般可以达到40s左右），具备耐高温（表面的温度可以达到160℃）、耐酸碱（一般的酱油醋等不会发生化学反应）、耐摩擦（表面可以用钢丝球擦拭）和色彩丰富（防火板颜色多达几百种颜色）等特点。防火板分为亮面、麻面和金属面等。由于防火面板的反面粘贴较薄的防火板，导致正反两张防火板的厚度不一，当橱柜门高度在800mm以上，一般都不同程度地会有弯曲变形现象。若反面也贴和正面一样的胶板，变形问题就大大减少了，但是费用就会相应地增加。如粘贴操作不当还有容易脱胶、开裂等缺点。

（5）实木门板　实木门板给人的返朴归真的感觉，属于高档次的门板。实木门板表面的多种图案构成欧美风格，华贵典雅，表面可作凸凹处理，内外喷漆，风格古朴典雅，做工精细，体现了高超的技术工艺。目前国产与进口实木门还有不少差距。现在市场上面有一种是仿实木的，是中密度板制作的，表面贴薄木或单板，外加涂料。

3. 橱柜台面

（1）人造石台面　人造石材是用天然大理石或其他石料制成粉料，加入人造纤维、聚酯树脂黏结剂、阻燃剂、颜色等，经挤压成型的一种合成人造石材。人造石台面表面光洁无毛细孔，具有天然石材的质感及陶瓷般的光泽，有多种颜色供选择，质地耐酸、耐腐蚀，防水、易清洁，集石材、陶瓷、木材的优良性能于一身，是优秀的台面材料。

人造板台面的材料主要是采用天然矿石粉、色母、丙烯酸树脂胶混合，经高温、高压处理而成的板材，质地均匀，无毛细孔，以树脂成分不同分为树脂板、压克力板和复合压克力三种。

树脂板UPR是高分子材料聚合体，通常是以“不饱和聚酯树脂”（UPR）和氢氧化铝（矿石粉）作为填充料。经真空浇铸或真空模塑成型的复合材料，俗称人造石树脂板。

MMA压克力人造石由美国杜邦公司率先开发。是以“甲基丙烯酸甲酯”（MMA）为基体（俗称压克力、有机玻璃）和氢氧化铝（ATH）为填充料浇铸而成。俗称压克力板。压克力板不含其他任何树脂。主要的特点是老化过程缓慢，使用多年仍能保持原有品质。亮丽、不变黄、不易裂、耐热、耐碰撞、可塑性强。

复合压克力（UPR+MMA）是以“甲基丙烯酸甲酯”（MMA）和“不饱和聚酯树脂”（UPR）的混合体和氢氧化铝为填充料，是介于树脂板和压克力板两种人造石之间的实用型的人造石，俗称复合压克力。它既具有MMA所特有的韧性和细腻，又具备很高的强度，价格适中。

（2）天然石台面　天然石材是从天然岩体中开采出来经加工成的板型材料，家庭装修主要用花岗石和大理石这两种。大理石是以碳酸盐为主要成分的岩石，是中硬石板，因其硬度较低，不耐磨损，而且脆性大，有孔隙、易渗透，所以不宜做橱柜台面。花岗石是以铝硅酸盐为主要成分的岩浆岩，其主要化学成分是氧化铝和氧化硅，属于硬石材，极适宜做厨房台面。石英石以天然石英结晶体矿为主要原料，通过引进全自动化控制生产技术设备，在高温高压状态下而制成的装饰面板。石英石保证高硬度、耐高温、耐酸碱、耐冲击、易清洁的基础，对人身体无害，但是价格较高。

（3）不锈钢台面　不锈钢台面是用1.2～2mm的薄钢板包在橱柜上的板材上压制而成。不锈钢板材区别很大，有201型号板材和304型号板材，国产型号钢和进口型号钢，另外还有不锈钢板材的厚度问题，最少要达到1.2mm以上。不锈钢台面必须一次重压成型并附着一体封边垫板，拼接处必须现场能焊接处理。

不锈钢台面具有坚固耐用，容易清理的特点，台面能做到无缝拼接，特别是可以与不锈钢水槽焊接成一体，在实用性上比其他材质的台面要高，有良好的抗菌性能。试验表明，在目前所有厨房台面的材料中，不锈钢的抗细菌再生能力排名第一。对于注重实用又喜欢现代金属效果的人来说，不锈钢台面是最好的选择。但是不锈钢台面色调单一，与周围环境不容易搭配，被利器划伤容易留下痕迹。

（4）防火板台面　防火板台面是基材为密度板，饰面材料为防火板。具有色彩丰富，花纹多样，防火防潮，耐油污，易清理和经济实惠等优点。防火板台面可与柜体用同一材质连成一体，整体装饰效果好。但是防火板的基材是密度板，吸水容易膨胀，应避免长期浸水，防止台面开胶变形。同时，防火板和天然石材一样存在长度的限制，无法实现整体完美的无缝拼接，断面接合处缝隙明显。

4. 橱柜五金

橱柜的五金配饰是现代厨房家具的重要组成部分之一。五金在橱柜中占有重要的地位，它可以直接影响橱柜的综合质量。

（1）铰链（也称合页）　橱柜铰链的款式一般分为全盖、半盖和内藏，也可以叫做直臂、中曲和大曲，又或者叫做直弯臂，中弯和大弯等臂，其中的各种叫法因地而宜。橱柜铰链的款式一般分为全盖、半盖和内藏，也可以叫做直臂、中曲和大曲，又或者叫做直弯、中弯和大弯等，其中的各种叫法因地而宜。门铰链的品牌有海蒂诗（Hettich）、百隆

(Blum)、海福乐(HAFELE)等。

(2)抽屉轨道　抽屉轨道分小路轨、三节轨、钢抽、隐藏式抽屉、成型抽等。正品导轨表面层静电喷涂，光泽均匀；选用的材质厚，承受力强；轮子用尼龙材料制造，坚固、耐用，噪声小；导轨运行无需添加任何润滑剂都顺滑无比；安装简易、快捷；使用10万次不变形。伪劣导轨表面处理粗糙，色差明显，光洁度差；用材偷工减料，轨道壁薄，承载力差；轮子材质差，容易破碎，转动不稳，噪声大；使用寿命短。进口产品负载力高、滑动流畅并有自闭甚至缓冲功能。其中以海福乐HAFELE、海蒂诗HETTICH、百隆BLUM等品牌为佳。

(3)压力装置　橱柜五金配件中，除了滑轨、与之密切相关的抽屉、铰链之外，还有许多气压及液压装置类的五金件。这些配件是适应不断发展变化的橱柜设计方式而产生的，主要用于翻板式上开门和垂直升降门。有的装置有三点，甚至更多点的制动位置，也称为“随意停”，如图13-10所示。

图13-10　橱柜翻门五金

弹性较强的气压装置使柜子的面板和柜体保持了一定的距离，并且为面板提供了强有力的支撑。三角形的固定底座使支架更具有稳定性。顺畅自如的支架使门板可以平行垂直上升，并且拉动时感觉十分轻巧，仿佛没有阻力。带有这种装置的橱柜十分适合老人使用。

(4)拉篮　拉篮具有较大的储物空间，而且可以合理地切分空间，使各种物品和用具各得其所，如图13-11所示。根据不同的用途，拉篮可分为炉台拉篮、三面拉篮、抽屉拉篮、超窄拉篮、高深拉篮、转角拉篮等。

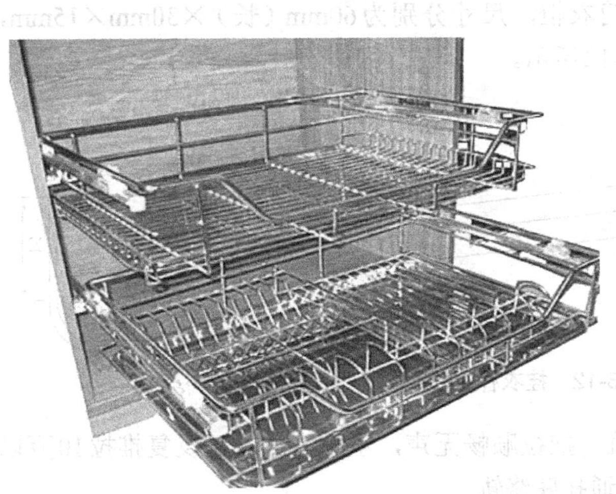

图13-11　橱柜拉篮

拉篮一般有不锈钢、镀铬及烤漆等材质。拉篮能提供较大的储物空间，而且可以用隔篮合理地切分空间，使各种物品和用具各得其所。根据不同的用途，拉篮可分为炉台拉篮、三面拉篮、抽屉拉篮、超窄拉篮、高深拉篮、转角拉篮等。

在橱柜内加装网篮和网架是扩大橱柜使用效率的好方法。可以根据个人的习惯，将厨具及餐具分放在网架中，既卫生，又一目了然。旋转式网架使每一空间都得到良好的利用。

二、衣柜材料

衣柜主要组成部分由柜体和门板组成。其中柜体包括主体柜、顶柜、独立抽屉柜、吊抽柜、推柜。门板主要有趟门、平开门门板、百叶嵌木框门板、玻璃门板等形式。

五金配件包括门铰链、拉手、抽屉导轨及其他结构配件和辅料等。

功能配件包括格子架、裤架、拉板、升降衣架、推拉镜、储物篮、木制衣架、鞋架、西裤架、领带架、毛巾架、多功能储物篮组合等。

1. 衣柜结构材料

定制衣柜可分为三大类：板式结构衣柜、实木结构衣柜和板实结合结构衣柜。

板式结构衣柜是由不同规格尺寸的双饰面板材组合而成。主要由面板、背板、侧板、脚线、门板构成。其中柜体内包含各种特色小部件有拉篮、L架、裤架、推拉镜、格子架、层板。

实木结构衣柜基材均采用实木结构，表面采用油漆进行表面装饰。纯实木家具对工艺及材质要求很高。实木的选材、烘干、指接、拼缝等要求都很严格。

板实结合结构衣柜实际上是实木和人造板混用的家具，即侧板顶、底、搁板等部件用薄木贴面的刨花板或中密度板纤维板。门和抽屉则采用实木。这种工艺节约了木材，也降低了成本。

2. 衣柜常用五金配件

（1）挂衣杆　材质采用铝合金材料，硬度强，承重力大，表面经过阳极氧化处理，耐磨损、耐割花。圆形表面增加了几条工艺线不但有装饰效果更起到防滑作用。挂衣杆有2种规格，分别用于单门衣柜与双门衣柜，尺寸分别为60mm（长）×30mm×15mm，760mm（长）×30mm×15mm，如图13-12所示。

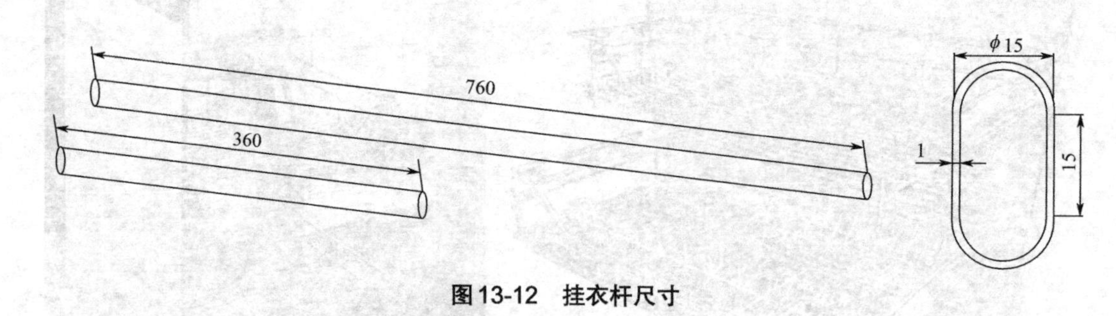

图13-12　挂衣杆尺寸

（2）导轨　抽屉采用重型三节路轨，推拉顺畅无声，承重力大，可反复推拉10万以上。拉板用于放毛巾等小物品，采用普通托底路轨。

（3）拉篮　采用冷轧钢加表面电镀，效果闪亮光滑。表面无聚流、凸点、无发黄，不会脱层，不会生锈，保质时间长。拉篮有2种规格，用于单门衣柜与双门衣柜，尺寸分别为320mm（宽）×560mm（深）×160mm（高）、720mm（宽）×560mm（深）×160mm（高）。

（4）层板扣　嵌入式层板扣可防止层板不小心滑落，如图13-13所示。

图13-13 层板扣

（5）裤架 用于折挂裤子，使裤子笔挺无皱痕。裤架有1种规格，深度与宽度均为350mm，如图13-14所示，其中安装螺钉的横向孔距为256mm，与旁板上的前排系统孔与中排结构孔孔距一致；安装螺钉的竖向孔距为32mm。

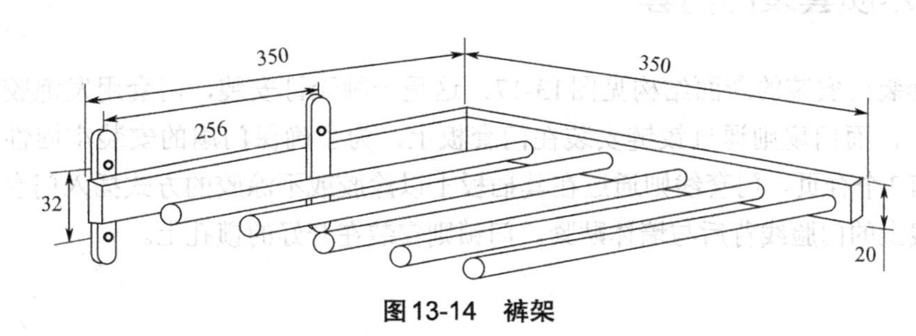

图13-14 裤架

（6）格子架 用于摆放毛巾、围巾、帽子等小的生活物品。
（7）层板 用于摆放饰品、化妆品等生活用品。
（8）穿衣镜 内藏式推拉镜是更衣时不可缺少的物品。

第三节 套装门的配型与材料

木质套装门是指以木材、人造板等材料为主，辅以其他材料制成的门扇、门套与铰链、门锁和拉手组成的木质门综合体，因为是这些产品和零部件的配套组合，所以被称为“木质套装门”。木质套装门的产品的特征是：在工厂已经完成包括表面涂饰在内的产品制造全过程，运到现场安装即可。安装好的木质套装门正面外形见图13-15，侧面安装外形见图13-16。

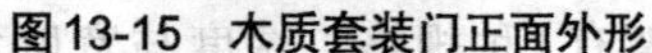

图13-15　木质套装门正面外形

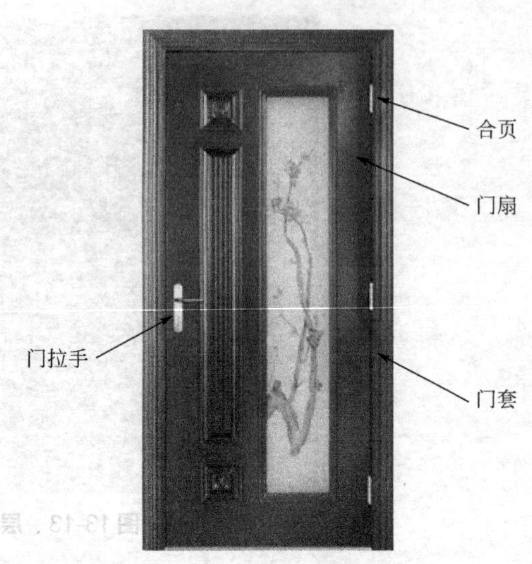

图13-16　木质套装门侧面外形

一、木质套装门门套

木质套装门安装的断面结构见图13-17，这是一种无钉安装，门套用发泡胶固定在洞口的墙体上，而门扇则通过铰链安装在门套板上，为了确保门扇的安装牢固性，通常门扇上安装有3个合页。门套线则通过在其插板上以涂胶或不涂胶的方式插入门套板插板槽中，门套线上的门脸线背后与墙体贴紧。门锁则安装在开好的锁孔上。

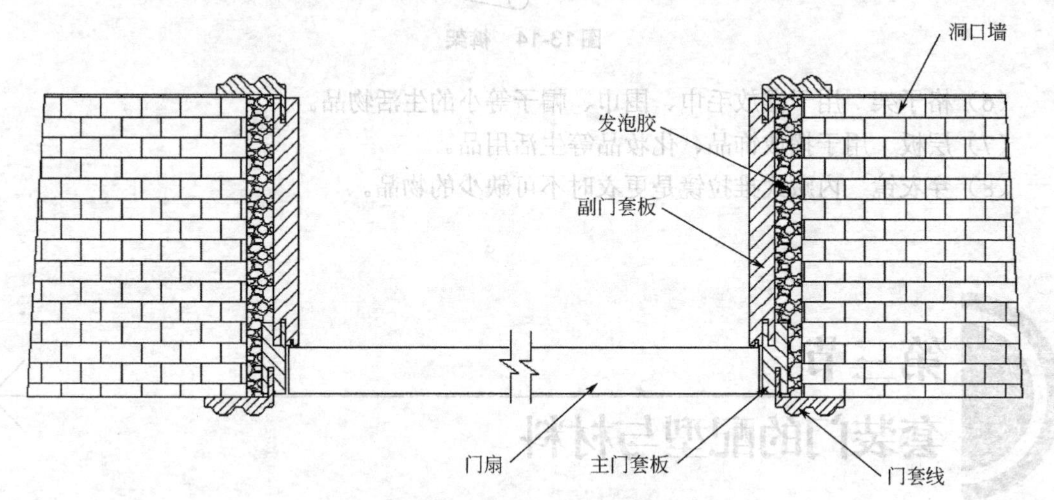

图13-17　木质套装门安装的断面结构

过去传统的室内门是由门框和木门组成，门框一般用60mm×120mm的松木方制作，以钢钉或膨胀螺栓等“明钉”形式固定在洞口的墙体上，然后在门框上安装木门。这种门框虽然制作简单、造价相对较低，但由于其固定件外露，显得很不美观。再者由于门框料宽度比体厚度小了许多，不能把洞口墙垛全部包住，因此洞口墙垛容易碰损。随着时代的进步，现在的公用、民用建筑都安装能把洞口墙垛全包起来的“木套”，这样看起来既美观、又保护了墙体，这种取代门框的“木套”就是人们要进行设计的“门套”。木套的作用是安装承载门扇，保护墙体，增加洞口处的美观性。

现代木质套装门门套的最大特点就是其门套线相对墙体的可伸缩调节功能，可适应墙体由施工造成的厚度偏差，门套线插入门套板的槽中，其插入的程度可深可浅，具有一定的调节余地，即当墙体薄时，可将插板往里插，若墙体厚，则往外抽出一些，通过这种伸缩作用，即能确保门套线能始终贴紧墙体。可调节的范围要看门套板插板槽的深度和门套线插板的宽度，一般门套的可调节范围都在5～15mm之间，足够适应墙体厚度的变化。

当前我国木门行业流行的几种典型门套产品结构主要有7种，见表13-1。

表13-1 几种典型门套产品结构

编号与名称	结构形式	结构特点
A型	门挡线 门套板 门套线	1. 制作相对简单； 2. 生产成本较低； 3. 无法在门套板上设计造型，其造型只能体现在门套线上
B型	门套板 门套线	1. 制作相对简单； 2. 需要较厚的人造板材； 3. 较A型多了一个造型元素，既可在非门口一侧门套板端铣出较大圆弧造型，也可在门套线上造型
C型	主门套板 副门套板 门套线	1. 制作相对复杂； 2. 耗料较多但坚固； 3. 造型元素相对较少，只能在门套线上造型
D型	主门套板 门挡线 副门套板 门套线	1. 制作相对复杂； 2. 门套宽度调整余地大； 3. 造型元素相对较少，只能在门套线上造型
E型	主门套板 副门套板 门套线	1. 制作相对复杂； 2. 需要较厚的人造板材； 3. 可造型元素较多，既可在非门口一侧门套板端铣出圆弧造型，也可在门套线上造型； 4. 单侧门套线与门套板预先固定在一起
F型	门套线 门套板	1. 结构简单； 2. 门套板上无可造型元素，只能在门套线上造型； 3. 单侧门套线与门套板预先连接成一个整体

续表

编号与名称	结构形式	结构特点
G型	主门套板+门套线（组合体） 副门套板 门套线	1. 制作相对简单； 2. 可造型元素少，只能在门套线上进行造型； 3. 单侧门套线与门套板预先连接成一个整体

门套功能上来讲，首先要求安装牢固，同时又不能有固定件外露以保证美观，采用聚氨酯发泡胶把门套和墙体粘接在一起的方法，则很好地解决了这个问题。安装时，通过安装施工被固定在墙体上，由于门扇的重量多在20～40kg，有的门扇甚至超过50kg，同时还要承受更大的门扇开和闭的冲击力量。因此，从使用把组装好的门套板安放在洞口内，调整好位置，利用木楔将门套挤紧，然后在门套与墙体间形成的胶缝内打入发泡胶，发泡胶体迅速膨胀充满在胶缝内，经1～2h的固化后，就牢牢的把门套板固定在洞口的墙体上，门套安装的断面见图13-18。

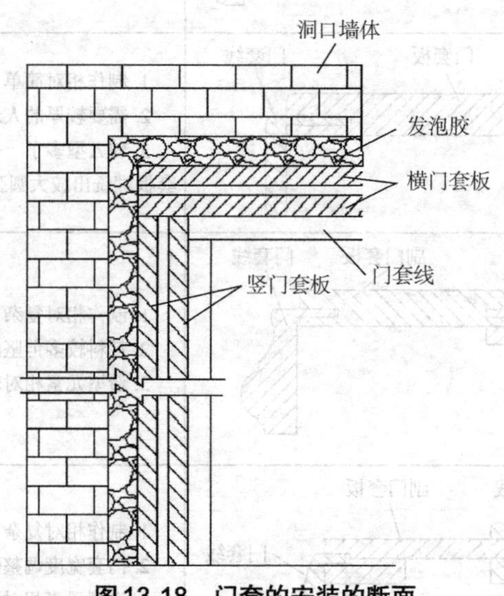

图13-18　门套的安装的断面

不同配型门套板材料的选用见表13-2。

表13-2　不同配型门套板材料的选用

编号与名称	门套板
A型	一般若采用人造板复合材料，即：（HDF+集成材+HDF）=5+15+5的结构。为了降低生产成本，门套板也可以采用25mm厚度的贴面刨花板（应用较少）或中密度纤维板或贴面集成材
B型	多选用25～30mm厚度的中密度纤维板。现实生产中，采用25mm厚度即可，但是应在门套板背后安装锁和合页的部位加装厚度为10mm的加强木块，以保证门扇安装的牢固性
C型	无论是主门套板还是副门套板，其厚度一般取25即可，通常情况下可以选用下列复合人造板材料：（1）结构为：5（高密度纤维板）+15（细木工板）+5（高密度纤维板）的复合人造板；（2）结构为：5（高密度纤维板）+15（松木集成材）+5（高密度纤维板）的复合人造板；（3）厚度为25mm的刨花板或中密度纤维板。从强度角度考虑，在上述几种材料中，以采用复合型人造板材料为佳

续表

编号与名称	门套板
D型	采用免漆生产工艺时，材料选择与结构是： 主门套板厚度一般取25～28之间，其材料可以采用两种结构的木材与人造板复合板材，即：5（HDF）+15～18集成材+5（HDF）或3（HDF）+22（松木集成材）+3（HDF）。与主门套板粘接在一起的门挡线采用高密度纤维板，表面用CPL薄膜进行包覆 副门套板厚度一般取25～28之间，其插板部分可用三聚氰胺贴面、厚度为9～10mm高密度纤维板，或PVC覆膜高密度纤维板。副门套板所附板条可采用18mm厚度MDF或多层胶合板。其侧边需要用塑料封边条进行封边 当采用薄木进行贴面时：其材料结构与上相同，只是各零部件表面包覆材料换成0.4mm厚度的珍贵树种薄木即可
E型	这种结构的门套板所用材料较厚，其副套板是结构为18+18或15+21的中密度纤维板复合板材；主门套板为5（高密度纤维板）+15（集成材）+5（高密度纤维板）三层结构的复合板材。表层粘贴0.4mm厚度的优质树种薄木
F型	F型副门套板的材料选用25mm厚度MDF。门套线则采用25mm厚度MDF和15mm厚度（脸线）两种厚度材料 门套板和门套线的表面装饰采用0.3～0.4mm厚度装饰薄木贴面
G型	G型副门套板的材料选用25mm厚度MDF。门套线则采用30mm厚的MDF 门套板和门套线的表面装饰采用0.3～0.4mm厚度装饰薄木贴面

二、木质套装门门扇

从门板表面装饰材料和装饰方法来分，板式门扇主要分成以下几种。

1. 油漆涂饰平面门扇

是指门板表面不做任何改变形状加工的最简单、最常见板式门扇，这种门扇是以中密度纤维板或胶合板为门板，表面装饰方法是采用调和漆涂饰。

2. 油漆涂饰表面雕刻门扇

是以中密度纤维板为门板，采用数控雕刻机对其表面进行浅雕刻的门扇制造方法，雕刻方法一种是按照一定的直、曲线装饰图案，雕刻断面为三角形或圆弧形、或直线或曲线浅槽，然后在表面采用调和漆（混油）涂饰的门扇。

3. 薄木拼花门扇

根据已经设计好的门面图案，将数块小幅面特定几何图形装饰薄木拼接成门扇大小，利用熨斗或热压机粘贴在门扇的门板表面，形成门扇的薄木拼花装饰。

4. 薄木拼花刻槽门扇

为了增加薄木拼花门扇的装饰效果，在对接的薄木组块之间对接缝上采用数控镂铣雕刻出断面为矩形的装饰槽，既减少了薄木拼花对接的难度，又增加了特殊的装饰效果。

5. 线条装饰门扇

是在平面门扇上用数根矩形或半圆形木线条粘贴成简洁大方的几何图案，大大增加了板式门扇的立体装饰效果。

6. 模压门扇

模压门扇是指门扇两面粘贴的门板为HDF模压板，其模压的图案是模仿欧式造型门扇或具有木纹理浮雕效果的门板，这种门板是采用模具在热压机上压制出的，其厚度主要有3mm、5mm、8mm三种。

表面装饰模压门板则是表面进行了表面初步装饰或最终装饰的模压门板。这些装饰模压门板是以下几种。

① 薄木贴面门板　即预先在门板表面进行了薄木贴面装饰，在压制成门扇后，尚需在其表面做清漆。

② PVC吸塑门板　PVC吸塑模压门板是将PVC薄膜通过真空吸附到铣形并涂胶的中密度基材上制造出来的门板，属于免漆板。

模压门扇适合于低档装修或公用建筑对门扇装饰要求不是太高，而门扇用量又比较大的场合应用。

7. 雕刻门扇

雕刻门扇是指用采用厚度为8mm的高密度纤维板做门板，在制成素体门扇后，利用数控镂铣或加工中心对门扇表面进行几何雕刻或雕花加工，制作出各种精美的门面图案，然后采用喷涂调和漆或真空吸塑的方法进行装饰。

8. 免漆门扇

是指采用免漆门板生产出门扇后不需要再做任何表面装饰的门扇产品，免漆门扇包括PVC真空覆膜、CPL真空覆膜、PP膜包覆和三聚氰胺浸渍纸贴面等多种免漆方式。

PVC真空覆膜、CPL真空覆膜和PP真空覆膜三种免漆门板既有平面门板，也有模压门板。其中后两者的造价要比前者高一些，故较少采用。

三聚氰胺门板是一种表面强度比真空覆膜免漆门板高，表面光泽度更好的产品，还可以采用高仿技术生产出与真实木材完全一样的门板产品，几乎达到以假乱真的程度，因此，现在有越来越多的生产企业采用这种产品来生产免漆门，这是一种很有前途的产品。但是，三聚氰胺免漆门板也有一个缺点，就是其只能制造出平面型门板，不能制造出模压门板，要进行表面装饰，就需要在生产工艺上加以弥补。

在门面上贴贴高压装饰板，耐磨耐湿性好，可用于厨房、卫生间门，贴低压三聚氰胺装饰板则比较便宜。所以要根据不同用途和要求进行选择。

第四节 电工电料的选择与安装

电路改造工程是装修隐蔽工程中最为重要的工程，如果稍有差错，轻则出现短路，重则酿成火灾，直接威胁人身安全。

电路改造材料主要有电线、电线套管（PVC管）、开关插座、空开漏保、照明光源、照明灯具、其他常用电工材料等。其中最为重要的就是电线。根据国际标准，一般住宅都要有5～8个回路，空调、卫生间、厨房等最好都要有专用的回路。通常一般家庭住宅用电最少应分为五路，即空调专用线路、厨房专用线路、卫生间专用线路、普通照明专用线路、普通插座专用线路。电线分路可有效地避免空调等大功率电器启动时造成的其他电器电压过低，电流不稳定的问题，同时又方便了分区域用电线电路的检修，而且即使其中某一路出现跳闸，不会影响到其他电路的正常使用，避免了大面积跳电的问题。

一、电线、电缆

1. 电线的主要种类及应用

电线又称导线（见图13-19），分为绝缘导线和裸导线两种。室内供电线路常用的导线主要为绝缘导线。绝缘导线按照胶芯的数量可以分为单股和多股，截面积在6mm及以下的为单股，较粗的导线则为多股线。按线芯导体材料的不同，又分为铜芯和铝芯导线。铜芯导线型号为BV，铝芯导线型号为BLV。铝芯导线虽然价格低，但比铜芯导线的电阻率大。在电阻相同的情况下，铝线截面积是铜线的1.68倍。

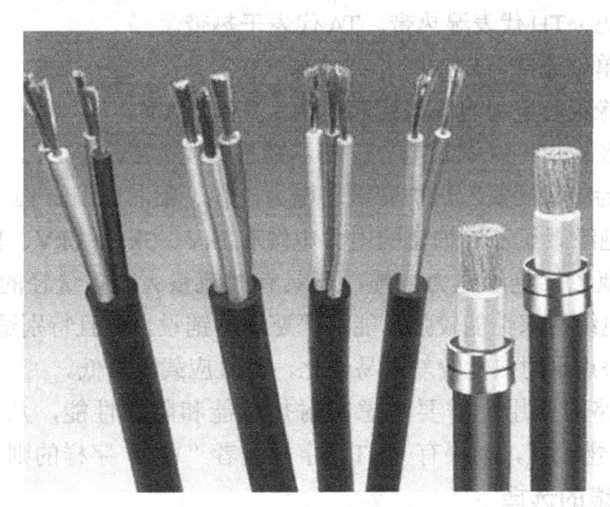

图13-19　电线

从节能的角度考虑，为了减少电能传输时引起的线路上电能损耗，使用电阻小的铜电阻大的铝好得多，而且铜的使用寿命也远远超过铝。此外铝线重量轻，机械强度差，且不易焊接，所以在室内装修电路改造中尤其是以暗装方式敷设时，必须采用铜芯导线。

常见的塑料绝缘护套电线是在塑料外层再加一层聚氯乙烯护套构成的。如果里面采用的是铜芯，型号则为BVV，采用铝芯的型号则为BLVV。

室内装修用电线根据其铜芯的截面积大多可以分为1.0mm²、1.5mm²、2.5mm²、4mm²等，一般情况下进户线为10.0mm²，照明1.5mm²。插座用线多选用2.5 mm²，空调等大功率电线多为4mm²。目前市场还有一中直热式的热水器，其功耗也能够达到3000W以上。像这种电器必采用4mm²以上的电线，最好还是专线专用。

电线有强弱之分，日常的电源线为强电，弱电则包括电话线、有线电视线、音响线等。弱电信号属低压电信号，抗干扰性能较差。所以弱电线应该避开强电线（电源线）。国家标准规定，在安装时强弱电线要距离50cm以上以避免干扰。

在布线过程中，必须遵循“相线”进开关，中性线进灯头和“左中右相接地在上”的规定接线。相线通常为红色，中性线通常为蓝色，接地线多为黄绿色。像空调、洗衣机、

热水器、电冰箱等常见电器设备的电源线均为三相线，即一相相线、一相中性线、一相地线。很多人忽略了地线的作用。只将一相相线与一相中性线介入电源插座，将地线抛开不接。这样做对于电器的使用不会造成任何问题，但一旦电器设备出现漏电，就可能因此导致触电伤人和火灾事故。

2. 常用电缆的主要种类及应用

通常将芯数少、截面直径小的导线称为电线，芯数多、截面直径大的导线称为电缆。常用电缆的品类有聚氯乙烯绝缘电力电缆、交联聚氯乙烯绝缘电力电缆等。

可以通过代码识别电缆的种类，常见代码及其意义如下。

① 用途代码：K为控制缆，P为信号缆，没有表明则代表电力电缆。

② 绝缘代码：Z为油浸纸，X为橡胶，V为聚氯乙烯，YJ为交联聚氯乙烯，其中聚氯乙烯为最常见的类型。

③ 导体材料代码：L为铝芯，不标则为铜芯。

④ 特殊产品代码：TH代表湿热带，TA代表干热带。

⑤ 额定电压：单位通常为kV。

⑥ 聚氯乙烯绝缘铜芯电力电缆，铝芯电缆：VV、VLV。

⑦ 橡皮软电缆及橡皮绝缘铜芯电力电缆，铝芯电缆：XV、XLV。

⑧ 交联聚氯乙烯绝缘聚氯乙烯护套铜芯电力电缆、铝芯电缆：YJV、YJLV。

交联聚氯乙烯绝缘聚氯乙烯护套的电力电缆有1kV、3kV、6kV、10kV、35kV等多种电压等级，相比聚氯乙烯绝缘电力电缆，还具有载流量大、重量轻的优点，但是价格较高。橡皮绝缘电力电缆耐寒性能较强，能在严寒地区铺设，而且特别适用于水平落差大或垂直空间铺设，但缺点足耐热性较差、易老化，而且应载流量低。

电缆在配电线路的应用上需要考虑其耐热性能和阻燃性能，凡是电缆型号前面有“ZR”字样，即为阻燃线缆，如果有“NT”字样或者“105”字样的则为耐高温线缆。

3. 户内低压线缆的选择

户内电压多为220V或380V，前者多用于照明和家用电器，后者多用于三相动力设备。不管是用于何种电压下，选择电线、电缆的原则和方法是一样的。户内电线、电缆的选择，主要应考虑以下几个因素。

（1）足够的机械强度和柔韧性　目前室内装修电线大多采用暗装方式，电线需要穿过PVC或者镀锌管的护套内，再埋没在墙体或者地面。电线穿管时，如果电线的机械强度和柔韧性不好，穿管拉扯时容易造成电线芯线断裂。

（2）绝缘性　线缆外层的绝缘层主要有橡胶和塑料两种。绝缘层的好坏对于用电安全起着至关重要的作用。一般而言，塑料绝缘电线可用于交流额定电压在500V以下或直流电压1000V以下，长期工作温度不超过+65℃的场合，而橡皮绝缘电线只适用于交流额定电压在250V以下，长期工作温度不超过+60℃的场合，所以塑料绝缘层对于电压的耐受度更好。目前，塑料绝缘电线应用也最广。

（3）线缆的截面积　线缆的安全截流量，主要取决于导线的材料和截面积。导体材料无外乎铜芯和铝芯。相比而言，铜芯的电导率更高，此外线缆的安全截流量和导线的截面积也有关系。导体的截面积越大，其安全截流量就越大。铜线的线径每平方毫米允许通过的电流为5～7A，所以电线的截面积越大，能够承载的电流量就越大。此外，还必须考虑线的截面积选择上应该遵循“宁大勿小”的原则，这样才有较大的安全系数。

4. 电线、电缆的选购

（1）合格证　标准的产品合格证上应标明制造厂商名称地址、售后服务电话、型号、规格结构、标称截面（即通常说的2.5平方、4平方电线等）。额定电压（单芯线450V/750V，两芯护套300V/500V），长度［国家标准规定长度为（100±0.5）m］，检验员工号，制造日期以及该产品国家标准编号或认证标志。特别指出的是正规产品所标明的通常说的单芯铜芯塑料线其型号为227 IEC01（BV）而并非BV。

（2）看线芯　电线铜芯质量是电线质量好坏的关键，好的电线铜芯采用的原料为优质精红紫铜。看电线铜芯的横断面，优等品铜芯质地稍软，颜色光亮，色泽柔和，颜色黄中偏红。次等品铜芯偏暗发硬，黄中发白，属再生杂铜，电阻率亮，导电性能差，使用过程中容易升温而导致安全隐患。

（3）塑料绝缘层　电线外层塑料皮要求色泽鲜亮，质地紧密，厚度0.7～0.8mm，用灯火机点燃应无明火，可取一段电线用手反复弯曲，优等品应手感柔软，弹性大且塑料绝缘体无龟裂。次品多是使用再生塑料，色泽暗淡，质地疏松，能点燃明火。

二、电线套管

电线套管主要有塑料和钢管两大类。电线穿管的目的是为了避免电线受到外来机械损伤和保证电气线路绝缘及安全，同时方便日后的维修。

1. 塑料电线套管主要种类及应用

塑料电线套管有聚氯乙烯半硬质电线管（FPC）、聚氯乙烯硬质电线管（PVC）、聚氯乙烯塑料波纹电线管（KPC）三种，其中PVC塑料电线套管是应用最广泛的一种。

PVC塑料管（如图13-20）耐酸，碱腐蚀，易切割，施工方便，但机械冲击，耐高温及耐摩擦性能比钢管差。PVC电线套管多为6分和4分两种，按照国家标准，电线套管的壁厚必须达到1.2mm，而且管内电线的总截面积补能超过PVC电线套管内截面积的40%，同时管内电线最好不要超过4根。

图13-20　PVC塑料电线套管

2. 钢管电线套管主要种类及应用

钢管电线套管主要有镀锌钢管，扣压式薄壁钢管和套接紧定式钢管，其中应用最为广泛的是套接紧定式钢管，也称KBG/JDG镀锌钢管（如图13-21）。

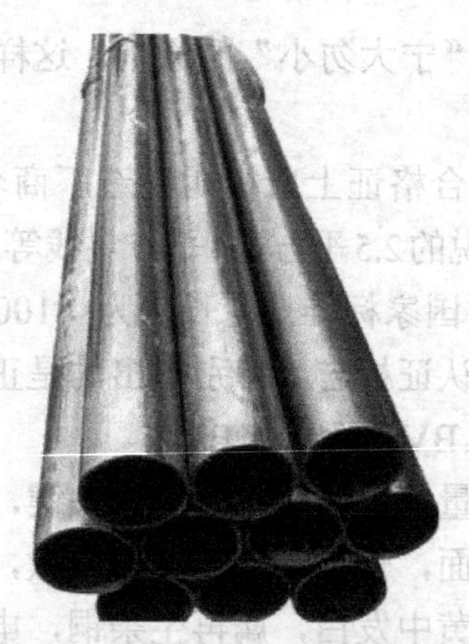

图 13-21　KBG/JDG镀锌钢管

钢管布线可以应用于室内和室外，但对金属管有严重腐蚀的场所不宜采用，相对而言，家装多采用PVC电线套管，而工装则更多地会应用一些钢管布线。钢管电线套管和PVC电线套管一样，管内电线总截面积不能超过钢管电线套管内截面积40%。同事管内电线最好不要超过4根，电缆在室内穿管敷设时，钢管电线套管的内径应大于电缆外径的1.5倍以上。

3. 电线套管的选购

PVC塑料管应具有较好的阻燃，耐冲击性，产品应有检验报告和出厂合格证。管材连接件以及附件内，外壁应光滑，无凹凸，表面没有针孔及气泡。管子内外径尺寸应复合归家统一标准，管壁厚度应均匀一致。同时要求有较高的硬度，可以放在地上用脚踩，最起码不能轻易被踩坏。

钢管电线套管壁厚应均匀一致，镀层完好，无剥落及锈蚀现象。管材连接套管及金属附件内，外壁表面光洁，无毛刺、裂纹、变形等明显缺陷。

第五节 灯具的选择与安装

一、筒灯

灯饰是装饰性灯具的总称，灯具的种类繁多，造型千变万化，是室内装饰装修中非常重要的、也是大量使用的一种装饰材料。不仅起着照明的作用，也是美化环境、渲染气氛等的极佳方式。

筒灯属于点光源嵌入式直射光照方式，一般是将灯具按一定方式嵌入顶棚，并配合室内空间共同红顶交所要的各种造型，使之成为一个完整的艺术图案。如果顶棚照度要求较高，也可以采用半嵌入式灯具，还有横插式、明装式等。其各种样式如图13-22所示。

(a) 横插式筒灯

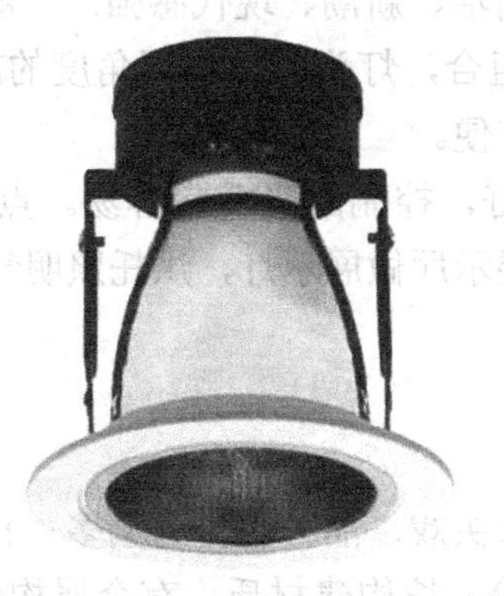

(b) 嵌入式筒灯

(c) 明装式筒灯

图 13-22　不同式样的筒灯

二、射灯

射灯是近几年发展起来的新品种，其光线方向性强、光色好、色温一般在2950K。射灯能创造独特的环境气氛，深得人们尤其是年轻人的青睐，成为装饰材料中的“新潮一族”。

射灯既能做主体照明，又能做辅助光源，它的光线极具可塑性，可安置在天花板四周或加剧上部，也可置于墙内、踢脚线里，直接将光线照射在需要强调的物体上，起到突出重点、丰富层次的效果，如图13-23所示。

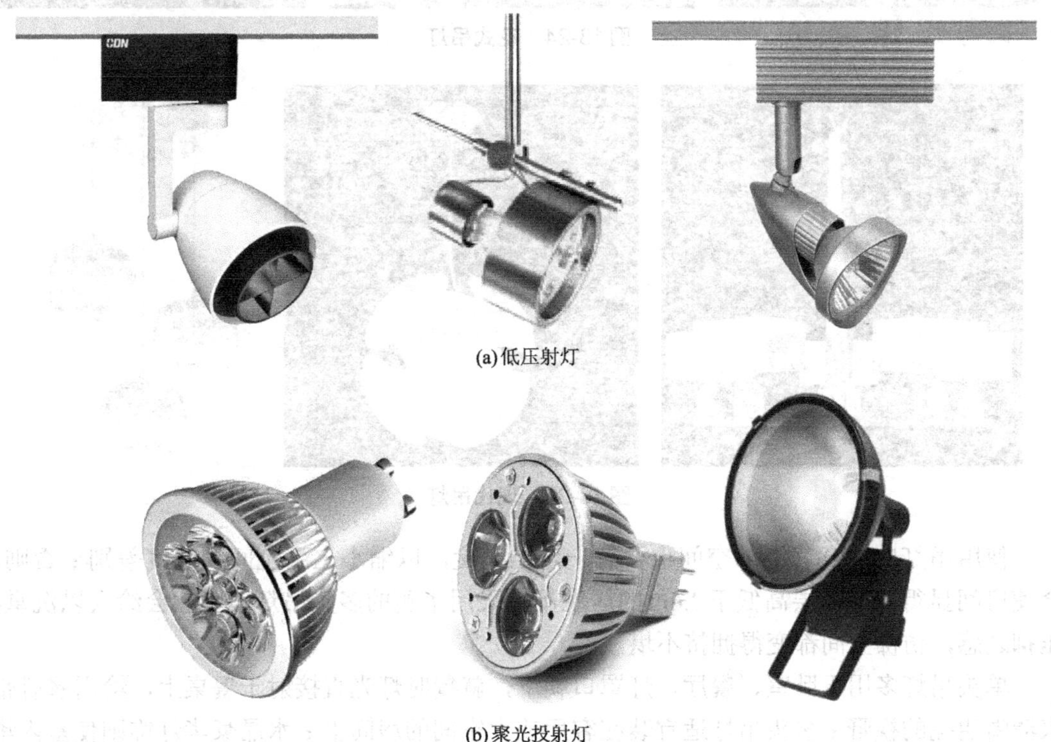

(a) 低压射灯

(b) 聚光投射灯

图 13-23　不同形式射灯

射灯本身的造型也大多简洁、新潮、现代感强。一般配有各种不同的灯架，可进行高低、左右调节、可独立、可组合，灯头可做不同角度的旋转，可根据工作面的不同位置，任意调节，小巧玲珑，使用方便。

其亮度非常高，显色性好，控制配光非常容易。点光、阴影和材质感的表现力非常强，因此它多用于舞台上和展示厅做展示灯，烘托照明气氛。

三、吊灯

吊灯通常是室内灯饰的重头戏，品种也更为繁多。按外形结构可分为枝形、花形、圆形、方形、宫灯式、悬垂式等；按构建材质，有金属构件和塑料构件之分；按灯泡性质，可分为白炽灯、荧光灯、小功率蜡烛灯；按大小体积，可分为大型、中型、小型。如选择吊灯，那么层高尽量要在3m以上方可使用。

吊灯的各种形式如图13-24、图13-25所示。

图13-24　花式吊灯

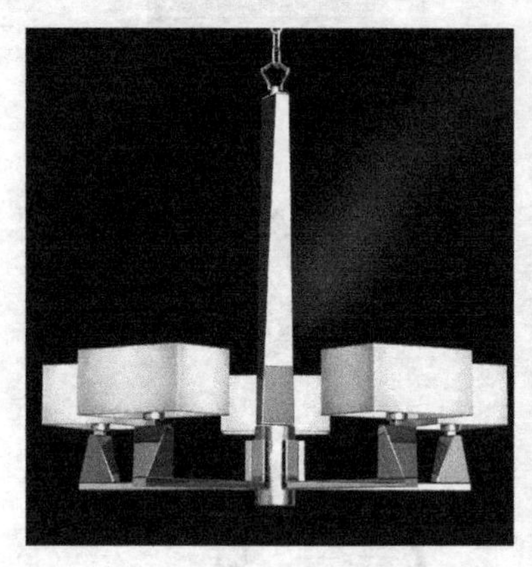

图13-25　现代吊灯

使用吊灯应注意其上部空间也要有一定的亮度，以缩小上下空间的亮度差别；否则，会使房间显得阴森。层高低于2.6m的居室不宜采用华丽的多头吊灯，不然会给人以沉重、压抑之感，仿佛空间都变得拥挤不堪。

单头吊灯多用于卧室、餐厅，灯罩口朝下，就餐时灯光直接射于餐桌上，给用餐者带来清晰明亮的视野；多头吊灯适宜装在客厅或大空间的房间里；水晶豪华灯饰则使室内华光四射、缤纷夺目、富丽壮观。

四、吸顶灯

灯具安装面与建筑天花板紧贴的灯具俗称吸顶灯。适于在层高较低的空间中安装。光源即灯泡以白炽灯和日光灯。以白炽灯为光源的吸顶灯，大多采用乳白色塑料罩或玻璃罩；以日光灯为光源的吸顶灯多用有机玻璃，金属格片为罩。直径在200mm左右的吸顶灯适宜在过道、浴室、厨房内使用（图13-26）。直径在400mm以上的吸顶灯则可在房间中使用（图13-27）。

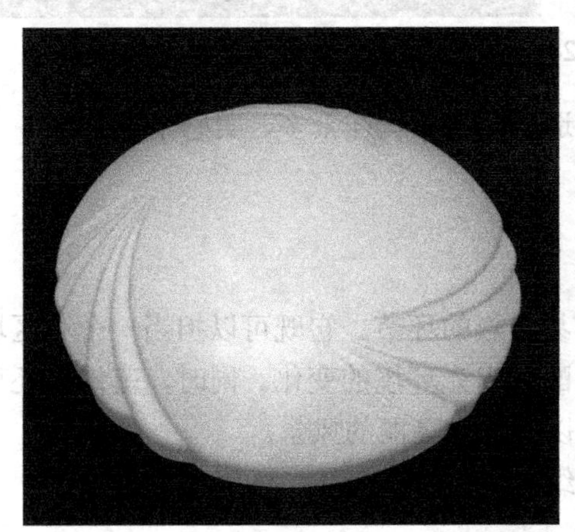
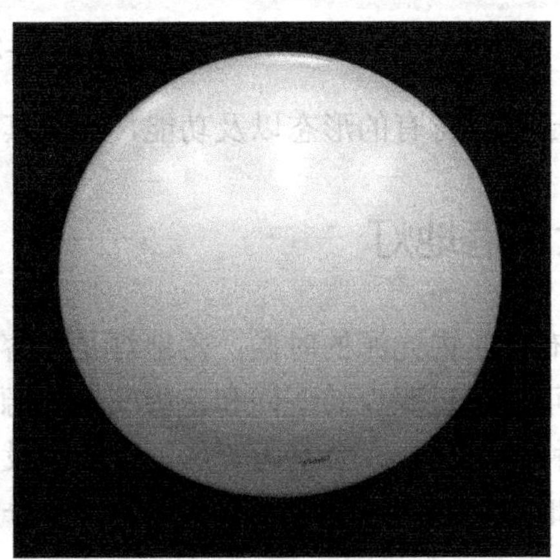

图13-26　小吸顶灯

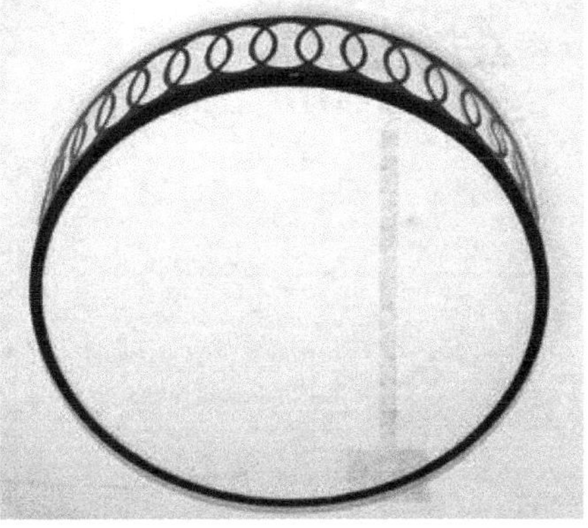

图13-27　豪华吸顶灯

五、壁灯

壁灯是室内装饰灯具，一般多配用乳白色的玻璃灯罩。灯泡功率多在15～40W，光线淡雅和谐，可把环境点缀得优雅、富丽、尤以新婚居室特别适合。壁灯的种类和样式较多，一般常见的有吸顶式、变色壁灯、床头壁灯、镜前壁灯等。

壁灯安装的位置应略高于站立时人眼的高度。其照明度不宜过大，这样更富有艺术感染力，可在吊灯、吸顶灯为主体照明的居室内作为辅助照明、交替使用，既省电又可调节室内气氛（图13-28）。

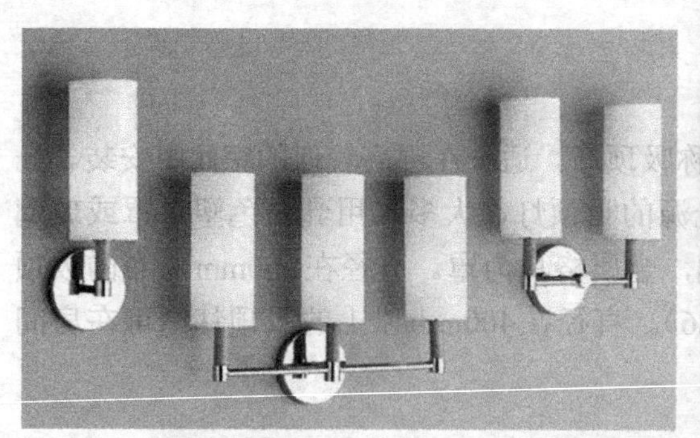

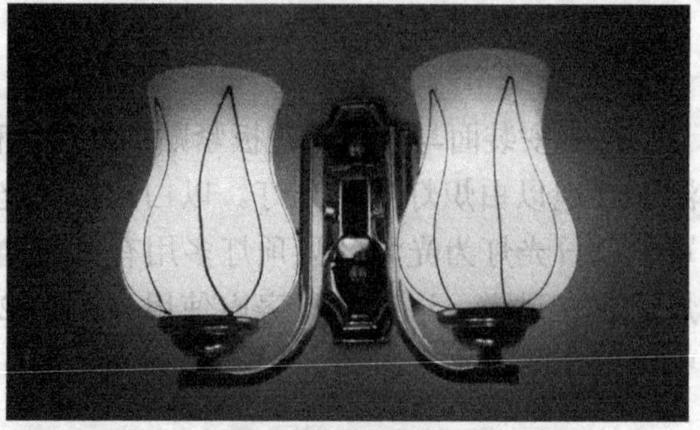

图 13-28　壁灯

由于壁灯特有的形态以及功能，使得其造型夸张、花样繁多、美感十足。

六、落地灯

在布置室内光源的时候，落地灯是最容易出彩的环节。它既可以担当一个小区域的主灯，又可以通过照度的不同和室内其他光源配合出光环境的变化。同时，落地灯还可以凭自身独特的外观，成为室内一件不错的摆设以及一道亮丽的风景。

落地灯一般由灯罩、支架、底座三部分组成，其造型挺拔、优美（图 13-29）。

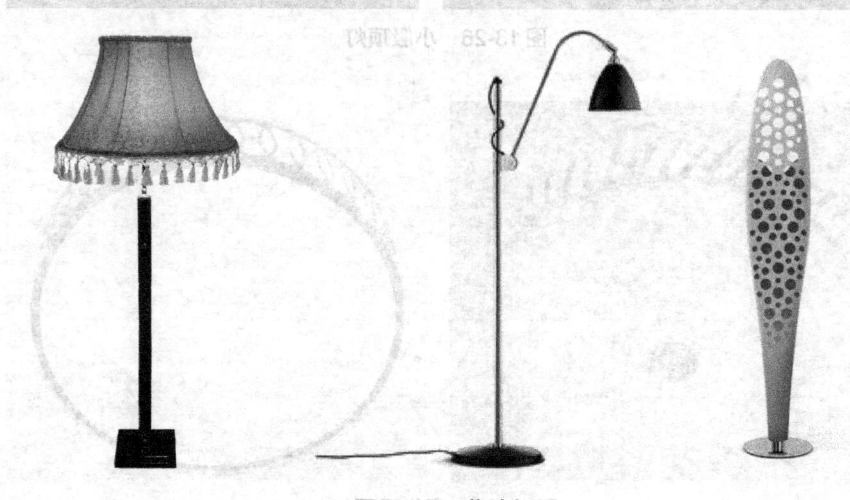

图 13-29　落地灯

墙角灯，也属于落地灯之类，它像一只加大尺寸的台灯，只不过是增加了一个高低座。从功能上来讲墙角灯与落地灯相同，从造型上看，似乎更稳重典雅，它常常以瓶式、圆柱式的座身，配以伞形或筒形罩子，用于沙发或家具转角处，十分美观。

七、其他

除了以上所介绍的长势灯具外，室内装饰灯具还有普通灯管、台灯、水晶灯、牛眼灯、麻将灯等。

选择灯饰应遵循以下五个原则。

（1）同房间的高度相适应　房间高度在3m以下时，不宜选用长吊杆的吊灯及垂度高的水晶灯，否则会有碍安全。

（2）同房间的面积相适应　灯饰的面积不要大于房间面积的2%～3%，如照明不足，可增加数量，否则会影响装饰效果。

（3）同整体的装修风格相适应　中式、日式、欧式的灯具要与周围的装修风格协调统一，才能避免给人以杂乱的感觉。

（4）同房间的环境质量相适应　卫生间、厨房等特殊环境，应选择又防潮、防水特殊功能的灯具，以保证正常使用。

（5）同顶部的称重能力相适应　特别是做吊顶的顶部，必须有足够的荷载，才能安装相适应的灯具。

在选购装饰灯具时，应注意要把安全放在首位，不要只考虑价格便宜，殊不知价格便宜的灯大多质量不过关，而质量不过关的灯具往往隐患无穷，存在不安全因素，一旦发生火灾，不但个人经济受损，还会殃及四邻，后果不堪设想。因此选用灯具要先看其质量，检查质保书，合格证是否齐全，切不可图便宜选购劣质灯具。

另外，浴室、厨房适用的灯有吊灯、吸顶灯、筒灯等，在选择这类灯具时，首先要考虑防潮和防雾。目前市场上有配套销售的防水灯，这种技术含量较高的灯具最适合在浴室使用，使用寿命也较长。

复习思考题

1. 填空题

（1）洗面盆一般分为（　　　）、（　　　）和（　　　）三种。

（2）电路改造材料主要有（　　　）、（　　　）、（　　　）、（　　　）、（　　　）、（　　　）和其他常用电工材料等。其中最为重要的就是（　　　）。

（3）室内装修用电线根据其铜芯的截面积大多可以分为（　　　）、（　　　）、（　　　）、（　　　）等，一般情况下进户线为（　　　）mm^2，照明（　　　）mm^2。

2. 问答题

（1）整体橱柜和衣柜常用的材料有哪些？

（2）木质套装门门套的形式有几种？分别采用什么材料制作？

（3）塑料电线套管的主要种类及应用？

（4）如何进行灯具的选择与安装？

实训练习

1. 实训目标

通过技能实训，认识和理解安装工程常用材料的类型以及在室内装饰中的应用，并运用材料知识进行安装。

2. 实习场所与形式

实训练习场所为是室内装饰现场，以4～6人为实训小组，到实训现场进行观摩调查后，对定制家具产品进行安装。

3. 实训内容与方法

（1）安装观摩

① 实训前，由教师筹备相关材料，然后指导老师带领学生进入室内装饰现场。

② 通过材料识别，认识卫浴、定制家具、套装门、电工电料和灯具等安装工程常用材料类型，了解材料的应用范围，学生需要进行有关材料规格、品质、价格的调研及样品收集。

③ 通过参观安装现场，进一步掌握室内装饰材料的具体应用及安装时的选用。

④ 学生需要做好观察识别笔记、提出问题。最后由教师综合总结，并解答各组的疑问。

（2）定制家具安装

学生结合相关专业知识，对定制衣柜（或橱柜）进行安装。要求安装速度快、准确、零部件无损坏。

4. 实训要求及报告

（1）实训前，学生应认真阅读实验实训指导书，明确实训内容、方法及要求。

（2）在整个实训过程中，每位学生均应做好实训记录。

（3）实训完毕，及时整理好实训报告，做到准确完整、规范清楚。

5. 实训考核标准

（1）能深入装饰现场进行材料的观察识别，并能收集样品，认真做好观察笔记和分析报告。

（2）实训报告规范完整的学生，可酌情将成绩评定为合格、良好、优秀。

本章推荐阅读书目

1. 黄喜雨. 家庭装修材料样样通. 南昌：江西科学技术出版社，2006.

2. 葛新亚. 高职高专建筑装饰专业系列教材《建筑装饰材料》. 武汉：武汉理工大学出版社，2004.

3. 苗壮. 室内装饰材料与施工. 哈尔滨：哈尔滨工业大学出版社，2000.

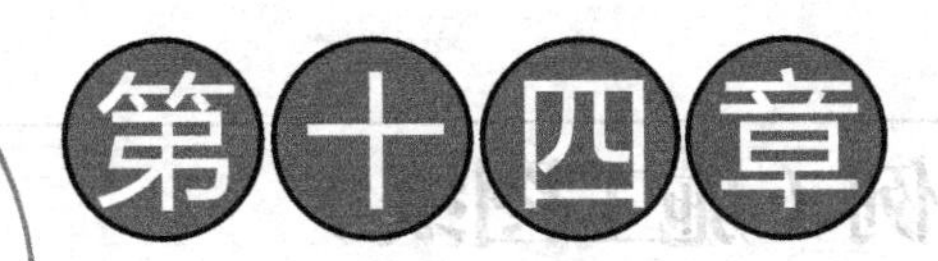

第十四章

材料的选择与应用实例

第一节 材料的选择与应用实例（施工图纸）

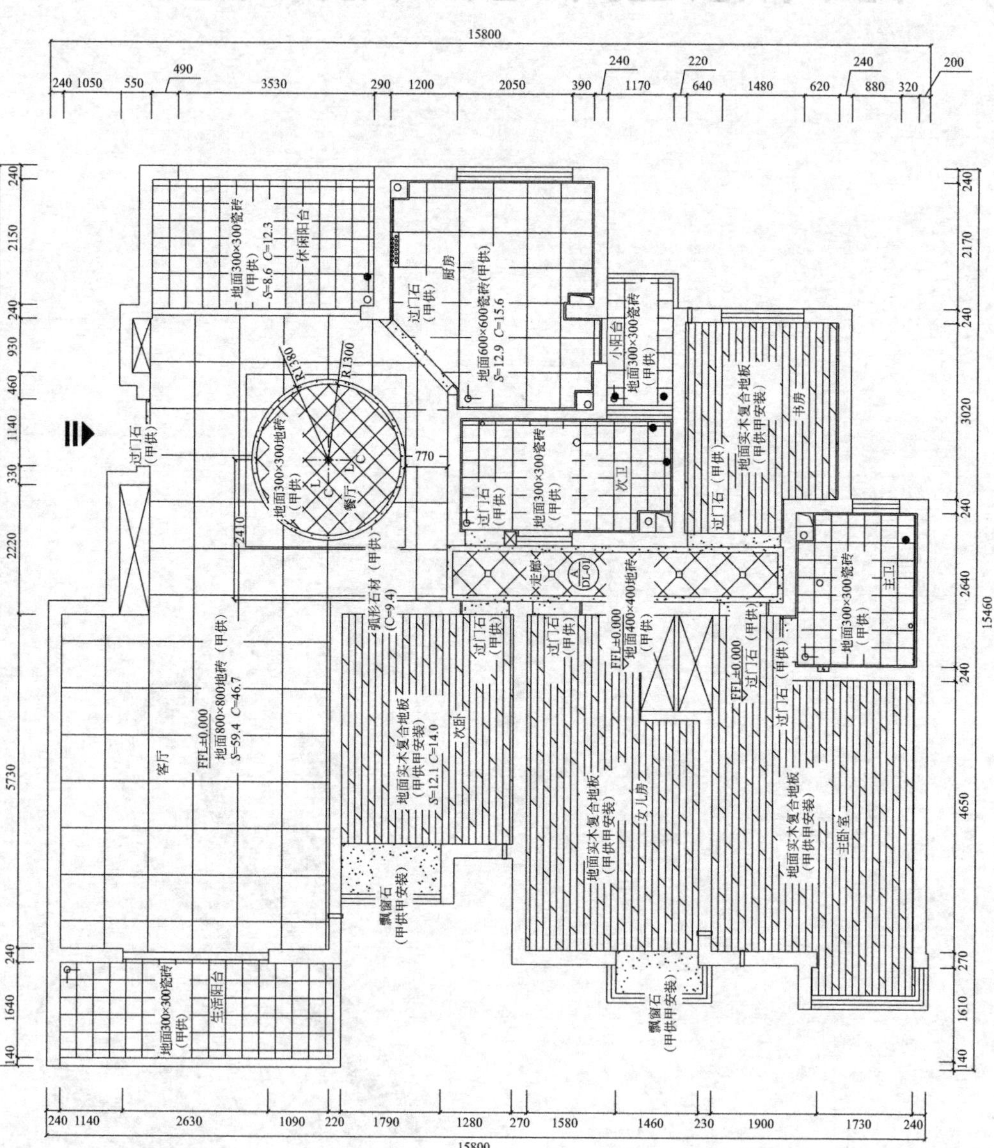

地面材质图

PLAN

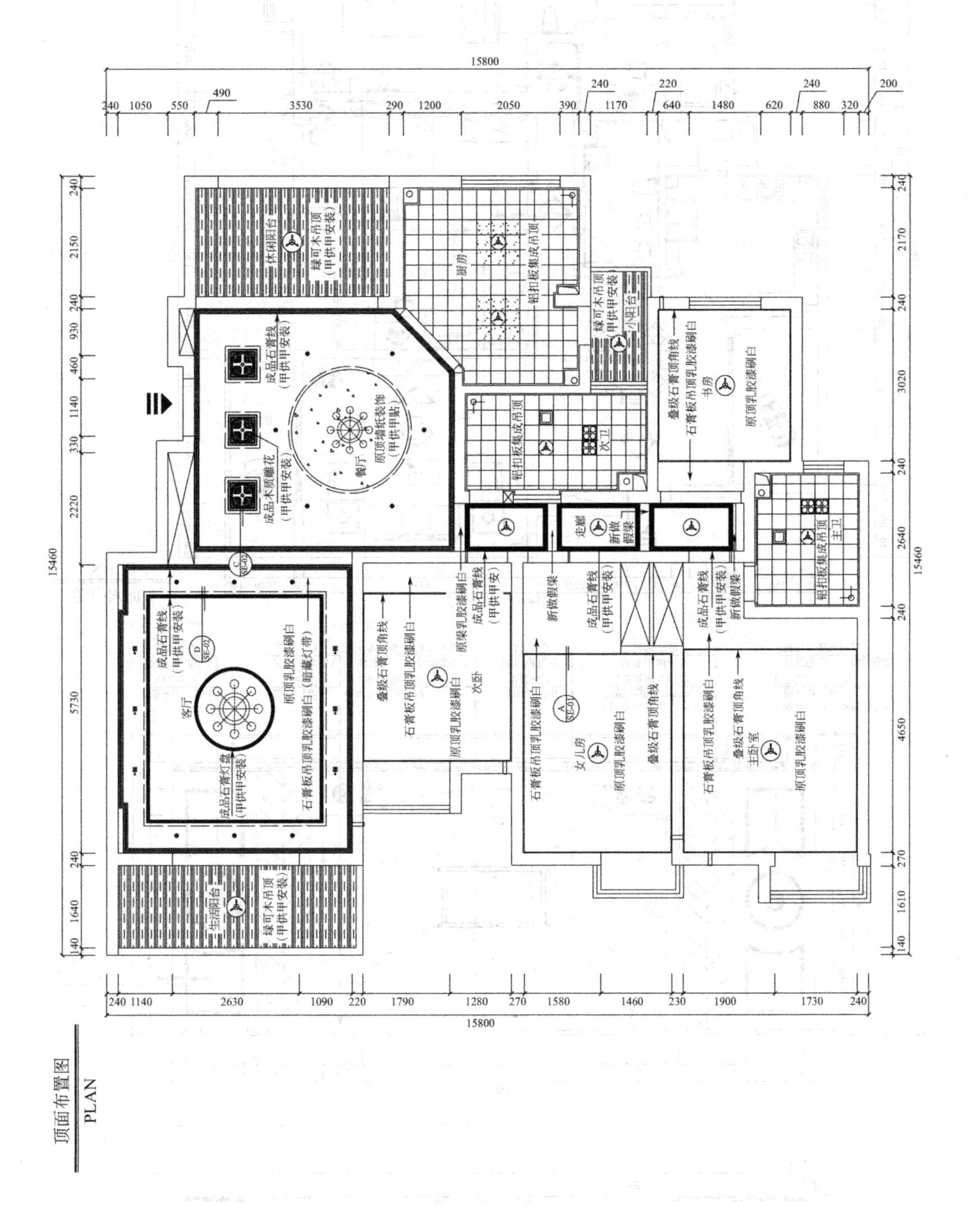

顶面布置图
PLAN

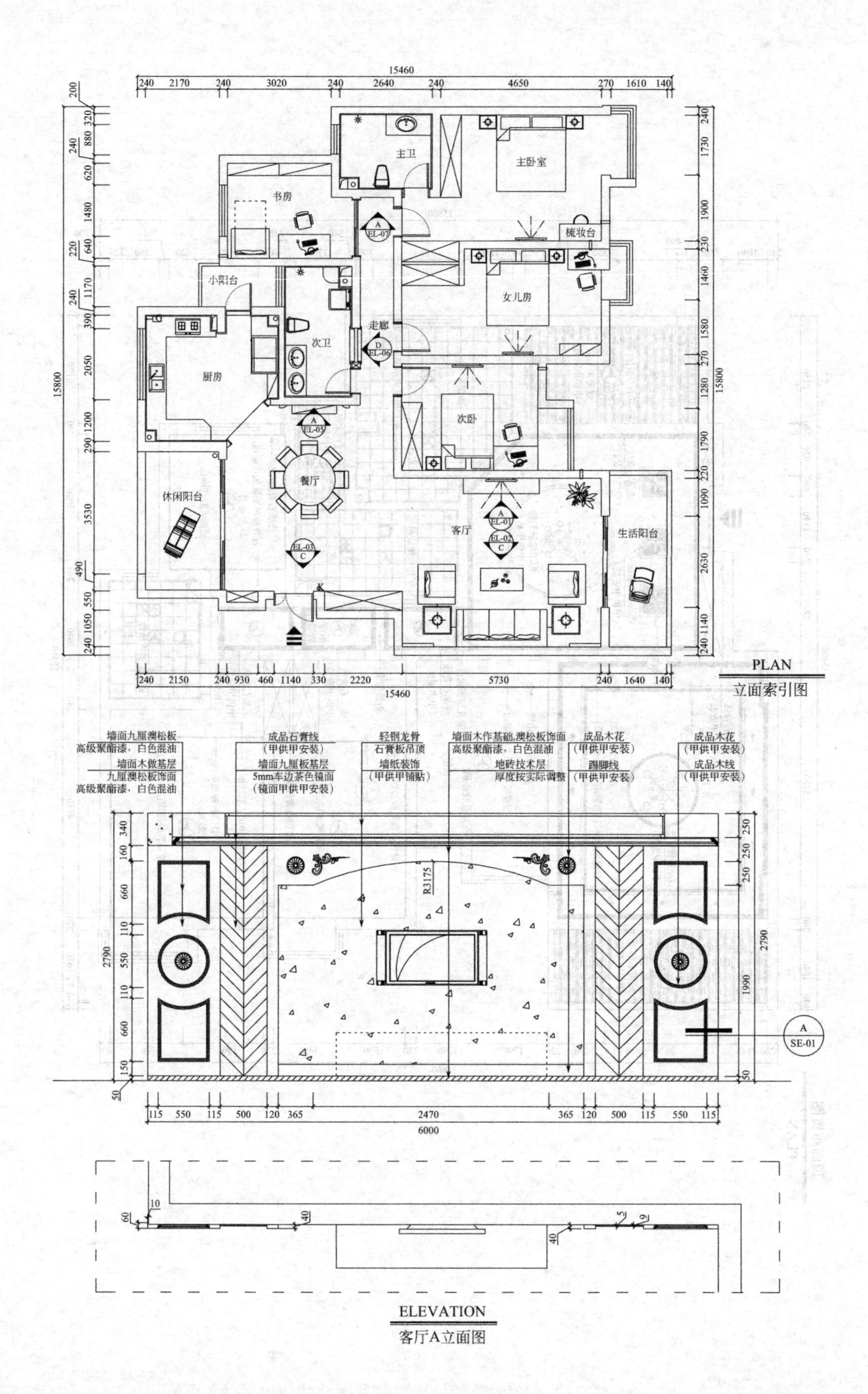
15460
240 2170 240 3020 240 2640 240 4650 270 1610 140
主卫
主卧室
书房
梳妆台
小阳台
女儿房
走廊
次卫
厨房
次卧
餐厅
休闲阳台
客厅
生活阳台
15800
240 2150 240 930 460 1140 330 2220 5730 240 1640 140
PLAN
立面索引图
墙面九厘澳松板
高级聚酯漆，白色混油
墙面木做基层
九厘澳松板饰面
高级聚酯漆，白色混油
成品石膏线
（甲供甲安装）
墙面九厘板基层
5mm车边茶色镜面
（镜面甲供甲安装）
轻钢龙骨
石膏板吊顶
墙纸装饰
（甲供甲铺贴）
墙面木作基础,澳松板饰面
高级聚酯漆，白色混油
地砖技术层
厚度按实际调整
成品木花
（甲供甲安装）
踢脚线
（甲供甲安装）
成品木花
（甲供甲安装）
成品木线
（甲供甲安装）
R3175
115 550 115 500 120 365 2470 365 120 500 115 550 115
6000
ELEVATION
客厅A立面图

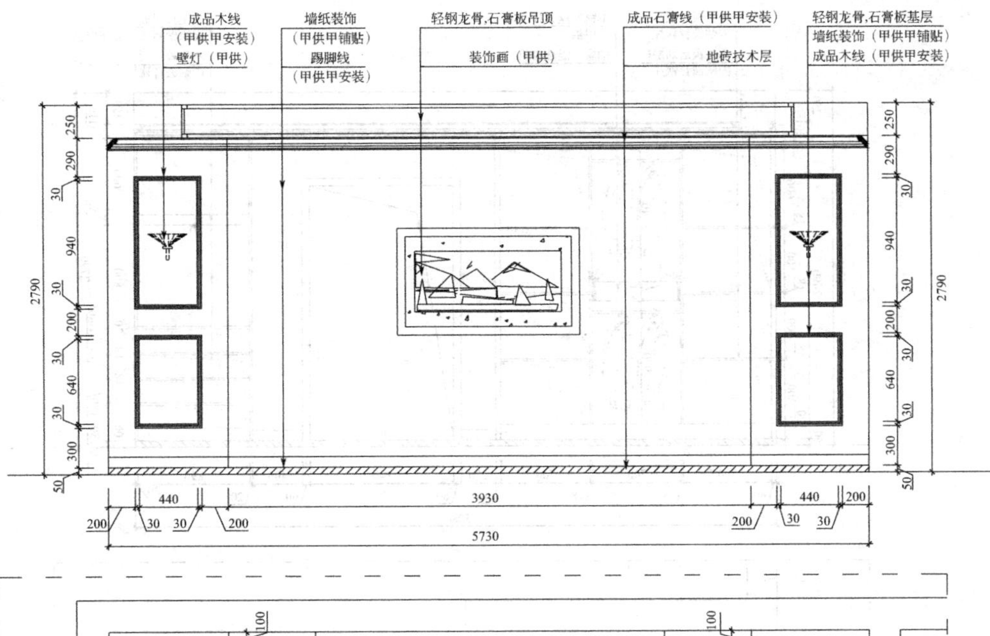

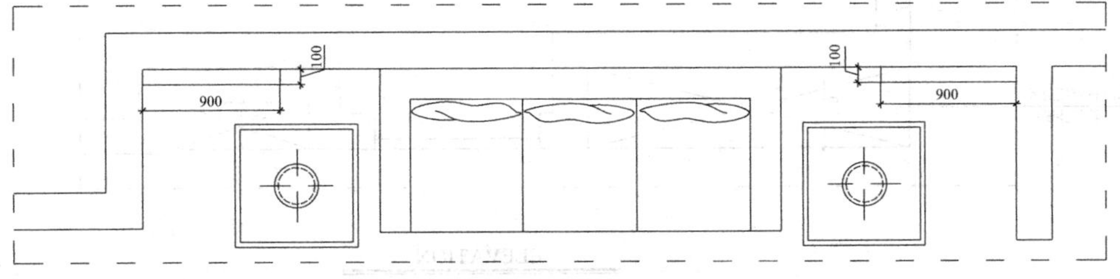

ELEVATION
客厅C立面图

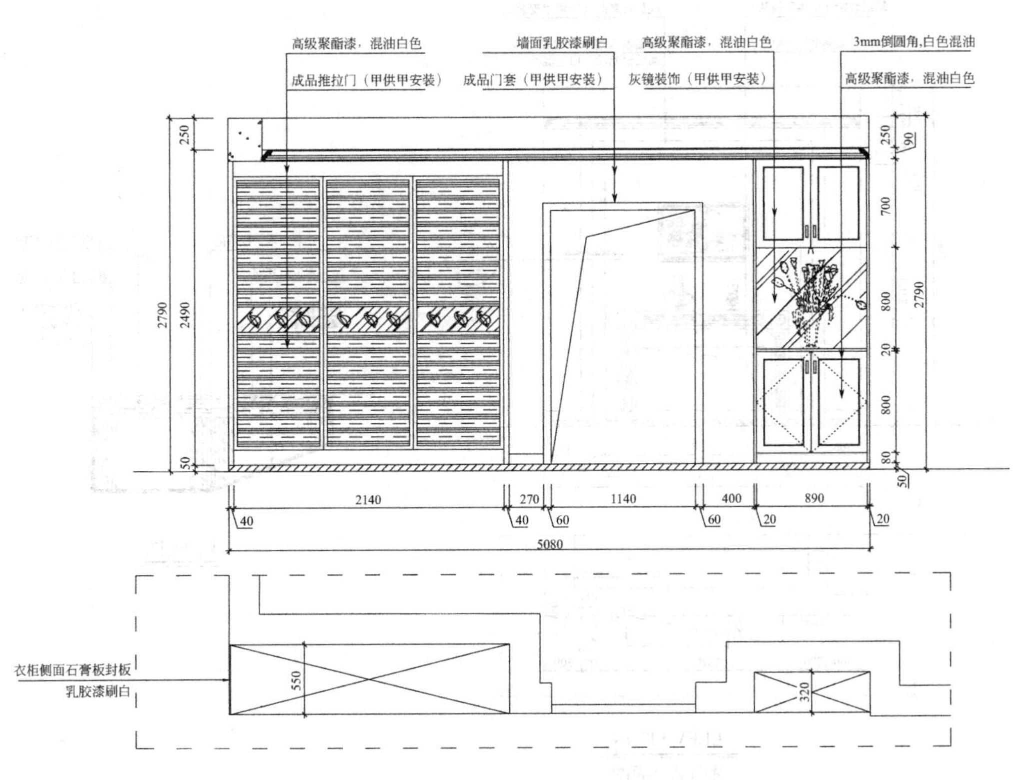

EOEVATION
玄关C立面图

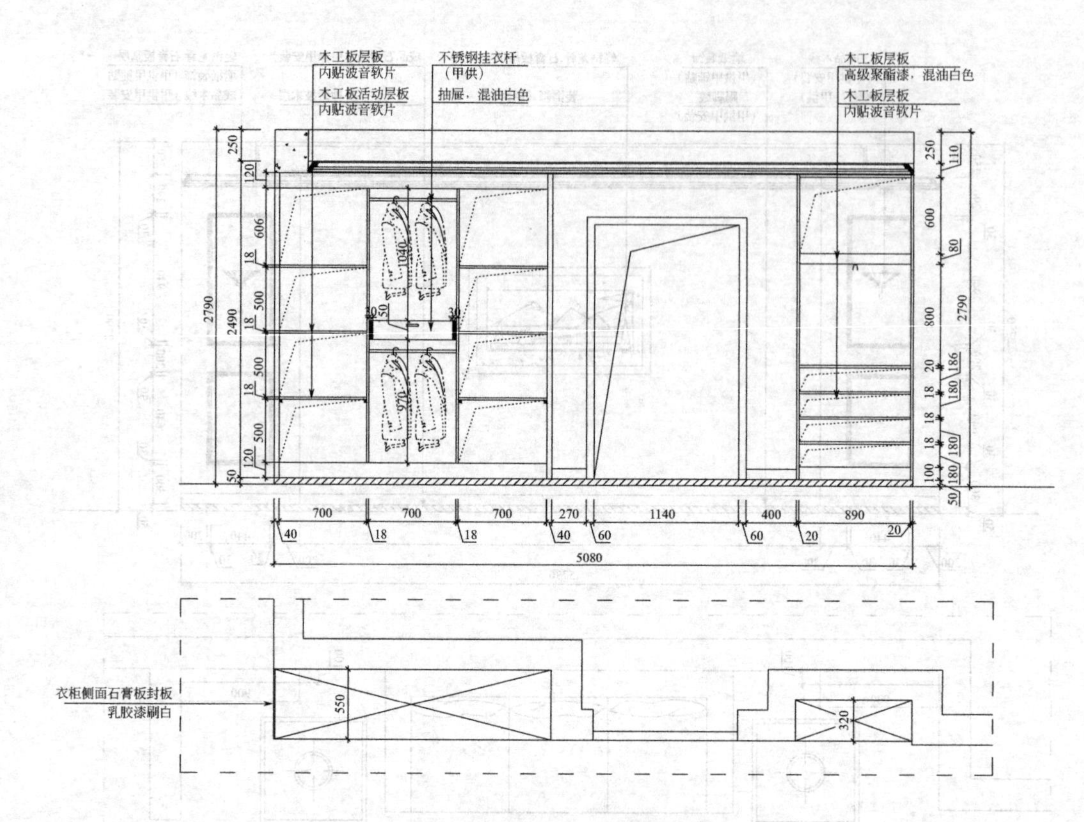

ELEVATION

玄关C立面衣柜内部结构图

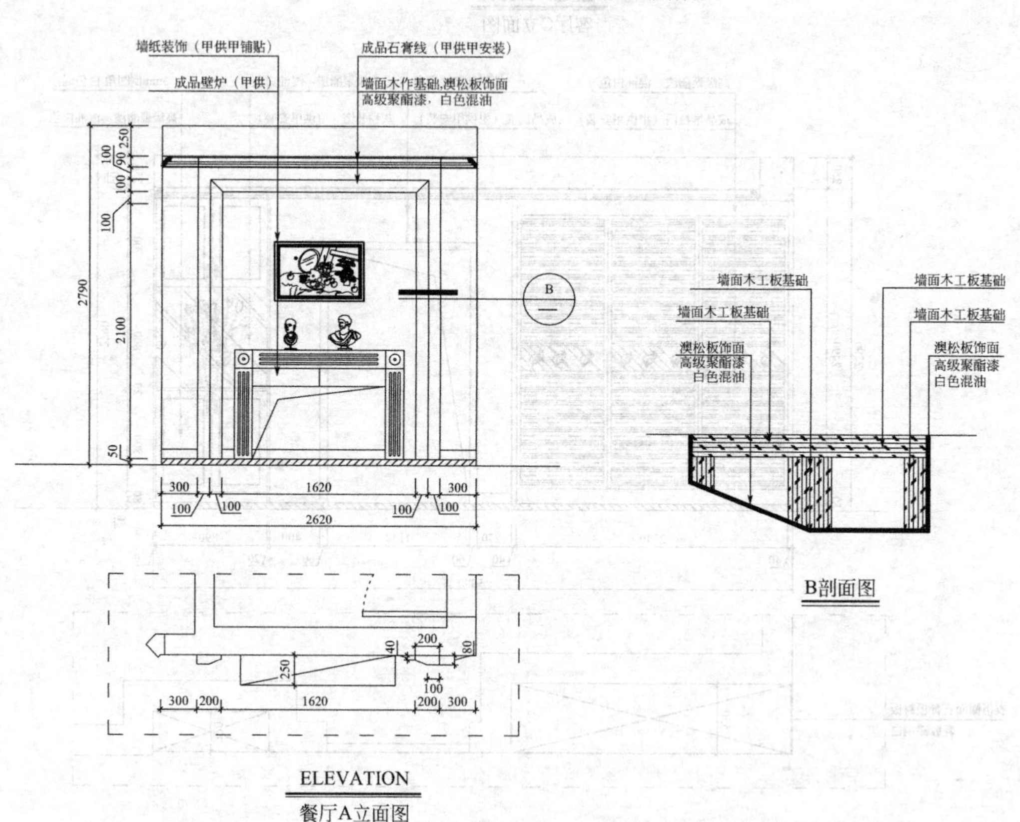

ELEVATION

餐厅A立面图

B剖面图

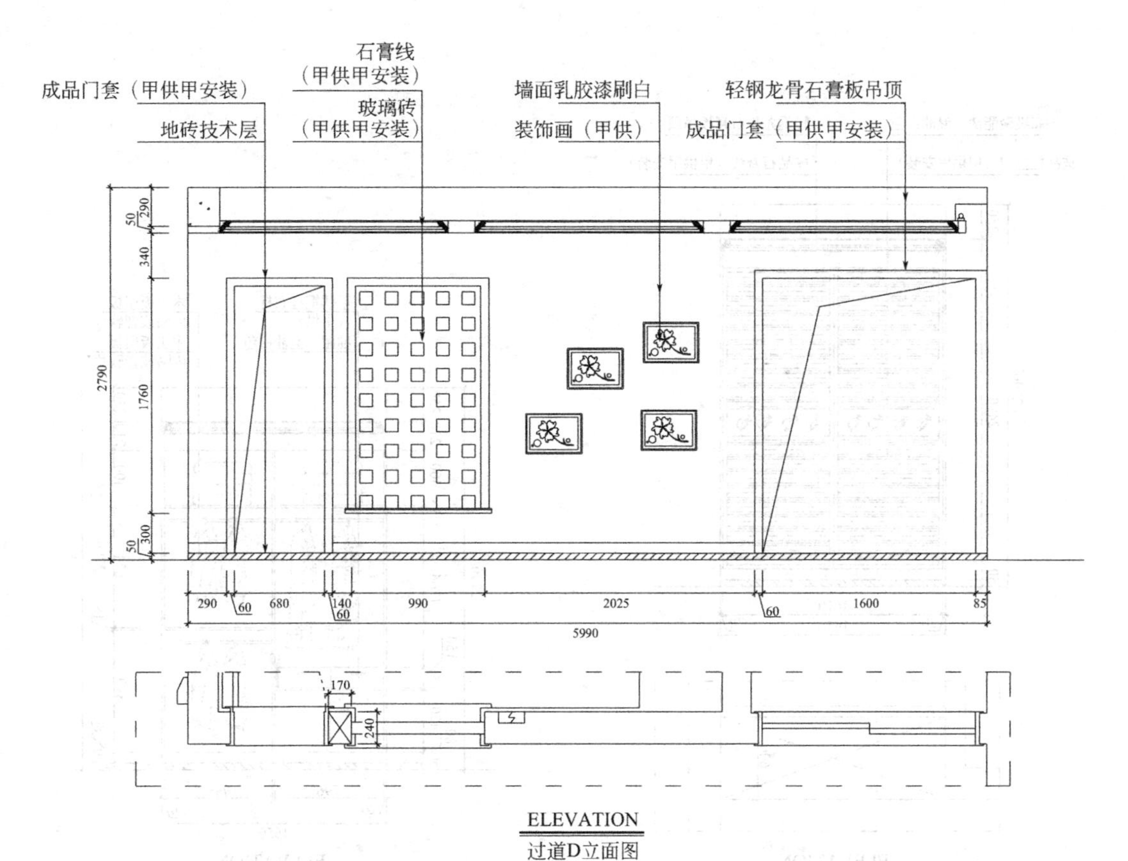

ELEVATION
过道D立面图

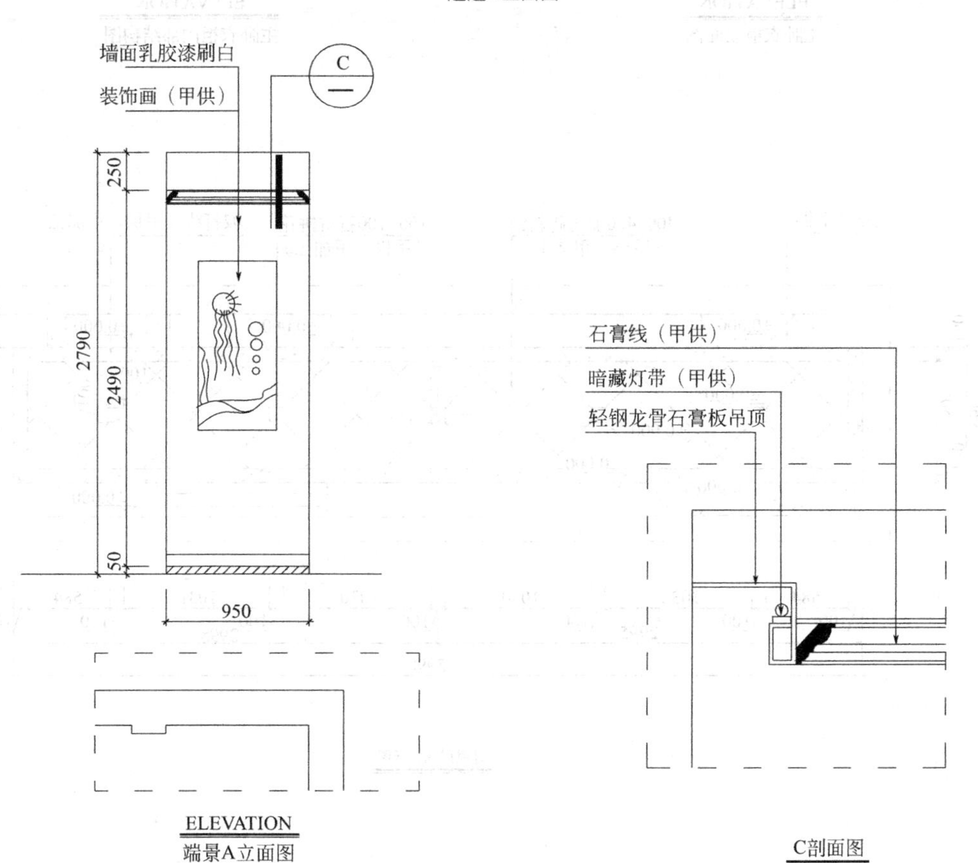

ELEVATION
端景A立面图

C剖面图

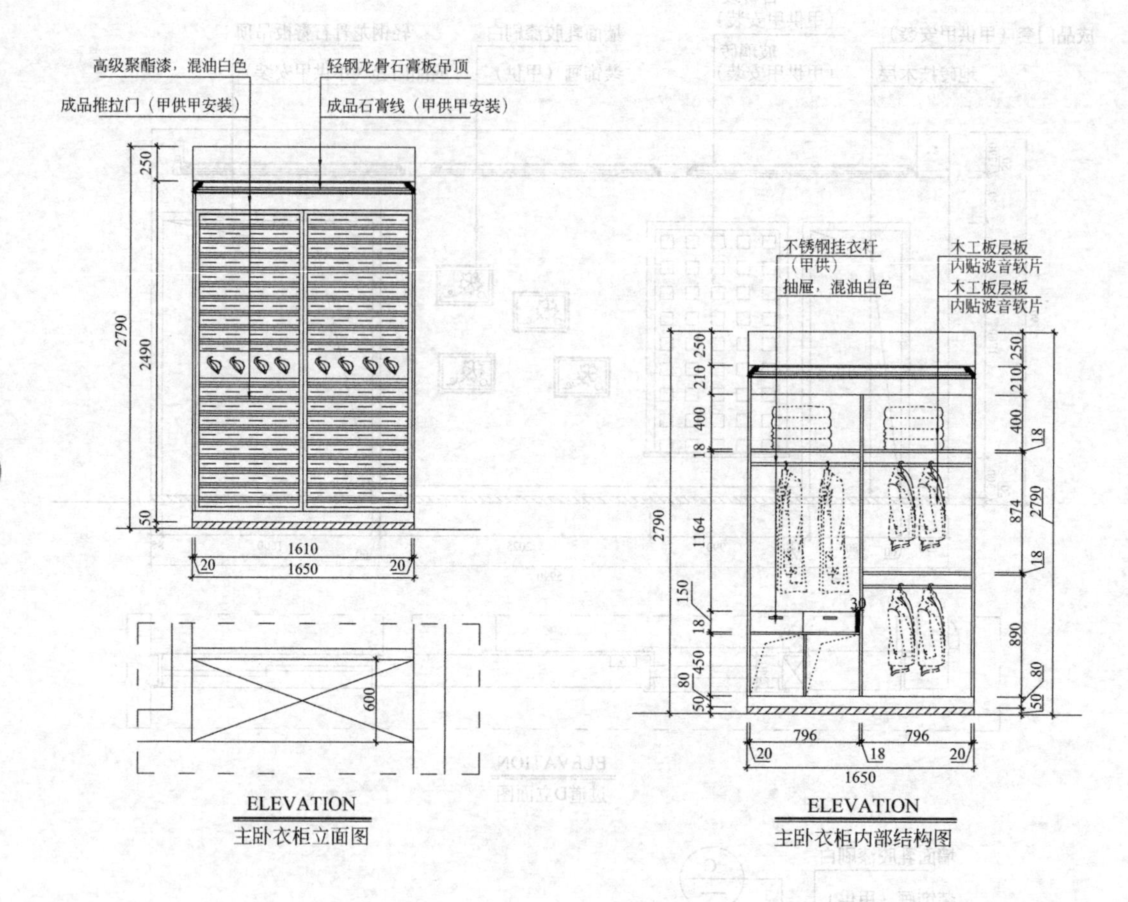
高级聚酯漆，混油白色
成品推拉门（甲供甲安装）
轻钢龙骨石膏板吊顶
成品石膏线（甲供甲安装）
250
2790
2490
50
1610
20
1650
20
600
ELEVATION
主卧衣柜立面图
不锈钢挂衣杆
（甲供）
抽屉，混油白色
木工板层板
内贴波音软片
木工板层板
内贴波音软片
250
210
400
18
1164
150
18
450
80
50
2790
874
890
30
796
796
20
18
20
1650
ELEVATION
主卧衣柜内部结构图

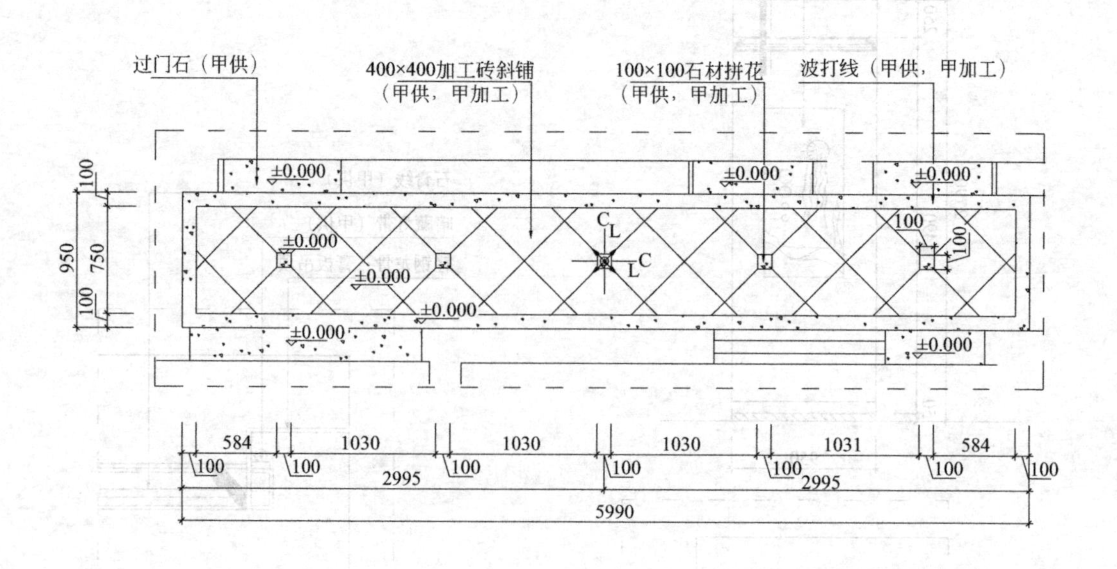
过门石（甲供）
400×400加工砖斜铺
（甲供，甲加工）
100×100石材拼花
（甲供，甲加工）
波打线（甲供，甲加工）
±0.000
100
950
750
100
584
1030
1030
1030
1031
584
100
2995
2995
5990

过道拼花大样图

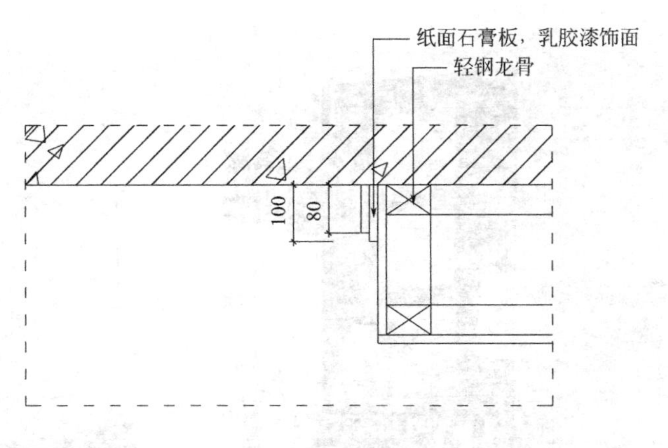

A剖面图

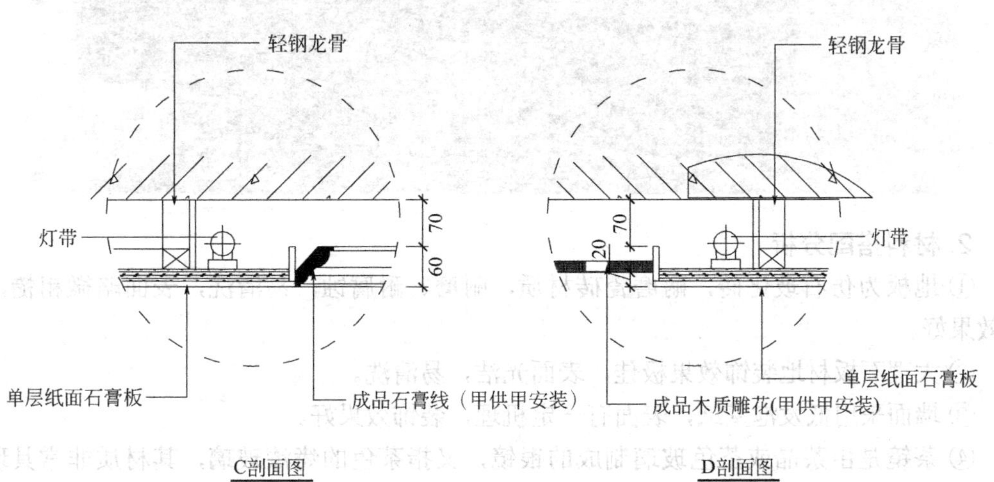

C剖面图

D剖面图

第二节 材料的选择与应用图例（效果图）

一、实例一

1. 总体分析

该室内设计以现代风格为基调，地砖、沙发、挂灯三者皆是紫色，起到很好的呼应效果。墙面以白色肌理效果为主，体现出简洁的现代格调。黑紫色大理石使墙面不至于过于呆板，小面积的茶镜的使用使空间通透而具有延展性，金属茶几、金属器具的摆放以及大的落地窗更体现出浓浓的现代气息。整个空间给人清新自然、简约时尚的感觉。

2. 材料搭配分析

① 地板为仿石玻化砖，耐磨瓷砖材质，耐磨、耐腐蚀，易清洗，表面略微粗糙，防滑效果好。

② 大理石板材地装饰效果极佳，表面光洁，易清洗。

③ 墙面采用低发泡壁纸，表面有一定机理，装饰效果好。

④ 茶镜是由茶晶或茶色玻璃制成的银镜，又指茶色的烤漆玻璃，其材质非常具现代感，广泛应用于室内外装修。

⑤ 大理石材质墙质地坚硬、耐磨、耐高温，有一定的吸水性，装饰效过极佳，表面易清洗。

⑥ 窗户为塑钢窗，塑料窗易变形，强度不够。玻璃窗，保温、隔热，封闭性能好。

⑦ 无纺布沙发，色彩鲜艳，柔软舒适。

二、实例二

1. 总体分析

该空间以现代风格为主线，整体风格时尚简约，清新自然。在大的空间里，设计师利用带有植物图案的壁纸，以及木纹地板营造清新氛围，带给人亲切感。同时利用窗帘的变化，以及圆形的椅子、有弧度的钓鱼灯、斑马纹的沙发等来增加空间的趣味性，很好地解决了大空间带给人的距离感。带弧线的椅子，灯与规则的沙发、地毯、柜子、镜框也起到了对比作用，使整个空间设计灵动而富有情趣。

2. 材料搭配分析

① 白桦木地板，重量轻柔软、富有弹性，保温性能好，舒适环保。

② 化纤地毯，耐磨性能好，并且富有弹性，价格较低，适用于一般建筑物的地面装修。

③ 不锈钢长臂灯，高雅明亮，张力十足，极富动感。

④ 太空椅，塑料（玻璃钢）、金属、布，时尚有创意，增加趣味性。

⑤ 窗帘材质选用绒质材料，质地柔软舒适，遮光性能较好。

⑥ 有肌理的壁纸（如发泡壁纸、硅藻土壁纸等）和平面壁纸（如纯纸壁纸、无纺纸壁纸等）。

⑦ 斑马纹沙发，设计比较符合现代社会，沙发色彩丰富，款式多样，适合现代装修风格。

三、实例三

1. 总体分析

木质感的古典日式风格，色调朴素、清新，设计大方、典雅。

2. 材料搭配分析

① 软木地板，具有吸音保温的功效，适合该处的功能需要。

② 采用了颜色偏深的红木地板和红木家具，具有分隔空间的效果，装饰效果好。

③ 紫色图案的混纺地毯，耐磨性能好，不吸尘、脚感舒适，还可以减小经常移动的家具对地板的磨损。

④ 窗采用了仿古的可以全开木质框格窗，可以打开整个窗洞，易于室内采光通风。

⑤ 吊顶上用到的是竹片纤维墙纸，立体感强，具有防霉，保温，吸声的功能。

⑥ 墙壁只是粉刷了白色乳胶漆，简洁大方，但比较容易脏，也不好清理。

⑦ 内部空间内用到了大量的木质家具和摆设，重量轻耐用，气质古朴。

四、实例四

1. 总体分析

温馨淡雅的设计路线，满足家庭装修的需求，整体色调以浅色为主，古色古味的电视背景墙、驼色的薄纱窗帘、柔和的灯光，突出了对家的概念。

2. 材料搭配分析

① 地板采用樱桃木地板，质地轻软，纹理自然，保暖性能好，有弹性，不透水，而且是电、热和声的不良导体。

② 茶几和柜子都是实木材质的家具，质地轻软，造型多变，绿色环保，接近自然。

③ 电视背景墙用到了文化石，具有独特的装效果，有抗压、耐磨、耐火、耐寒、耐腐蚀、吸水率低等特点。

④ 窗帘选用了薄纱材质的，透光性好，重量轻，手感柔和，容易安装和清洗。

⑤ 吊顶采用石膏板的材质，重量轻、强度较高、厚度较薄、加工方便以及隔声绝热和防火等性能较好。

⑥ 铝钢透明玻璃窗，窗框强度高，不易腐蚀，耐磨耐候性能好，透明玻璃具有良好透光性，隔热、保温，易清洗。

⑦ 吊顶内装有射灯，室内无主灯，是装修手法中典型的见光不见灯的手法，可以使室内光线更柔和，不刺眼。

⑧ 沙发背景墙刷涂了淡粉色乳胶漆，相对墙纸更经济适用，但不耐脏，不易清洗。

⑨ 沙发选用了软皮材质，舒适柔软，耐磨耐用，防静电、不吸尘、易清洗，造型简洁，现代和时尚。

五、实例五

1. 总体分析

餐厅一角的设计，营造了一种典雅高贵的气氛，所以采用了大量的光滑反光的材质。红黑的皮质实木座椅，光亮的地砖，优雅的大理石，极显华丽。

2. 材料搭配分析

① 乳白色和仿岩纹的抛光砖，表面光洁，无放射元素，基本无色差，抗弯曲强度相对也比较大，而且重量轻，但抛光砖由于比较光滑，如果地上有水会非常滑，由于抛光，所以表面也会比较难打理。

② 皮质的古典实木桌椅，重量轻，光泽度好，造型感强，具有一定的艺术性。

③ 铝钢透明强化玻璃窗，大跨度的铝钢窗框既可以满足采光，也可以有效的抗风压。

④ 窗帘是材料是薄纱材质和丝绒材质的，颜色上选择了黑色，光洁、柔滑，手感舒适，遮光性能良好。

⑤ 彩胎砖，颜色通透美观，不退色，粘贴牢固，强度高、耐酸碱，易擦洗。

⑥ 雪花白大理石，装饰性好，硬度高，耐磨耐腐蚀性强，不易老化，表面易擦洗。

六、实例六

1. 总体分析

以红灰两主色的设计使其气氛低调而又脱俗，高贵又不失热情。卫生间采用全透明玻璃门，设计大胆，极力把建筑外部美丽的大自然引入到浴室，仿佛在沐浴的瞬间可以置身在大森林般的感觉，整体设计自由、简单，适应当代年轻人的需要。

2. 材料搭配分析

① 浴缸材料为亚克力材质，该材料制成的浴缸具有保温性能好，光泽度极佳，重量轻的优点。但是这种材质的浴缸易刮花，比较容易挂渍，需要经常清洗。

② 长方体浴缸座外表面用了黑灰色的小块釉面砖整齐拼贴。地砖用到的也是同色的大块釉面砖，瓷砖的选择上都用到了亚光的防滑陶瓷砖，不退色，强度高，色泽柔和，稳定性好。

③ 外门用的是与室内地砖同色的塑钢全透明玻璃门，塑钢门框重量轻硬度高，抗腐蚀性好，易清洁。透明玻璃门，使室内与室外连成一体，表达出设计师的设计理念。

④ 水晶玻璃灯的灯光柔和朦胧，可以调节室内气氛。

⑤ 浴缸的背景墙选用了深红色的单光无压花的防水壁纸，表面光滑易擦拭，色彩鲜艳、稳定性好。

⑥ 地毯选用了深咖色的涤纶防滑地毯，耐磨、耐脏，富有弹性，易清洗。

参考文献

[1]　张清丽．室内装饰材料识别与选购．北京：化学工业出版社．2012.

[2]　李栋．室内装饰材料与应用．南京：东南大学出版社，2005.

[3]　吴悦琦．木材工业使用大全．家具卷．北京：中国林业出版社，1998.

[4]　张书梅．建筑装饰材料．北京：机械工业出版社，2007.

[5]　王勇．室内装饰材料与应用．北京：中国电力出版社，2012.

[6]　周凯．室内装饰材料．北京：中国轻工业出版社，2009.

[7]　刘峰．室内装饰材料．上海：上海科学技术出版社，2003.

[8]　李永盛．建筑装饰工程材料．上海：同济大学出版社，2000.

[9]　林金国．室内与家具材料应用．北京：北京大学出版社，2011.

[10]　蔡绍祥．室内装饰材料．北京：化学工业出版社，2010.

[11]　向仁龙．室内装饰材料．北京：中国林业出版社，2013.

[12]　刘晓红．家具涂料与实用涂装技术．北京：中国轻工业出版社，2013.

[13]　朱毅．家具表面涂饰技术．北京：化学工业出版社，2011.

[14]　顾继友．涂料与胶黏剂．北京：中国林业出版社，2012.

[15]　黄喜雨．家庭装修材料样样通．南昌：江西科学技术出版社，2006.

[16]　葛新亚．高职高专建筑装饰专业系列教材《建筑装饰材料》．武汉：武汉理工大学出版社，2004.

[17]　苗壮．室内装饰材料与施工．哈尔滨：哈尔滨工业大学出版社，2000.